相信閱讀

Believing in Reading

Work Rules!

Google
超級用人學

拉茲洛 ‧ 博克（Laszlo Bock）__ 著

連育德 __ 譯

Work Rules!
Google超級用人學
– contents –

我的工作路

連職涯輔導專家也頭痛的資歷，
意外打造出前進 Google 的完美履歷。

　　1987年夏天，我14歲，拿到人生第一份薪水。因為在前一年，也就是升九年級的暑假，我跟好友寇利（Jason Corley）參加學校的辯論暑期班，等到隔年，我們已經可以上台教課，於是各拿到420美元的講課費。

　　往後的二十八年，我累積了五花八門的工作經驗，職涯輔導專家看了恐怕也會冒出一身冷汗。我在小吃店、餐館、圖書館工作過。我在加州當過中學生的家教，也曾到日本教小學生英文。我在大學時期當過學校游泳池的救生員，也在刻畫救生員生活的影集「霹靂遊龍」（*Baywatch*）裡跑過龍套，那集劇情剛好回憶到六〇年代，我就是那個走在背景的救生員。我協助成立一家幫助問題少年的非營利組織，也在營建物料製造商工作過。我意外走進高階主管薪資諮詢的領域，以本人當時24歲的聰明才智，得出人資領域已經沒有成長空間的結論，於是跑去讀MBA。兩年後，我加入管理顧問公司麥肯錫，能不碰人資盡量不碰。網路熱潮席捲市場那幾年，我輔導科技公司如何增加營收、拓展用戶

群、擴大營運規模。等到網路泡沫在2000年初破滅，我又開始教科技業如何大砍成本、提高營運效率、轉戰新市場。

這樣到了2003年，我開始覺得心灰意冷。

人力資源的逃兵變勇將

心灰意冷，因為企業的營運計畫要是得不到員工認同，寫得再好也是枉然；心灰意冷，因為企業領導人常把「以員工為重」掛在嘴邊，實際卻說換人就換人。執行第一份諮詢專案時，我曾向直屬主管請教職涯意見，得到的答案是：「你們就像機器裡頭的螺絲釘，每一個都一樣。」這句話讓我的心情降到谷底。

我做過黑手，也當過白領階級；薪水拿過基本薪資，也領過六位數美元；同事與主管有的高中沒畢業，有的頂著全球頂尖學府的博士學位。我待過的公司，有的企業主以改變世界為唯一使命，有的企業主則是完全向「錢」看齊。但不管從事哪一行、在哪個階級，有一點我就是想不通：員工的地位為何無法提升？畢竟，我們花每天最多時間的活動就是工作，[1] 就算在一流企業，工作也不該讓人提不起勁、少了人味。

眼前有兩條路可走，一條是善待我的部屬，精進大家的工作成效，祈禱其他人日後以我為榜樣；一條是走出新路，改善企業對待員工的方式。我選後者，決定轉戰人資業，因為我相信這樣才有機會擴大影響力。麥肯錫的顧問同事覺得我這是自毀前程，但我不怕，我已經做好功課。當時，出身麥肯錫的人超過五千人，但只有一百個進入人資業，有的在企業裡當顧問，有的自己從事招聘服務。我自認憑我的專業訓練與背景，有機會在人資業脫穎而出，研擬創新做法，甚至能夠搭上職涯特快車，不必等個二、三十年慢慢爬，就能在更早影響到更多人。

我希望大量學習人資專業，於是把眼光放向當時公認人資做得最好的兩家企業：百事可樂（Pepsi）與奇異（General Electric）。我主動打電話給他們，聯絡了八名人資主管，但只有奇異的艾貝雅（Anne Abaya）回電。來自夏威夷、精通日語的艾貝雅，總是樂意撥時間助人一把。她覺得我的背景值得一顧，把我引介給其他同事認識。

　　六週後我成功錄取，在奇異資融的商業設備融資業務擔任薪酬福利副總。雖然我很開心，但一拿出名片，大家看了都覺得我是頭殼壞掉才會轉行。我在奇異的第一個老闆是艾文斯（Michael Evans），他給我很大的空間摸索公司營運，也經常提點我奇異的人才觀。

　　威爾許（Jack Welch）在1981年到2001年間擔任奇異董事長與執行長，十分重視人力資源，時間多半花在處理人資事務，[2] 在人資長康納提（Bill Conaty）的協助下，打造出一套各界讚譽有加的人力管理制度，包括嚴格執行績效排名、每十二到十八個月讓頂尖人才輪調職位、在克羅頓維（Crotonville）成立全球培育中心等。我進入奇異的頭兩年，正值威爾許把大權交給新任執行長伊梅特（Jeff Immelt），我因此有機會看到他所奠定的制度，如何隨著伊梅特移轉營運方向而變化。

　　威爾許與康納提當年實施20-70-10績效排名制度，將員工分成三類：最好的兩成、中間的七成和最差的一成。表現最好的員工受到英雄般的待遇，可以拿到好專案、參與領袖培訓計畫、享有員工認股權等等；排名最後10%的員工則被開除。伊梅特任內已不強制分成三類，也取消了「頂尖20%」、「中等70%」、「墊底10%」的標籤，改稱「卓越員工」、「重要員工」和「待改善員工」。此外，奇異還會針對旗下超過三十萬名員工，進行為

期一年的人才評估，稱為「C會期」（Session C），但有同事跟我說，這個制度已經「落漆」，「比不上威爾許時期」。[3]

雖然沒有在這兩位執行長旗下工作的福氣，但我領悟到，執行長的風格與關注焦點對企業的影響實在深遠。大多數執行長擅長許多領域，卻是因為其中一兩項特別優異，正好又能填補企業當時的需要，而坐上大位。大學有主修科目，連執行長也得決定要走哪個專長。威爾許為人稱道的除了重視員工之外，還有提升品質與效率的「六標準差」（Six Sigma）制度。反觀伊梅特衝刺業務和行銷，最著名的例子是發動「綠色創想計畫」（ecomagination），志在生產符合環保意識的產品，落實公司的環保形象。

脫下奇異的西裝，投奔Google

2006年，我在奇異工作滿三年，Google延攬我擔任「人力營運部門」（People Operations）主管。我記得面試前，招聘專員喬瑟姍（Martha Josephson）還勸我別穿西裝去面試，向我打包票說：「那裡沒有人穿西裝，你要是硬穿，他們會覺得你不懂他們的企業文化。」我聽了她的建議，卻又半信半疑，在外套口袋裡塞了領帶，以防萬一。事過境遷好幾年，我有次面試新人，看對方一身時髦的細條紋西裝，想必是為了面試而買的，不禁懷疑他懂不懂Google的企業文化。但對方表現實在太優異，好到我甚至想直接發聘書給他。面試結束後，我說：「布萊恩，我有好消息，也有壞消息。好消息是，你雖然還有幾關面試，但我保證你一定會錄取。壞消息是，你這套西裝再也穿不到了！」

我加入Google時，公司已經上市兩年，風光不可一世：營收每年增加73%；Gmail剛問世不久，免費容量打翻一票競爭對

手，是之前電子郵件供應商的五百倍，因為太不可思議，還有人覺得Gmail是愚人節的惡作劇[4]；員工人數達六千名，公司計畫每年增加一倍；公司雄心勃勃，希望統整全世界的資訊，讓資訊更普及、更好用。

這樣的企業使命讓我熱血沸騰。我出生於1972年的羅馬尼亞，當時那裡仍實行共產主義，在希奧塞古（Nicolae Ceausescu）的獨裁統治下，祕密、謊言、恐懼的陰影籠罩，就像今天的北韓，朋友和家人要是膽敢抨擊政府，可能會無故消失。共產黨官員有好衣服穿、有家電用、有蔬果吃，享有歐美進口的物資，但人民卻苦不堪言，我父母親直到三十多歲才吃到生平第一根香蕉。政府鼓勵小孩監視父母親的行動，報紙和電台不播報新聞，反而謊言連篇，宣揚政府何等偉大、美國多麼邪惡專制。我們家為了自由而逃離羅馬尼亞，來到遷徙自由、言論自由、結社自由的美國。

如今能加入以散播資訊為使命的Google，我當然興奮不已，因為真自由的前提是言論自由，而要做到言論不受箝制，就必須確保資訊與真相隨手可得。我在各種環境下生活、工作過，看多了徒勞的做法。我心想，如果Google是玩真的，這一定是全世界最讚的工作。

我加入Google時，員工人數有六千人，現在已近五萬，七十幾家辦公室遍布全球逾四十個國家。Google五度登上《財富》（Fortune）雜誌「美國最適合工作的企業」排行榜寶座，刷新紀錄；在其他國家也多次進榜，包括阿根廷、澳洲、巴西、加拿大、法國、印度、愛爾蘭、義大利、日本、韓國、荷蘭、波蘭、俄羅斯、瑞士與英國等等。根據LinkedIn的資料顯示，Google榮登全球最熱門的職場選擇[5]；我們每年收到約兩百萬封

履歷，申請人來自全球各地，背景五花八門，其中每年只有幾千人順利錄取[6]，換算下來，哈佛[7]、耶魯[8]、普林斯頓[9]等知名學府的錄取率還比 Google 高 25 倍。

　　這樣看來，我加入 Google 完全不是朋友說的自毀前途，而是一連串熱血的實驗與創新，縱然也有疲憊、喪氣的時候，但永遠如浪頭般往前衝，希望打造一個有使命、重自由、講創意的工作環境。我希望各位藉由本書一窺 Google 的人資哲學與十五年來累積的心得，也藉由本書抓到訣竅，將員工擺在第一位，徹底翻轉生活和領導方式。

Google 工作守則

**Google工作守則絕非Google專利，
走到哪裡都適用，效果奇佳無比。**

10億小時前，現代智人出現；
10億分鐘前，基督教誕生；
10億秒前，IBM個人電腦問世；
10億次Google搜尋前……是今天早上。

——Google首席經濟分析師韋瑞安（Hal Varian）
2013年12月20日

2014年，Google才剛滿16歲，卻早已成為你我生活不可或缺的一部分。上網查資料，我們會說「拜孤狗大神」；每分鐘有超過一百小時的影片上傳到YouTube；Google的免費開放碼作業系統安卓（Android），[i] 2007年才推出，如今已是手機和平板電腦的主流平台；Google Play商店的應用程式累計下載量超過

---

i 「開放碼」（open source）意指可以自由取得、修改的軟體。例如亞馬遜的電子書閱讀器 Kindle，就是採用修改後的安卓作業系統

500億次；2008年推出的Chrome瀏覽器，亦屬於開放源碼平台，標榜上網更安全、快速，如今擁有7億5千萬名活躍用戶，也是「Chromebook」筆記型電腦的作業系統。[10]

此外，Google也積極探索未來的可能性，例如：研發無人駕駛的自動車；啟動「氣球計畫」（Project Loon），在高空施放熱氣球形成網路接點，希望讓偏遠地區民眾也有機會上網；推出穿戴式裝置如Google眼鏡，將網路濃縮在右眼上方的小鏡片（左撇子版本正在醞釀中）；「虹膜計畫」（Project Iris）則要研發能測量血糖的隱形眼鏡，對糖尿病患者將是一大福音。

每年參訪Google全球各園區的人數好幾萬人，有社會企業家，也有商業人士，有高中生，也有大學生，有執行長，也有名人，有國家元首，也有皇室，當然還有員工的親戚朋友，他們最喜歡來吃我們的免費午餐。大家來訪時都會問，Google是怎麼樣的公司？企業文化又是如何？有這麼多讓人分心的好康福利，員工怎麼完成工作？研發能量從何而來？員工真的可以花兩成時間做自己的事嗎？

就連我們自稱「Google人」的員工，有時也會對公司的營運方式打問號。為什麼公司花大把時間召募人才？為什麼公司提供這些福利，不提供那些福利？

我寫這本書，正是希望一一回答上述問題。

Google內部沒有一籮筐的工作手冊與政策指南，所以這本書並非官方說法，而是我對Google經營哲學之所以成功的個人詮釋，一來是根據我對人性的信念，一來也參考行為經濟學與心理學的最新研究。身為人力營運部資深副總，能與成千上萬名同仁肩並肩，勾勒出Google人的人資哲學，我深感榮幸與喜悅。

Google首次登上美國「最適合工作的企業」寶座那年，我剛

好加入公司才一年，所以功勞不在我，只能說我躬逢其盛。《財富》雜誌與最佳職場研究所（Great Place to Work Institute）這兩家主辦單位，邀請我參加座談會談談Google。另一位與會貴賓是華格曼超市（Wegmans）的店面營運資深副總達彼特斯（Jack DePeters）。華格曼是一家歷史長達84年的連鎖超市，據點集中在美國東北部，連續17年榜上有名，更在2005年摘冠，之後連年擠進前五名。[11]

卓越之路，殊途同歸

邀請我們兩人是希望藉由對照兩種截然不同的管理哲學，讓大家了解，成為優異企業並非只有一條路線可走。成立於1916年的華格曼，屬於地方型零售商，一直是私有家族企業，業界平均毛利率只有1%，而他們的員工多屬在地人，絕大部分只有高中學歷。反觀Google當時是成立才九年的上市科技公司，版圖橫跨全球，毛利率約30%，旗下人才來自世界各個角落，隨便一個都是博士。兩家公司實在是天差地別。

但殊不知，我們的共同點竟遠多於差異點。

達彼特斯分析說，華格曼超市的經營法則跟Google幾乎沒兩樣：「我們的執行長華格曼（Danny Wegman）認為，『從心領導，企業自然會成功。』在這個願景下，員工願意做到最好，讓每個顧客都能開心上門、滿意離開。我們在決策時也秉持這個原則，把員工福祉放在首位，成本次之。」

華格曼超市給予員工服務客戶的自主權；2013年提供總金額達510萬美元的員工獎助學金[12]；甚至還鼓勵一名員工在店面裡開設自己的烘焙坊，只因為她自己做的餅乾實在太好吃。

我後來慢慢學到，其實「以員工為重」的理念並非華格曼

與Google的專利。布朗迪絲集團（Brandix Group）是一家位於斯里蘭卡的成衣商，在國內擁有四十幾座工廠，亦深耕印度與孟加拉市場。人資長丹塔納（Ishan Dantanarayana）曾跟我說，他們以「鼓勵女性就業」為目標，希望員工「勇於做自己，發揮百分之百的潛力」。除了每個員工都能直接與執行長、董事會溝通，女性員工懷孕期還有食品與藥品補助；公司提供文憑課程讓員工進修，甚至訓練員工自行創業；所有工廠成立員工代表會，讓每個人在營運議題上有機會發聲；提供員工子女獎學金；種種措施不勝枚舉。他們也善盡回饋社會之責，「水源與婦女」（Water & Women）計畫就是一例，在員工的村莊裡鑿井取水，「藉此提升我們員工在村民心中的地位，也更容易取得稀少的乾淨飲用水。」

　　種種努力之下，布朗迪絲集團得以成為斯里蘭卡第二大出口商，更因為在就業條件、社區參與和環保措施的傑出表現，榮獲無數獎項。丹塔納進一步說明：「如果員工能夠信任經營團隊，就會變成公司品牌的最佳代言人，逐漸為家庭、社會、環境帶來改變。企業自然而然能夠受益，生產力提高了，業務成長了，客戶也開始起而效尤。」

　　舉個反例，孟加拉的成衣廠罔顧員工福祉，在2013年釀成悲劇。拉納廣場大樓（Rana Plaza）樓高八層，裡頭有五家成衣廠、一家銀行，還有幾家店鋪。4月23日，大樓發現裂痕後隨即淨空，隔天銀行與店家請員工不要上班，以免危險，但成衣廠偏偏要求員工繼續工作，不料竟發生倒塌事故，奪走一千一百多條人命，其中包括當時在大樓裡上幼兒園的小朋友。[13]

　　再舉一例，1999年上映的電影「上班一條蟲」（*Office Space*），講述一家科技公司奉行著毫無意義的做事方法與階層制

度，內容極盡戲謔，對上班族的刻畫深受認同，票房長紅。電影中有一幕，軟體工程師吉本斯向催眠治療師說明自己的工作：

吉本斯：我坐在辦公室隔間裡，突然有個領悟，我從開始上班那一天起，人生就每況愈下，一天比一天糟糕。所以說，你每次看到我，都是我人生最糟糕的一天。
史旺森醫生：那今天呢？今天是你人生最糟糕的一天嗎？
吉本斯：是啊！
史旺森醫生：哇，那你還真是沒救了。[14]

　　會聯想起這幾個截然不同的例子，是因為CNN國際台有個記者打電話給我，請我以工作的未來樣貌為題，寫篇文章。她認為Google的做法值得仿效，應該是未來趨勢（我稱之為「高自由度模式」，員工享有相當大的自主空間），而上令下行的管理模式（亦即「低自由度模式」）很快就會消失。

　　或許總有一天會，但很快就會消失嗎？我並不確定。命令導向、低自由度的管理方式之所以普遍，是因為這麼做能賺錢、力氣花得比較少，而且大多數經理人不敢嘗試其他方法。要管理說一動做一動的團隊很簡單；如果要跟大家解釋目的，甚至跟大家爭論這麼做適不適合，就麻煩多了。要是大家不同意我的看法呢？要是大家不想照我的話做呢？如果是我錯了，豈不丟臉丟到家？叫大家照指令做事，而且做到好，比互相溝通快速、有效率多了，不是嗎？

　　大錯特錯！現在的人才全球趴趴走，透過科技產品愈來愈能互通有無，更重要的是，他們能藉由更多元的管道讓潛在雇主看到。這批全球人才大軍希望投效高自由度的企業，而企業領導人

如果能夠營造良好的工作環境，將可吸引到菁英中的菁英。

重新定義主管的工作

但要打造這樣的環境談何容易，因為管理的本質在於權力，正好跟自由相抵觸。員工依附於上級主管，自然想取悅主管，但這表示員工無法跟主管暢所欲言討論事情。如果讓主管不開心，員工可能心生恐懼或怨懟，同時還是得乖乖做出成績。這些盤算與情緒，有的說出口，有的悶在心裡，糾纏成千千結，工作當然無法做到最好。

Google的做法是直接拿掉主管的權力與權威。以下是Google的主管無法單獨作主的決定：

- 任用
- 開除
- 績效評比
- 加薪幅度、獎金分紅、認股權數目
- 管理大獎得主
- 晉升
- 程式碼的品質是否足以納入Google程式庫
- 某個產品的最終設計與推出時間

有權力做上述決定的人，有時是同儕，有時是委員會，有時是立場超然的專職團隊。這套制度被很多新進主管恨得牙癢癢的！即使大家後來也能認同，但往往到了決定員工升遷的時候，自己無法拔擢心目中的最佳人選，還是覺得莫名其妙。問題出在每個人對「最佳人選」的定義可能不一樣；還有一種情況是，你

心中最差的人選比我最好的人選還優秀，這樣不就代表你應該拔擢旗下每個人，而我一個也不應該提拔。如果公司真正做到公平，員工會對公司更加信任，獎勵也會更有意義，所以主管必須拋下權力，訂出一套各單位都認同的績效評比標準。

不能像以前一樣恩威並濟，主管又要做什麼呢？還有一件事能做！那就是Google執行董事長施密特（Eric Schmidt）所說的：「主管要服務團隊。」Google的決策當然也有例外或失敗的時候，但透過這樣的管理風格，主管的重點不再是獎懲員工，而能專注在如何打通不利於工作的障礙，鼓舞部屬。我們有位內部律師如此描述他的主管陳泰麗（Terri Chen）：「電影『愛在心裡口難開』（As Good As It Gets）有句經典對白，傑克‧尼克森對海倫‧杭特說：『妳讓我想變成更好的人。』我覺得她就是這樣的主管，幫助我成為更好的Google人、更好的商標律師、更好的社會一份子！」管理要做到盡善盡美，反而要把傳統的管理手段全部拿掉，夠諷刺吧！

Google的管理原則行之有年，任何團隊都能學習應用。麻省理工學院洛克（Richard Locke）教授的研究顯示，這樣的管理法甚至對成衣產業也有效。[15] 他比較耐吉的兩家墨西哥工廠，甲廠給予員工彈性空間，請他們協助設定生產目標、自行分成幾個團隊、決定工作事項的分配，若發現問題時，也有權直接暫停生產線。乙廠則採嚴格管制，要求員工只做分配到的工作，而對於何時工作、如何進行，都有嚴格規定。洛克發現，甲廠每天能製造150件T恤，生產力幾乎比乙廠（80件）多出一倍；甲廠工資較高；甲廠每件T恤成本為0.11美元，比乙廠（0.18美元）少四成。

雪菲爾大學（Sheffield University）的伯帝（Kamal Birdi）博士與六名研究人員，分析308家企業22年來的生產力，最後也得

出類似結論。這些企業都採取傳統的營運方式，例如「全面品質管理」與「及時庫存控制」等，但伯帝發現，雖然有些公司確實提升了生產力，但把所有企業加總起來，「並沒有加分」。也就是說，沒有任何證據顯示，傳統的營運方法能長期而穩定地提升績效。

那什麼方法有用？生產力提升的原因有幾個，一是企業把權力下放給員工，例如將決策權從主管手上交給員工個人或團隊；一是提供工作以外的學習機會；一是增加團隊合作的必要，例如讓團隊有更多自主權與自發組織的權力。從他們的研究可看出，這些因素使得每位員工的附加價值增加9%。總結來說，唯有企業主動給予員工更多自主空間時，整體表現才會有所提升。[16]

Google能，貴公司也能！

這並不是說Google的方法完美無瑕，我們這一路走來，也犯了不少錯誤（請見第13章）。我相信大家看完書中的例證與論點之後，難免會有人質疑，我只能說，這套管理法對Google有用，也代表了我們的經營理念。布蘭迪絲集團、華格曼超市，以及數十個大大小小的企業與團隊，也都採取類似的做法，而且成效卓著。

我曾受邀到芝加哥對當地一群人資長演講，主題圍繞在Google的企業文化。演講完畢，只見有位聽眾站起來，語帶諷刺地說：「Google當然做得到啊，你們毛利率那麼高，有能力好好善待員工。我們做不起。」

其實，Google做這些幾乎不花什麼成本，而且即使是薪水凍漲的年代，還是能夠提升工作品質，讓員工樂在工作。甚至應該這麼說，景氣最低迷的時候，更要以員工為重。

我還沒來得及回答，另外一名人資長已經先開口：「我不懂你的意思。自由不必花錢買，每家公司都做得到。」

　　他說對了！

　　只要企業願意相信人性本善，不把員工當成機器，而是公司的主人，就能做得到。機器只要把工作完成即可，但把員工當成是公司的主人，大家會想盡辦法讓公司和團隊更精進。

　　我們一生投注許多時間在工作上，多數人卻把工作視為苦差事，只是為了賺錢餬口。請相信我，工作不必是苦差事。

　　Google雖然沒有全部的答案，但卻發現，打造出一個講究自由、創意與玩樂的工作環境，就能網羅到頂尖人才，培育人才、留住人才。

　　Google在人力資源的成功祕訣，可以複製到大大小小的組織機構，不管是個人還是執行長，都能做到。不是每家公司都能提供免費午餐，但Google之所以為Google的成功祕訣，絕對可以複製。

第1章

把自己當創辦人

創辦人的思維和舉止，
是工作有力、生活有趣的金鑰。

每個偉大的故事都有個根源。

在古羅馬神話裡，還在襁褓中的羅慕勒斯（Romulus）與雷姆斯（Remus）被遺棄在台伯河畔，由母狼哺乳，啄木鳥也幫他們帶食物，最後被好心的牧羊人收養。成人後的羅慕勒斯後來建立了羅馬城。

克利普頓星球爆炸之際，小嬰兒凱艾爾乘著太空船躲過一劫，降落在堪薩斯州的斯莫維爾小鎮，由瑪莎與強納森撫養長大。長大後的克拉克搬到大都會市，化身超人，伸張正義。

1876年，愛迪生在紐澤西州門諾帕克市成立實驗室，延攬美籍數學家、英籍機械師、德籍吹玻璃匠、瑞士籍鐘錶匠，合作研發出能持續燃燒13個小時以上的白熾燈泡[17]，為愛迪生通用電氣公司（即奇異前身）奠定基礎。

歐普拉的母親在十幾歲時生下她，家境清寒。她小時候遭到性侵，居無定所，但卻發憤圖強，功課表現優異，長大後進入田納西州納許維爾市WLAC電視台，成為電台最年輕的、也是第一

位黑人主播，後來更成為全球著名的電視主持人，涉足商場也有漂亮成績，成為眾人的學習榜樣。[18]

這些故事截然不同，卻又如此相似。神話學家坎貝爾（Joseph Campbell）認為，全球各地的神話傳說大致可歸納出幾個原型：主角因故展開一場歷險，過程中面臨重重試煉，悟得人生道理，最後達到巔峰，或是尋得平靜。你我的人生宛如戲劇般高低起伏，回首過往，常常是一篇篇故事的串連。大家雖然各自編織著生活，卻總能找到相同的脈絡。

Google的根源

Google也有它的根源。佩吉與布林當年在史丹佛大學為新生舉行的校園巡禮相識，後來共同創立Google，很多人以為這就是Google的開端，但其實故事要從更早說起。

佩吉的所思所想受家族史的影響甚深：「我爺爺是車廠工人，自己做了一根大鐵棒，頂端焊上鉛塊當武器，每天帶去上班自保。」[19]他說：「工人在靜坐罷工期間會自己做武器，對抗資方鎮壓。」[20]

布林的家人在1979年逃離共產蘇聯，來到美國尋找自由，不願再受反猶太主義的迫害。布林解釋說：「我的叛逆應該跟出生於莫斯科有關，一直到長大成人都沒變。」[21]

佩吉與布林的工作觀也受到幼時教育的影響。布林曾說：「我覺得蒙特梭利教育對我很有幫助，學生能有更多自由空間，按照自己的步調學習。時任Google產品管理副總、現為雅虎執行長的梅爾（Marissa Mayer），在李維（Steven Levy）的著作《Google總部大揭密》（In the Plex）曾指出：「想要真的了解Google……一定要先知道，佩吉與布林都是受過蒙特梭利教育的

小孩。」[22]這樣的教學法重視兒童的學習需求和個性，鼓勵小孩勇於質疑、積極主動、大膽創新。

1995年3月，22歲的佩吉來到加州帕羅奧多市，到史丹佛校園參觀。他即將從密西根大學畢業，正在考慮就讀史丹佛資訊工程博士班。而21歲的布林兩年前已從馬里蘭大學畢業[ii]，此時已是博士班學生，加入義工隊帶這群考慮入學的學生參觀校園，恰好帶到佩吉那組。[23]

兩人很快熱絡起來，幾個月後，佩吉正式就讀史丹佛大學。佩吉對網際網路十分著迷，尤其關注網頁彼此連結的方式。

1996年的網際網路一團亂。簡單來說，搜尋引擎應該要顯示最相關、最有用的網頁，但大多是比對網頁文字與搜尋詞條後，再將網頁排名。這個做法有漏洞，如果你想提高網頁在搜尋引擎的排名，只要要點技巧就能做到，例如把高人氣的搜尋字眼隱藏在頁面文字裡。想吸引大家點到你的寵物食品網站，可以在藍色背景寫下一百遍「寵物食品」藍字，這樣搜尋排名就會提高。另一個技巧，在網頁原始碼一再重複某個字眼，但網頁頁面上卻看不到。

佩吉認為，使用者對網頁的看法很重要，但現行做法卻不重視這點。最有用的網頁應該含有許多其他網站的連結，讓使用者能直接點進對他們最有用的網頁。事實證明，網頁內容如果不是使用者想要的，內容寫什麼根本不重要。

要寫出一款程式，能夠先找出網路上的每個連結，再同時列出各個網站彼此的關係強弱，根本是不可能的任務。所幸，

ii 布林高中提早一年畢業，大學只花三年拿到學位。

問題愈難，布林愈覺得有意思。兩人合作開發了名為BackRub的搜尋引擎，名稱靈感來自於反向連結（backlink，亦即從目前頁面連到上個頁面）。1998年8月，昇陽電腦共同創辦人貝托杉（Andy Bechtolsheim）在Google還沒正式成立之前，已經開出一張10萬美元的支票準備投資，後來成為市場佳話。比較少人知道的是，他們與貝托杉見面的地方是在史丹佛大學教授齊立坦（David Cheriton）的住家門廊，齊立坦也開了10萬美元的支票資助Google。[24]

佩吉與布林不願為了創業而休學，想賣掉Google，卻找不到買家。兩人希望以100萬美元賣給搜尋引擎AltaVista，遭對方婉拒，轉向接洽另一家搜尋引擎Excite時，接受創投公司KPCB合夥人科斯拉（Vinod Khosla）的建議，將價格調降到75萬美元，但還是吃了閉門羹。[iii]

Google的人力宣言

這是Google推出一個又一個產品之前的事，包括2000年的AdWords（Google第一個廣告系統）、2001年的網上論壇（Google Groups）與圖片（Images）、2003年的圖書（Books）、2004年的Gmail、2006年的應用程式（Apps；辦公室試算表與文件）、2007年的街景（Street View）等數十個產品，這些如今都

---

iii　Google發跡史的一個重要啟示就是，成功必須要有一流構想、絕佳時機、頂尖人才，也少不了幾分運氣。Google當年沒人想買，看似一大挫敗，沒想到因禍得福，才有今天的成就。佩吉與布林在校園裡的巧遇，也完全是運氣。諸如此類的好運不勝枚舉。把Google的成功歸因於聰明和努力，說得容易，但聰明與努力是成功的必要條件，不是充分條件，我們也很幸運，就像按到Google首頁的「好手氣」（I'm Feeling Lucky）按鈕一樣。

已走入大家的日常生活。Google 可以用一百五十多種語言搜尋，2001 年在東京成立第一家海外分公司。而現在，安卓手機可以事先提醒你班機延誤，你也能對著鏡框上的 Google 眼鏡說「眼鏡，請拍照，寄給克里斯。」對方就能見你所見。

佩吉與布林不只想打造出強大的搜尋引擎，對於管理哲學也有自己的想法。他們懷抱著別人認為不可能達成的美夢，希望營造出優質的工作環境，讓工作成為有意義的事，讓員工能自由追求嗜好，並照顧員工與他們的家人。佩吉說：「進入研究所後，你想研究什麼都可以。好的研究專案會吸引到很多學生參與。我們把那樣的學習精神帶進 Google，非常管用。改變全世界是一件大事，讓人每天起床就充滿幹勁，想要去做有意義、有影響力的專案。很多企業都做不到這點，但我覺得 Google 還保有這股熱情。」

翻開 Google 的人資措施，其中最有意義、最受歡迎、又最有效的，許多都是佩吉與布林播下的種子。我們每週一次開全員大會，起初少數幾個人，直到現在員工人數已經相當於一個小城市，週會的習慣依舊沒變。佩吉與布林始終堅持，聘任決策不能掌握在主管一人手中，必須由不同團隊達成共識。員工之所以召開會議，原本只是希望分享工作現況，後來演變成每個月好幾百場的技術講座（Tech Talks）。他們兩人當年的慷慨決定，使得 Google 成為在同等規模企業中，少數將員工認股權配發給全體員工的公司，在當時幾乎前所未聞。在員工只有 30 人的時候，Google 在布林的要求下，早已積極延攬女性進入資工領域。在員工只有 10 人的時候，我們已經歡迎大家帶狗來上班（我們也歡迎帶貓上班，Google 的行為準則有這麼一段：「我們也愛貓，但最愛的還是狗，因此提醒大家，貓進到我們辦公室可能會很有壓

力。」[25]當然囉，我們的免費餐點也是其來有自，最初只是免費提供玉米片與一大碗的M&M巧克力。

　　Google在2004年8月19日上市時，布林在公開說明書裡附上給投資人的信，內容講到他與佩吉對1,907名員工的想法（粗體字是他原來的標註）：

　　自稱「Google人」的Google員工，是公司的命脈。Google旨在吸引優秀的科技專家與商業人士，將他們的才能發揚光大。我們何其有幸，網羅到許多有創意、有紀律、又肯埋頭苦幹的人才，希望未來有更多人加入我們的陣容，我們願意給予豐厚的報酬和優渥的福利。

　　我們提供許多特別的員工福利，包括免費餐點、駐站醫生、洗衣機等等。我們相信，這些福利對員工有長期助益，未來只會有增無減。我們認為，吝於給予員工福利，只會造成省小錢花大錢的後果；照顧好員工，可以幫他們省下許多時間，也能改善健康、增加生產力。

　　Google今日的成就，必須歸功於員工當家作主。他們盡情施展天賦，資訊科技幾乎每個領域都有他們令人眼睛一亮的工作成果。網路產業的競爭白熱化，決勝點在於產品品質。優秀的人才會選擇Google，因為他們在這裡有能力改變全世界。Google擁有豐富的運算資源與管道，讓員工有機會為社會貢獻一己之力。Google最重要的員工福利就是提供良好的工作環境與工作內容，讓有才氣、有拚勁的員工從事有意義的工作，自我成長之餘，為Google、為世界盡一份心力，並因此獲得獎勵。

典範處處有

Google何其有幸，兩位創辦人對於打造以人為本的企業有如此強烈的信念。但早在他們之前，已經有不少企業主抱持類似的願景。亨利·福特當年大力導入組裝生產線，為人所稱道，但很少人知道，他對員工福祉的重視程度也走在時代前端：

> 勞工若能盡情發揮所長，是企業之福。少了適當的肯定，勞工勢必無法維持這般衝勁……工作不應該只是提供溫飽，還要能提供舒適的生活，讓勞工能夠栽培子女，討妻子的歡心，如此他會更加樂於工作，全心全力貢獻。這樣的工作態度，對他個人有益，對企業也好。成就感才是工作最好的報酬。[26]

這段話跟Google的工作哲學不謀而合，卻是福特早在1922年寫下的字句，距今相距近百年。他也說到做到，1914年即把員工薪資調漲一倍，日薪達5美元。

還有更早的例子。1903年，賀喜（Milton S. Hershey）選在賓州一處荒地成立賀喜巧克力公司，同時啟動造鎮工程，把小鎮稱為「賀喜鎮」。19世紀到20世紀初期的美國，共有兩千五百多處企業城（company town），巔峰時期曾占全國3%的人口。[27]但賀喜走不同路線，他「不希望建立死板的企業城，只是一排又一排的房屋。他想營造出家鄉的感覺，有綠樹成蔭的街道，有獨棟或雙併的紅磚住宅，有修剪整齊的綠色草坪。」

隨著事業成功，賀喜更深深體認企業應該善待員工，對員工負有道義責任。他的企圖心不只是生產巧克力而已，還希望以工

廠為核心，打造一個生活機能完善的社區，為員工提供舒適的住家、低廉的公共交通系統、高品質的公立學校，以及多樣的娛樂和文化設施。[28]

但是，福特和賀喜並不是沒有缺陷，甚至有些觀念還錯得離譜。福特曾出版反猶太人的文章，遭到各界痛批，後來還出面道歉。[29]賀喜也曾經允許小鎮報紙刊登種族歧視的評論。[30]但不可否認的是，兩位企業主都認為，員工是重要資產，不該淪為生產工具。

再舉一個沒有爭議性的例子。凱利（Mervin J. Kelly）在1925年加入貝爾實驗室，1951年到1959年期間擔任總裁。[31]他掌舵的貝爾實驗室，發明了雷射與太陽能電池；埋設第一條橫跨大西洋的電話電纜；研發出微晶片得以崛起的關鍵技術；研究二進位系統，進而奠定了資訊理論的基礎。這種種成就都以貝爾實驗室早期的研究成果為基礎，包括1947年發明的電晶體。

凱利接任總裁後，對於企業管理有不同的想法，先朝硬體設施開刀。位於紐澤西州莫瑞丘（Murray Hill）的總公司，原本採傳統格局，每層樓按照研究領域劃分出不同區塊，但凱利堅持重新規劃，要讓各部門能互動交流。新格局將辦公室安排在長廊兩側，因此走動時一定會遇到其他同事，自然會多了解彼此的工作。第二，凱利故意讓團隊組合多元化，不但兼有「思想家與執行家」，還有不同領域的專家。《點子工廠》（The Idea Factory）作者蓋特納（Jon Gertner）如此描述貝爾實驗室的團隊：[32]「電晶體專案故意網羅不同背景的成員，有物理學家、冶金專家、電機工程師等等，將理論、實驗和製造融合在一起。」

第三，凱利給員工自主空間。蓋特納寫道：

凱利十分重視員工的自由空間，尤其是研發工作。凱利給予部分研究人員高度自主權，過程不多過問，幾年後再看到進度時，就是核定成果的時候。比方說，他當年籌組研究人員研發電晶體，過了兩年多才有成品誕生。他之後又組了另一個團隊負責量產電晶體，直接把工作丟給一名工程師，還說自己要去歐洲一趟，請對方自行擬出量產計畫。

凱利的故事特別耐人尋味，因為他不是貝爾實驗室的創辦人，甚至也稱不上是快速崛起的明星經理人。他曾經因為專案資金不足而兩度離職（後因總公司承諾挹注更多資金，才又回任）。他個性善變，脾氣暴躁，還遭到早期的主管艾諾（H. D. Arnold）壓制，「認為他的判斷力不值得採信，所以長期讓他擔任基層行政工作。」[33]也因此，他的升遷速度慢如牛步。擔任物理研究員12年後，才升任真空管研發部門主管，又經過6年，才當上研究部主管。算一算，他在貝爾實驗室工作了26年才當上總裁。

凱利的故事深得我心，因為他把自己當成是公司創辦人來做事，不但在乎貝爾實驗室的研究成果，也很重視工作環境。他希望旗下人才有盡情揮灑的空間，不必遭管理階層隨時拿放大鏡檢視，同時又能與辦公室其他菁英互相切磋。辦公室格局好不好，同仁有沒有彼此交流，並非他的職責重點，但因為他的重視，把自己當創辦人來經營，使得貝爾實驗室成為史上最具研發能力的機構之一。[iv]

話鋒轉回Google，佩吉與布林特地給員工當家作主的揮灑空間，給懷抱願景的人機會，按他們的理想打造Google。多年來，沃絲琪（Susan Wojcicki）、卡曼加（Salar Kamangar）、梅爾

這三位人稱「迷你創辦人」的Google元老，與拉馬瓦米（Sridhar Ramaswamy）、維奇（Eric Veach）、辛格（Amit Singhal）與曼伯（Udi Manber）等電腦科學家合作，引領我們的廣告業務、YouTube和搜尋事業。奈曼寧（Craig Nevill-Manning）是另一位才華洋溢的工程師，喜歡大都會生活，不想在位於郊區的矽谷上班，於是促成了Google紐約分公司的成立。原來在網景擔任業務主管的寇德坦尼（Omid Kordestani），經我們延攬籌組業務團隊，是佩吉、布林與施密特口中的「事業創辦人」。時間快轉十幾年，Google人依舊維持創辦人思維：孔陸斯（Craig Cornelius）與卡伊坦（Rishi Khaitan）有鑑於北美印地安切羅基族語（Cherokee）有絕跡之虞，聯手設計出該語言的Google介面，貢獻一己之力。[34]2011年初，埃及政府為阻止民眾發動反政府抗議，中斷網路避免民眾號召集結，為此，Google的辛格（Ujjwal Singh）與馬迪尼（AbdelKarim Mardini）特別與推特的工程師合作，研發出Speak2Tweet，只要打進專屬的語音信箱留言，留言會自動轉成推特音檔[35]，讓埃及民眾將怒吼之聲傳遍全世界，也能藉此聽到彼此的心聲。

你也是創辦人

要打造優異的團隊或企業，必須要有創辦人。但這裡所謂的

---

iv　那個年代有心翻轉工作環境的不只有男性，法國時尚設計師與創業家薇奧奈（Madeleine Vionnet）即為一例。她11歲時開始做學徒，在1912年36歲時，成立同名時尚品牌，而後10年發明斜紋剪裁技術，以貼身輕盈的布料取代馬甲。根據西北大學教授寇恩（Deborah Cohen）的研究，即使置身經濟大蕭條時期，薇奧奈的員工仍享有諸多福利，如「免費醫療與牙醫服務、產假與褓姆服務、有薪假等。」資料取自http://www.vionnet.com/madeleine-vionnet; http://www.theatlantic.com/magazine/archive/2014/05/the-way-we-look-now/359803/.

創辦，並不代表是成立新公司，不管你是公司第一位員工，還是加入歷史數十載的長青企業，每個人都有能力在團隊裡扮演推動者的角色。

我們並不認為Google的管理哲學是唯一可取的方法。我們不可能什麼都懂，也絕對犯過很多不必要的錯誤，但走到現在，我們已能證實佩吉與布林當初的許多直覺是對的，能夠顛覆某些管理傳統，一路帶來驚喜。我們希望一步一腳印，藉由分享這些心得，改善大家的工作體驗。

俄國大文豪托爾斯泰曾寫道：「每個幸福美滿的家庭，都大同小異。」ˇ每家成功的企業也差不多，除了重視工作成果之外，也對公司的自我認同與自我期許有共識。在看似不知天高地厚的願景裡，它們不忘初心，也胸懷企業的使命。

寫這本書的初衷，是希望拋磚引玉，讓讀者培養創辦人的思維，不一定是企業的創辦人，而是團隊、家庭、文化的創辦人。Google最重要的管理心得是，每個人必須先決定要當創辦人還是員工。重點不是持股多少，而是態度高低。

佩吉曾說：「我常覺得，現在的企業已經進步太多太多，當初的員工必須保護自己，免得遭到公司欺壓。身為企業領導人，我的職責在於讓每個員工有發揮所長的機會，讓他們覺得自己在做有意義的事，對社會有貢獻。現在全世界在這方面做得愈來愈好，但我的目標是讓Google成為領航者，而不是模仿別人的追隨者。」[36]

這就是創辦人的思維。

ˇ 出自《安娜卡列尼娜》（Anna Karenina）。托爾斯泰還黯然補了一句：「每個不幸福的家庭，不幸之處各有不同。」

無論學生還是資深高階主管，要讓團體成長茁壯，必須由你開始，把團體當成你的責任。就算這不是你的職責，甚至不被允許，都該有這種思維。

　　此外，優異的創辦人懂得與他人攜手打拚，不會自我膨脹。

　　總有一天，你的團隊也會有屬於自己的起源故事，和羅馬、歐普拉、Google一樣。你希望這是一個什麼樣的故事，代表了什麼精神。你希望大家怎麼訴說你的故事、你的工作、你的團隊？這篇故事的內容掌握在你手上，完全取決於你要當創辦人，還是員工。

　　我知道我會選哪一個。

發揮創辦人精神 @Google

- 培養創辦人的思維。
- 拿出創辦人的舉止。

第2章

企業文化主宰營運策略

給員工自由，他們會給你驚喜；
給員工信任，他們會超越預期。

　　我上班常收到一大堆稀奇古怪的信件，常是希望到Google上班的人寄的。我收過印在T恤上的履歷、拼圖、運動鞋（寄的人說他想「捷足先登」）。最有意思的幾個被我貼在牆上，其中有封信講到一句話：「企業文化把營運策略當早餐吃」（culture eats strategy for breakfast）。這句話我壓根沒聽過，只覺得很無厘頭，可以當成管理人愛亂發明比喻的範例。

　　上Google搜尋「Google文化」圖片，能看到下頁的畫面。

　　這些圖片代表第一次參觀Google的人對我們的印象：鮮豔的溜滑梯、懶骨頭沙發、免費美食、狂放不羈的工作環境（各位沒看錯，真的有人在室內騎自行車）、大夥兒寓工作於樂，顯示Google是個把工作當玩樂的好地方。這麼說沒錯，但要探索Google文化，必須更往深處尋找。現已退休的麻省理工學院管理學院教授尚恩（Ed Schein）指出，團體文化可從三方面探討：一是人為層面，例如實體空間和成員行為；二是團體成員體現於外的信念與價值觀；三是再往深處探索，找出價值觀的底蘊。[37] 研

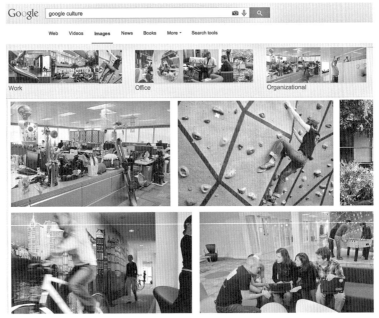

「Google 文化」的圖片搜尋結果。© Google, Inc.
（Credit to Google Images & Tessa Pompa）

究 Google，很自然會先看到人為層面，例如午睡用的打盹艙與連接兩樓層的溜滑梯，都令人眼睛一亮。賓州學華頓商學院教授、亦是該校最年輕終身職教授的葛蘭特（Adam Grant）曾跟我說：「大家在解讀一個鮮明的團體文化時，習慣先從最外顯的部分開始，但價值觀與背後的假設其實更為重要。」

　　葛蘭特說得真好。

工作就是樂趣

　　請 Google 人形容我們的企業文化時，多數都用了「樂趣」

（fun）一詞。[38]（遇到有員工說有多愛公司，我通常保持懷疑態度，但這些調查都採取匿名，就是要大家沒有顧忌，痛批公司也沒關係。）我們在成立初期就深信「不穿西裝也能認真工作」，更把這個概念納入「Google十大信條」（10 Things We Know to Be True）[vi]。

就連大多數企業認為神聖不可侵犯的品牌標誌，也被我們拿來玩，偶爾以Google塗鴉（Google Doodles）粉墨登場。第一個Google塗鴉誕生於1998年8月30日，由佩吉與布林共同設計，以幽默的方式跟大家說他們不在公司，參加火人節去了。火人節是崇尚藝術、社群、自力更生的年度慶典，位於內華達州沙漠。塗鴉中間的小人即是火人。

火人節Google塗鴉。© Google, Inc.
（Credit to Google & Burning Man）

2011年6月9日，我們為了紀念實心電吉他的先驅萊斯・保羅（Les Paul），製作了互動式塗鴉，用滑鼠或手指撥絃，就能彈奏音樂，甚至按下紅鈕就能錄音，與其他人分享你的原創音樂。

---

vi　Google十大信條如下：使用者至上。一切水到渠成。專心將一件事做到盡善盡美。愈快愈好。網路上講民主。資訊需求無所不在。賺錢不必為惡。資訊無涯。資訊需求無國界。認真不在穿著。精益求精。

據估計，當天來到Google網頁的人，共花了超過530萬小時製作音樂。[39]

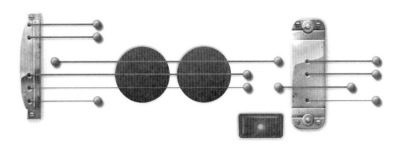

萊斯．保羅Google塗鴉。© Google, Inc.
（Credit to The Google Doodle team）

愚人節也是Google每年的重點戲。2013年4月1日，我們對外宣布YouTube其實是一場耗時八年的比賽，為的是找出最佳影片，而得獎者終於在今天出爐！我個人最愛的惡作劇是Google動物翻譯機，這款安卓系統的應用程式由英國Google所研發，可將動物叫聲翻譯成英語。就算不是惡作劇，翻譯也同樣有玩心。Google翻譯可以將原文翻譯成「瑞典廚師」語（青蛙布偶秀裡的人物，愛說「波、波、波！」）與「海盜」語（「赫赫哈哈！」）。2012年4月1日，到Google Play線上商店找音樂，會有一個安卓化的饒舌歌手肯伊威斯特（Kanye West）繃出來，說：「你是要找碧昂絲嗎？」

既有產品也能看到我們的玩心。每年固定推出的「聖誕老人追蹤器」（Santa Tracker），可以掌握他老人家全球跑透透的足跡。下次使用Google或Chrome瀏覽器搜尋時，不妨先打「翻滾吧！Google」（do a barrel roll），會有意想不到的驚喜。

這些好玩的創意，外人可能不當一回事，但樂趣是Google的重要理念，讓大家卸下面具，盡情探索。雖然如此，樂趣只能說是副產物，它不是Google之所以為Google的原因，也無法說明我們的運作方式，又為什麼會選擇這樣的運作方式。要知道答案，必須從使命感、透明度、發聲權三大層面分析Google的企業文化。

崇高的使命感

使命感是Google文化的第一個基石。我們的使命是「匯整全球資訊，供大眾使用，使人人受惠。」[40]我們的企業使命與其他公司有何不同？以下摘錄幾家公司2013年的企業使命（粗體字是我標記的重點）。

IBM：「我們致力於引領最新資訊技術的研發與生產，包括電腦系統、軟體、儲存系統和微電子。透過專業的解決方案、服務與諮詢，**我們把這些先進的技術轉化為客戶價值。**」[41]

麥當勞：「麥當勞的企業使命在於成為顧客飲食的最佳去處。我們的營運據點遍布全球，秉持全球一致的「致勝計畫」（Plan to Win）策略，在人員、產品、地點、價格與促銷等方面，提供絕佳的顧客體驗。**我們致力於持續改善營運，提升顧客用餐體驗。**」[42]

寶僑家品：「寶僑提供品質優異、價值一流的產品與服務，進而改善全球消費者的生活，今日如此，未來亦然。**因為秉持消費者至上的信念，自然能創造高人一等的營收、獲利和價值，使**寶僑的員工、股東、生活與工作所在的社區欣欣向榮。」[43]

上述都是非常合理、中規中矩的使命宣言，卻有兩個立即可見的特點。

首先，使命宣言可說是最難以下嚥的文字（讓各位一下咀嚼這麼多例子，實在抱歉）。第二，Google的使命宣言與眾不同，除了簡單明瞭之外，更一概不談其他公司強調的重點。不提獲利與市場；不講客戶、股東、使用者；不說為什麼這是我們的使命宣言，為什麼要追求這些目標。對Google來說，彙整資訊，讓資訊更普及而實用，原本就是一件好事，無須多加解釋。

如此的使命宣言不強調商業目標，看重的是道德層面，因此讓工作更添意義。綜觀歷史，無論是追求獨立或捍衛平權，最沛然莫之能禦的運動均以道德為出發點。我在此不希望說得太誇張，但探究每個重大革命的起源，通常是崇高理想，很少是因為要賺大錢或搶市場。

值得注意的是，Google永遠無法達成企業使命，因為世上永遠有更多資訊需要匯整，有更多讓人人受惠的方法。在這個動機的驅使之下，Google會持續創新、挑戰新領域。若以「登上市場龍頭」為企業使命，一旦達到之後，動力頓時減少。Google設立弘大的企業使命，作用有如指南針，而非車速表，引領公司不斷前進。內部分歧難免（第13章會進一步討論），但絕大多數Google人都深深認同這份企業使命，團結一心，即使員工從當初幾十人成長到幾萬人，企業文化都能運行不墜。

在企業使命帶動下，Google勇於挑戰未知領域，其中一例是2007年推出的Google街景服務。[44]這項服務的目的單純，卻又雄心萬丈，那就是從街頭記載世界樣貌，留下歷史紀錄。Google街景起源於大受好評的Google地圖服務，而Google地圖又可追溯到漢克（John Hanke）與麥蘭頓（Brian McClendon）2001年成

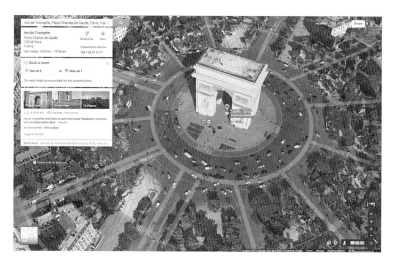

巴黎凱旋門鳥瞰圖，Google 地圖。© Google, Inc.
（Credit to Google Maps）

巴黎凱旋門街景圖，Google 街景。© Google, Inc.
（Credit to Google Maps）

尼泊爾聖母峰昆瓊（Khumjung）南基地營（South Base Camp）。
© Google, Inc.（Credit to Google Maps）

與海獅同游。加拉巴哥群島。© Google, Inc.
（Credit to Google Maps，maps.google.com/oceans）

立的數位地圖繪製公司「鑰匙孔」（Keyhole；Google 於 2004 年收購），兩人目前仍是 Google 副總裁。

鳥瞰圖看了好幾年後，佩吉感到納悶：為何不能從一般人的視角捕捉畫面，街景不也是一種資訊，能看到社區長年的成長與變化？再說，拍攝街景或許也能迸發新意。

凱旋門的街景於是誕生！

1806 年動工、歷時三十載竣工的凱旋門，是為了紀念為法國拋頭顱灑熱血的軍人。大多數人這輩子永遠沒機會到巴黎，無法漫步在凱旋門廣場，看不到地上那團永不熄滅的火焰。

但是，全球有二十億人口只要上網就能看得到。除了凱旋門之外，大家也能一睹聖母峰的基地營，[45] 到加拉巴哥群島與海獅同游大海。[46]

企業使命拉高層次，也帶來意想不到的實質利益。MIT 媒體實驗室的薩里西斯（Philip Salesses）、謝其納（Katja Schechtner）與何達戈（Cesar Hidalgo）聯手，拿波士頓和紐約的畫面與奧地利的林茨（Linz）與薩爾茨堡（Saltzburg）比較，探討從哪些街道特徵（如髒亂、街燈數目等）可以判斷社區的社經地位和治安。[47] 有了這項研究，各大城市或許可以決定資源的最佳配置，例如加強環境綠化與道路修護，是否能實際改善社區治安？

超過一百萬個網站和應用程式開發人員以 Google 地圖為平台，打造自己的業務，例如旅遊借宿網站 Airbnb、叫車服務 Uber、社群導航軟體位智（Waze）、點評網站 Yelp 等 [48]，每週使用人數超過十億。[vii, 49]

如果我們採取傳統的企業使命，如為客戶創造價值，或是追求利潤成長，就絕對不會有 Google 街景的誕生。計算反向連結將網站排名和 Google 街景，實在是八竿子打不著。多虧大器

印度阿格拉市（Agra），泰姬瑪哈陵。© Google, Inc.
（Credit to Google Maps）

紐約中央公園的一景。由於保護隱私，Google 街景將人與狗的臉都模糊
化。畫面發現人：Jen Lin。© Google, Inc.（Credit to Google Maps）

的企業使命，Google人與其他有志之士才能有更多舞台，推出造福大眾的產品與服務。細數這些創意與成就，都可歸功於Google把不斷挑戰想像的極限視為企業使命。

　　凡是人才，無不希望朝著鼓動人心的願景前進，而如何勾勒出這個目標，正是領導人的考驗。即便是Google，也並非每個員工都覺得工作與企業使命密切相關。舉例來說，根據2013年Google人調查顯示，86%的業務團隊成員深信「我的工作和Google的目標有顯著關連」，而其他部門的員工卻高達91%。同一個企業使命，同一家公司，卻有不同程度的認同感與動力，這要怎麼辦？

　　《給予》（*Give and Take*）的作者格蘭特有答案。他在書中指出，工作懷抱使命感不但能帶來快樂，更有助於提高生產力。[50]跟許多人生智慧一樣，他的答案一說出來，似乎沒什麼了不起，但是影響力卻出奇的強大。

　　格蘭特以某大學募款電訪中心的受薪員工為調查對象，他們的工作是打電話給潛在捐款人募捐。格蘭特將受測對象分成三組：A組為對照組，按照平常方式工作；B組閱讀其他員工對這份工作的感想，內容是說能學習，又有薪水可拿；C組則閱讀獎學金得主的故事，得知獎學金深深改變了這些人的生活。測試之後，A、B兩組的績效並無不同，但C組的單週捐款人數卻大幅成長155%，由每週9人增至23人，而單週捐款金額也增加143%，由1,288美元提高到3,130美元。

---

vii　Google街景捕捉到街頭畫面，導致有些Google人與使用者擔心違反隱私權。對此，我們努力將顧慮降到最低，比方說，Google街景的預設模式是將人臉與車牌號碼進行模糊處理，保障個人隱私，泰姬瑪哈陵的照片就是一例。但話說回來，有時演算系統太過積極，把動物也模糊化了。

格蘭特不禁納悶，光是閱讀得獎學生的故事就能大幅提高績效，那實際與本人見面，是否效果更顯著？他請一組募款人員與一名獎學金得主見面，有五分鐘的訪談。結果令人吃驚，接下來一個月的單週捐款金額飆升逾4倍。

格蘭特發現，其他工作也存在這個效應。讓救生員讀溺水者獲救的案例，他們守備的積極程度會提高21%；請學生編輯同學的信件，如果先讓他們跟作者見面，他們花在編輯的時間會增加20%以上。[51]

格蘭特的心得是什麼？讓員工與受惠者見面，哪怕只有短短幾分鐘，也能發揮最大的激勵效果。工作有了意義，成就感更勝爭名奪利。

探究內心深處，我們每一個人都希望從事有意義的工作。舉個極端的例子，請問切魚片的工作有意義嗎？對皮納沙（Chhapte Sherpa Pinasha）來說，答案是肯定的。他的雇主是紐約曼哈頓的多特斯食品店（Russ & Daughters），販售燻魚、貝果與特色食物。40歲的皮納沙十幾年前開始在多特斯工作，但他出生於喜馬拉雅山脈東部的小村莊，跟家人住在小木屋裡，是四個小孩當中的老么。他15歲時開始工作，為聖母峰登山客將重達九十磅的裝備補給扛到基地營，也擔任外國人的登山嚮導。跟助人登上世界第一高峰比起來，他現在的工作是否變得比較不重要？「這兩個工作其實大同小異，」他接受《紐約時報》記者凱加南（Corey Kilgannon）訪問時說：「都是在幫助人。」[52]在別人眼中，皮納沙的工作不過是切燻鮭魚，他卻選擇賦予工作更深一層的使命。

任誰都希望做有意義的工作。全天下最強烈的工作動能，莫過於知道你能為世界貢獻一己之力。耶魯大學的瑞妮斯基（Amy

Wrzesniewski）跟我說，有人把工作看成是生活中不得不然、卻沒有重大意義的活動；有人把工作看成是必須「成功」、「精益求精」的職涯發展；有人把工作看成是天職，有益於整體社會，進而從中得到快樂與成就感。

大家可能會認為，有些工作比較容易稱得上是天職，但其實，能否從工作找到使命感，完全存乎一心。瑞妮斯基訪問各行各業的人，包括醫師與護士、教師與圖書館員、工程師與分析師、經理人與祕書等，發現約有三分之一的人把工作視為天職，這些人不但更快樂，而且更健康。[53]

這個道理一經說明，似乎再簡單不過，但有多少人會特別花時間追尋工作的深層意義？有多少企業經常讓每個員工（尤其是離前台最遠的員工）接觸到客戶，看到自己的辛勞嘉惠了其他人？要做到這點很難嗎？

Google已在嘗試這些富有人味的做法，希望讓每個員工直接與企業使命接軌。我最近跟三百名業務人員談話，他們整天在線上協助小公司登網路廣告，工作容易流於機械化。但我說，你們眼中簡單的技術，對小企業主卻是艱深的學問，所以才要求助。你們管理過的廣告宣傳成千上百，但這卻是他們的頭一遭。以位於亞利桑那州諾加列斯市（Nogales）的波龐靴業（Paul Bond Boot Company；以客製化牛仔靴為業）為例，客源原來以口碑為主，為了進一步拓展而在Google刊登廣告，首波宣傳便帶動銷量成長兩成。一瞬間，波龐靴的市場變得更寬廣。第一次與Google人分享波龐靴的影片時，大家都很感動，大受鼓舞。當時擔任全球業務資深副總的艾羅拉（Nikesh Arora）喜歡稱這樣的時刻為「神奇時刻」。透過留意並分享這些時刻，Google的企業使命得以更深植員工內心。格蘭特證實使命感對工作有莫大助

益，讓員工與企業使命接軌，絕對是絕佳的投資。

開放的透明度

透明度是Google企業文化的第二塊基石。開放源碼社群有時會聽到的「預設開放」（default to open），Google開放源碼團隊的主管定義如下：「所有資訊都能與團隊共享。限制資訊是蓄意而為，要有正當理由。在開放源碼的環境裡，隱匿資訊有違主流。」開放源碼的概念並非Google首創，但說是Google發揚光大，並不為過。

以Google的程式庫為例，程式庫整合了Google所有產品的程式碼（亦即電腦程式），舉凡搜尋功能、YouTube、關鍵字廣告（AdWords）、adSense（網路上那些藍色小字的文字廣告）等等，Google所有演算法與產品的程式碼，幾乎都放在程式庫裡頭。在一般的軟體公司裡，新進工程師只能看到自己負責的產品的程式碼，但Google不一樣，軟體工程師上班第一天，幾乎能看到全部的程式碼。只要進入內部網路，就可以看到產品規劃圖、產品上市計畫、員工工作摘要（即每週進度報告）、員工與團隊的單季目標〔即目標與關鍵成果（Objectives and Key Results，簡稱OKR），第7章會進一步探討），每個員工都會知道其他人的工作內容。每季的頭幾週，執行董事長施密特與董事會報告完之後，隔幾天會立刻跟全體同仁再報告一次。我們什麼都分享，我們相信Google人能保密。

Google每週五舉行全員大會，數千名員工或親自出席，或看直播視訊，也有數萬名員工上網看重播。會議由佩吉與布林親自主持，向大家報告，包括一週以來的工作進度、產品展示、歡迎新人、更安排半小時開放問題。

開放發問是最關鍵的重頭戲。

不管什麼事都能提問、討論，輕鬆的問題也可以，如「佩吉，你現在擔任執行長，會開始穿西裝打領帶嗎？」，答案是「絕對不會」；問題可以跟業務相關，如「Chromecast的生產成本是多少？」；也可以談技術，如《衛報》（Guardian）與《紐約時報》今天報導，美國國家科學院（NAS）內部檔案指出，他們正在祕密影響加密產品，讓產品出現安全弱點。我身為一名工程師，該如何加強使用者的資訊安全呢？」；也可以討論道德議題，如「我認為隱私權是能夠在網路匿名發表意見，比方說在戒酒無名會的YouTube影片中公開發表評論，卻不會自曝自己有酗酒問題，Google還支援這樣的隱私嗎？」。[viii]問題百無禁忌，每個問題都值得回答。

甚至是問題的選擇，也秉持透明化的精神。使用者透過Google+視訊聚會（Hangouts）應用程式的「問題」（Questions）功能，不但能提交問題，也能討論與投票，問題的人氣正好也反映了問題的緩急輕重。

2008年歐巴馬當選美國總統後，交接小組便利用這項工具舉行「開放問答」（Open for Questions）活動，在全國各地舉行下鄉座談，讓全民都有機會向總統發問。提交的問題總共多達一萬則以上，投票數破百萬，決定哪些問題最為迫切（下頁為螢幕擷圖）。

高度透明的好處在於，公司每個人都知道彼此的工作概況。這聽起來似乎微不足道，實則影響深遠。在大型組織機構裡，幾

---

viii 有鑑於諸如此類的問題，再加上使用者的回饋，我們在2014年決定改變做法，讓使用者在Google+採用別名。

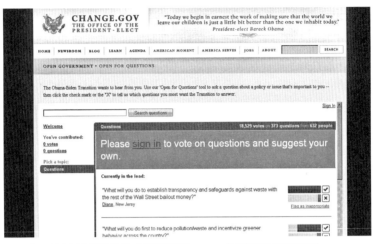

2008年，歐巴馬與拜登執政團隊使用Google問題廣納民眾意見。
（Credit to Change.gov）

組人馬做重複工作的現象所在多有，卻彼此不知道，導致浪費資源。一旦做到資訊分享，人人都能知道各團隊的目標，進而避免內部惡性競爭。有些企業反對這種做法，反而鼓勵內部較勁，阻斷團隊之間分享資訊。舉個著名的例子，通用汽車執行長史隆（Alfred Sloan）打造出各部門自主的企業環境，巔峰時期一度擁有五個主要品牌，彼此在銷售上或多或少出現競爭。比方說，豐田在中價位轎車系列只推出冠美麗（Camry），但在同一類別中，通用的別克（Buick）車系有誘惑（Allure）和Lucerne兩款，凱迪拉克有CTS一款，雪佛蘭（Chevrolet）有黑斑羚（Impala）和邁銳寶（Malibu）兩款，龐帝克（Pontiac）有G8一款，鈓星有Aura一款。[54]也就是說，通用其中一個品牌賣出一輛車，其他四個品牌就少賣一輛。

Google有時也會推出同質性高的產品，但會公開讓員工知

情，也會解釋兩種產品同時存在的原因，進而把惡性競爭降到最低。這麼做是想避免躁進，先觀望再做決定也不遲，套句程式語言的字眼就是「延後連結」（late binding）。舉例來說，Google有兩個作業系統，Chrome為筆記型電腦與網頁瀏覽器，安卓則主要鎖定智慧型手機與平板電腦。消費者有時用筆記型電腦，有時又用手機，照理說沒必要叫他們在Chrome與安卓之間二選一。這兩個都是Google的作業系統，為何不選定一個經營就好？問題是，這兩組團隊各有擅場，在技術上不斷挑戰自己，追求創新。Chrome開啟速度更快，Wi-Fi功能更為強勁，而安卓在Google Play商店的應用程式更加豐富多元，衍生出龐大的生態系統。這兩個作業系統激盪出的創新，到目前為止讓Google獲益匪淺，好處多於只採用一個作業系統。

此外，Google還會請員工先試用新產品，提供建議，這個做法常見於科技公司，戲稱「吃狗食」（dogfooding，內部測試之意）。[ix]Google研發的無人駕駛車就有一群員工試乘，在日常生活中實際測試，並提供寶貴意見。透過「吃狗食」的做法，Google人能知道公司的研發概況，研發團隊也能從測試人員得到第一手的重要意見。

---

ix 「吃狗食」的形容之所以盛行於科技業，始作俑者是1988年時任微軟高階主管的馬瑞茲（Paul Maritz）。他曾發一封信給同事，要求對方使用微軟自家的伺服器產品，信件主旨就是「吃自己的狗食」。但真要探究的話，還真有吃自家狗食的人，那就是Kal Kan牌寵物食品製造商瑪式（Mars）公司的主管層，一直以來為人稱道。1992年7月26日，《獨立報》（*The Independent*）記者布萊納（Joel Brenner）在〈瑪式生活〉（Life on Mars）一文中寫道：「來到瑪式公司位於加州弗農市的寵物食品部門，我們一行人站在『切割室』裡。業務副總莫瑞（John Murray）不假思索，修剪乾淨的手伸進濃稠的肉汁裡，撈出一塊多汁的棕色肉塊，直接塞進嘴裡。他說：『很可口，動物會喜歡。不騙你，味道就像冷掉的燉肉一樣。』」我自己在九〇年代中期也曾到過那裡，同樣親眼見證他們主管吃狗食的畫面。

資訊透明還有一個意想不到的好處：光是分享資訊，就足以提高工作表現。巴爾的摩市約翰霍普金斯醫院的馬凱利（Marty Makary）醫生指出，紐約州要求各醫院公布冠狀動脈繞道手術的死亡率，政策施行四年後，心臟外科手術的死亡率足足下降41%。[55] 公布手術成敗的一個簡單動作，就足以增加成功率。

　　有些企業講究運作透明化的程度，甚至高過Google，橋水投資（Bridgewater Associates）就是一例。這家全球規模最大的避險基金公司，操盤金額高達1,450億美元，[56] 公司每場會議都有詳實的紀錄，供所有員工參閱。創辦人戴利奧（Ray Dalio）解釋說：「我個人深信不移的原則是追求真相……就能做得更好。我們的運作極度透明化，把個人利益放兩旁，藉此剖析我們的錯誤和個人缺點，才能更上一層樓。」[57]

　　工作紀錄不只是用於溝通，也是學習工具。經理人定期收到彙整資料，內容包括近期活動的重大進度發展、決策過程，甚至連資深主管的學習成長方式也大方分享。有了工作紀錄，大家的思考更透徹、溝通更精準。能夠檢討事情的實際狀況，不會再出現「我從來沒說過那句話」或「我的本意不是那樣」的說法。工作紀錄還有一個間接目的，那就是降低辦公室算計。會議記錄人人可參考，就很難有暗箭傷人的問題。橋水投資將透明化經營奉為圭臬，人事理念與實踐都以此為出發點，效果卓著，難怪有良好的信譽、深厚的文化，數十年來，績效都在市場水準之上。

　　反過來看，Google的透明程度還不如橋水投資，其中一個原因是我們深信隱私是個人權利，不容剝奪。正因如此，Google在使用者資料的保護上不遺餘力。甚至遇到執法單位明令要求交出使用者資訊時，我們會視情況質疑正當性，若是確實依法必須提供，也會公布「透明度報告」（www.google.com/transparency

report），盡可能全數公開執法單位的要求。犯錯時，我們也會採取行動彌補錯誤，避免再犯。比方說，街景車2010年掃街時，不小心從未加密無線網路擷取資料，我們得知後便立刻補救，防止未來再犯。

橋水投資想要消弭的營運問題，我們有自己的解決之道。舉例來說，為了避免「背後放冷箭」，我們規定所有電子郵件都必須轉寄給信中提到的人，也就是說，若是寫信道人是非，對方遲早會知道。還記得我第一次寫信抱怨某位同仁，結果主管立刻把信轉寄給對方，我們於是不得不立刻設法化解歧異，我也因此深刻體會到，跟同事直接溝通實在太重要了！

也就是說，透明度有高低不同，預設開放的程度依公司而異。大多數企業如果追求運作開放透明，風險其實很小，有百利而無一害。如果各位的公司跟大部分企業一樣，號稱「員工是我們最重要的資產」，而且打從心底這麼認為，必然會建立透明開放的企業文化，否則只是自欺欺人，口口聲聲說員工是資產，卻又不重視他們。打造開放的工作環境，代表企業認為員工值得信賴，而且有良好的判斷力。讓員工知道全公司的工作進展，包括為什麼做這件事、又會怎麼執行，可以讓大家工作更游刃有餘，發揮更多貢獻，這是採用傳統由上而下管理方式的經理人所意想不到的結果。

實質的發聲權

發聲權是Google企業文化的第三個基石。所謂發聲權，是員工對公司營運有提出意見的實質機會。企業經營若不是信任員工，鼓勵他們表達意見，不然就是採取不信任制度。對大部分的企業來說，賦予員工發聲權有如洪水猛獸，但唯有如此，才能體

現企業價值觀。

　　Google許多人事政策都是以照顧自己人為本。以員工賦稅為例，同志員工的同居伴侶雖然享有企業提供的醫療福利，但依照美國稅法規定，福利額度必須納入員工的所得並課稅，反觀異性戀夫婦卻不用。一位Google人寫信向員工福利部門副總艾格耶（Yvonne Agyei）陳情，說這樣的規定不公平。阿格耶的答覆是：「你說的沒錯。」[58] 她於是推動一項新措施，以補貼同志伴侶員工增加的所得稅。Google是美國前幾家這麼做的大企業，也是第一家在全球各地據點推行這項政策的公司。

　　除了實踐企業價值觀，給予員工發聲權還有其他正面效益。根據德州大學奧斯汀分校教授柏里斯（Ethan Burris）的研究指出，「讓員工有機會提出構想，一直以來公認有激勵效果，有助於企業制定更精準的決策，提升組織效能。相關研究顯示，不管是決策品質、團隊表現，還是組織績效，如果員工能夠抒發己見，都能看到正面效果。」[59]

　　Google在2009年的年度調查顯示，Google人認為要完成工作愈來愈難。會這麼想並沒有錯，因為公司規模成長了一倍，員工人數2006年底為10,674人，到了2008年底增加到20,222人，同期營收也從106億美元激增到218億美元。但財務長皮歇特（Patrick Pichette）遇到員工這樣的問題，並非公布由上而下的解決方案，反而將權利交在Google人手上。他當初發起的「官僚剋星」（Bureaucracy Busters）方案，目前已擴大成一年一度的執行計畫，讓Google人有機會提出工作上最感到挫折的環節，並設法解決。第一階段，員工提交了570則構想，投票次數超過5萬5千次。大部分人的挫折都是可以立即解決的小問題，例如：日曆功能無法加入群組，籌備大型會議很耗時；預算核准門檻設

得太低，連雞毛蒜皮的項目也得主管審查；節省時間的工具很難找（這對 Google 無疑是一大諷刺）。Google 人要求的改變，我們全力配合，因此大家工作起來更快樂，管理起來也更得心應手。

再舉個反例，我想到有次與一名美國前十大企業的人資長談話，她說：「我們執行長希望公司更有創新思維，他要我打電話向你討教，因為貴公司以講究創新的企業文化聞名。他希望設置一間『創意室』，裡頭擺設足球台、懶骨頭沙發、熔岩燈，還有各式各樣的零食，讓員工激盪出天馬行空的點子。你覺得怎麼樣？Google 是怎麼做的？」

我稍微介紹了 Google 企業文化的本質，然後建議她請執行長將管理階層的會議拍成影片，與員工分享，讓大家掌握公司營運概況，了解管理層的重點工作。這只是我一時想到的點子，雖然誇張，但我覺得不失為讓員工知道決策過程的好方法。我當時還不知道橋水投資的做法更積極，把每次會議都拍攝下來。她回說：「這不可能，我們公司絕對不會這麼做。」既然如此，那就讓初階經理人參與管理團隊會議，在一旁做紀錄，事後再向其他員工說明會議內容；這也是 Google 的做法，由前產品資深副總羅森伯（Jonathan Rosenberg）率先提出。「不行。我們不能跟初階經理人分享會議資訊。」

那、好吧，不然就讓員工提出平常不敢講的尖銳問題，由執行長在主持員工大會時親自回答。「不行、不行，他絕對不會答應，要是大家狂寫電子郵件怨東怨西怎麼辦！」既然如此，那就用意見箱（她覺得似乎可行），每季由員工自治會決定落實哪幾項提議，甚至由公司提供預算。「不行，這樣行不通。誰知道他們會做出什麼事？」

這家公司有顯赫的地位，卻連一丁點的發聲權也不給員工，

不讓員工直接與執行長溝通對話。每項建議都遭到對方駁回,我也只能祝她好運,希望他們用懶骨頭與熔岩燈就能了事。

難關當前,企業文化更顯重要

使命感、透明度、發聲權這三個企業文化的基石,2010年成為我們思索中國營運方向的討論焦點。在中國繁複的法令與政策之下,搜尋引擎依法不能列出全部查詢結果。例如上網查「天安門廣場」,結果只會秀出政府許可的網站,這樣實在違背了我們「資訊供大眾使用」的理念!如果搜尋結果要受到審查,我們如何實踐公開透明與發聲有理的企業價值觀呢?

自2002年以來,中國使用者每隔一段時間就上不了Google的全球網站(www.google.com)[60]。我們於是在2006年嘗試不一樣的做法,推出Google中國網站(www.google.cn)。由於主機設在中國,所以我們必須符合當地法令規範。遇到搜尋結果有必要篩選時,其他的搜尋引擎只會列出審查後的結果,但Google會在螢幕下方加上一行字:「據當地法律法規與政策,沒有顯示部分搜尋結果。」少了某些資訊,有時反而盡在不言中。

中國的網民聰明得很,從短短這一小行字,就能知道有其他資訊遭到審查,自然會從其他途徑尋求真相。

但我們的想法太天真,以為其他企業也會跟進,做類似標示,進而發揮潛移默化的效果,可讓中國未來完全不再審查搜尋結果。不料事情發展恰恰相反。我們開始提示搜尋結果是否遭到篩選的同時,還注意到一個現象,搜尋服務有時候會突然變慢。即使是無害的搜尋字眼也一樣,原本不到一秒就能查到結果,現在卻要等上好幾分鐘。有時網頁更完全被封鎖,無法使用。

儘管如此,我們在中國的營運依舊不斷成長,可見網路使用

者都想知道真相。眼見外部干預愈來愈嚴重，Google內部也掀起一片論戰，對於該怎麼做，各方自有看法。施密特每週固定與管理團隊開會，一開就是兩個小時左右，花在討論中國議題的時間常常超過半小時。Google人也全體總動員：工程師、產品經理、資深經理人在產品評測會議商討；一般員工在全員大會討論；有人寫下洋洋灑灑的電子郵件爭辯，有時吸引數幾千人加入；辦公室走廊、咖啡館，到處都有討論的聲音。

一方面，如果Google真的重視企業使命與資訊透明，又怎能縱容資訊審查制度？如果我們願意在中國棄守企業原則與價值觀，到了其他地方呢？與其跟中國政府合作，倒不如撤出中國市場，這樣是否更能表達我們堅定的立場？

另一方面，中國的社會變遷較慢，政治週期較長，我們在衡量當地政策的改善時，是否該以幾十年為單位，而不該以年計算呢？如果Google不持續在這個議題上努力，又有誰會呢？雖然現階段的搜尋受限，但有部分真相總比完全沒真相好，不是嗎？

2010年，歷經數千個小時的討論之後，再加上全球各地Google人獻策，我們的結論是：搜尋結果不該被審查。Google在各國營運均依法行事，但有鑑於如果不理會中國政府的資訊審查規範，Google形同違法，因此我們別無選擇，只好撤掉中國版Google網站。

但我們也不想背棄中國網民。上Google中國版網站，可以看到一則訊息，建議使用者前往香港版網站（www.google.hk）。香港1997年回歸中國時，英國政府與中國曾簽訂聲明，香港得以維持既有生活方式達50年不變，不受中國多數法令規範。也就是說，Google在中國境內仍有37年能忠於企業理念。在中國上香港版網站，經常會有網頁被擋或速度變慢的問題，但至少是

一個中文的當地網站。這些年來，提醒使用者搜尋結果遭到審查，已經成為中國境內搜尋引擎的常見做法。我們在中國的市占率雖然逐漸縮小，但我們深信，對的事值得堅持。

所以說，我當初不該小看「企業文化把營運策略當早餐吃」這句話，它其實很有道理。我是在加入Google三年後才了解到這點。那時，我受邀為《思想季刊》（*Think Quarterly*）撰文，介紹Google的企業文化。[61] 我想到管理團隊的討論過程，發現我們做任何決策都和中國事件一樣，往往不以經濟利益為考量點，而是看這項決策是否符合我們的價值觀。

面臨重大考驗與高度爭議的議題時，我們一再以使命感、透明度、發聲權這三個企業文化基石為依歸，針對問題充分討論，並在過程中釐清策略。也就是說，我們以企業文化決定營運策略，而不以營運策略左右企業文化。

又過了若干年，我才開始納悶那句話的出處。我發現，這句話據說出自管理學大師杜拉克[62]。福特總裁菲爾茲（Mark Fields）2006年把它掛在公司戰情室牆上，藉以提醒自己，強而有力的企業文化是營運的成功關鍵。

企業文化不會靜止不動，企業文化至上的營運路線，道路勢必曲折。舉例來說，Google人常說：「Google的文化一直在變，跟我當初進公司時已經不同。」「我還記得公司只有幾百人時，氣氛完全不一樣。現在Google感覺就只是一家大企業罷了。」「Google變得不有趣了。」

這些話都是員工的真實心聲，感嘆Google已經迷失方向。

第一則員工留言的時間是2000年，當時員工人數不到幾百人；第二則是2006年，員工人數已達六千人；最後一則是2012年，Google這時已有五萬名員工，聽到這句話格外諷刺，因為大

多數Google人形容企業文化時，最常用的形容詞就是「樂趣」。事實上，翻開Google的歷史脈絡，不管是在哪個時間點，往往都有人覺得企業文化正在退步。幾乎每個Google人都渴望回到營運初期的美好時光，也就是Google成立的頭幾個月。這份渴望一來反映出那段時間帶給大家的無限鼓舞，二來也讓人看到Google的變遷腳步持續而快速。

Google人時時擔心企業文化變質，經常對現況不滿，但這些現象是好事，我們甘之如飴。正因為害怕喪失寶貴的企業文化，Google人會更加提高警覺維護它。如果大家不怕，我才得擔心！

企業要緩和員工的焦慮，可以開放討論，將想法化做具體行動，進一步加強企業文化。為此，Google的祕密武器是蘇莉文（Stacy Sullivan）。蘇莉文在1999年進入Google，擔任Google史上第一位人資主管。她畢業於柏克萊大學，學生時代是網球冠軍，任職過多家科技公司。她兼具高智商與創意思維，個性直爽，讓人不喜歡她也難。簡單來說，像她這樣的人才，正是Google最想延攬的，也因為如此，Google的徵才標準由她負責再適合不過。蘇莉文如今已轉任Google首任文化長，督促公司堅守企業文化的理念。她解釋說：「打從第一天開始，我們就擔心企業文化好像隨時在變動，所以堅守核心理念一直是我們努力的目標。」

蘇莉文打造出文化俱樂部（Culture Clubs）的全球網絡，由在地的志工團隊組成，以維護Google企業文化為己任。全球七十多處分公司各有一個文化俱樂部，每年通常編列一到兩千美元的小額經費，推動當地分公司的內部文化，與Google其他分公司接軌，鼓勵大家寓工作於樂，開誠布公地溝通。想當文化俱樂部的領導人，不需申請，只要積極主動就對了，例如籌備分公司活動、勇於抒發己見，甚至扮演領導團隊的角色，成為別人了

解「Google 作風」（Googley）時的諮詢對象。

只要勇於表現，蘇莉文最終會注意到你，請你擔任文化俱樂部領導人。[63]

給員工自由，他們會讓你驚艷

我之前提到，打造卓越企業的方式各有巧妙不同，透明開放的程度有高有低，但在市場都能做出好成績。Google 顯然是走自由開放的路線。把自己當成公司創辦人一樣思考和行動，你接下來要決定的是營造什麼樣的企業文化。你的管理哲學為何？你有勇氣落實這樣的信念嗎？根據我個人的生活與工作經驗，給員工自主權，他們的表現絕對會讓你驚艷。有時結果難免讓人失望，但人非聖賢，不該就此抹煞了員工自主權的好處。

追求堅定不移的使命感、提升營運透明度，以及賦予員工發聲權，不只是響亮口號而已，現實面亦不得不然。放眼全球市場，有才華、有幹勁、願意逐水草而居的創業人與企業人士愈來愈多，未來幾十年，他們將逐漸流向提供他們舞台發揮的企業，充分發揮所長，協助企業開創新局。但除了現實面之外，塑造優異的企業文化也符合心之所向，正所謂：「己之所欲，施之於人」。

打造優質的企業文化 @Google

- 視工作為天職，懷抱使命感。
- 跳脫舒適圈，給員工多一點信任、自由、權責。如果這些都不會讓你緊張，代表示你放手的程度還不夠。

第3章

尋千里馬難，有伯樂更難

召募是人資管理最重要的環節，
比在職員工培訓更重要。

　　想像你中了美國史上金額最高的大樂透，6億5,600萬美元入袋，你想做什麼都可以，卻偏偏要籌組一支冠軍棒球隊。

　　你有兩個選擇，可以重金禮聘全世界最厲害的球員，或者學電影「少棒闖天下」（*Bad News Bears*）裡小熊隊的做法，找來一群在別人眼中是怪胎的小球員，湊成雜牌軍，琢磨調教，再加上你深知激勵人心、因材施教之道，終能打造出一支冠軍隊伍。[x]

　　哪個比較可行？幸好，兩種方法都有人試過。

花大錢，買菁英

　　第一屆世界大賽於1903年開打以來，至今舉辦了108屆。紐約洋基隊打進40次，贏得27次冠軍，比冠軍次數居次的聖路易

---

[x] 「少棒闖天下」對某些讀者或許年代久遠，不妨想想「大聯盟」（*Major League*）、「野鴨變鳳凰」（*The Mighty Ducks*）、「小兵立大功」（*Little Giants*）、「世界末日」（*Armageddon*）、「歌喉讚」（*Pitch Perfect*）等電影，都有雜牌軍出頭天的寓意。

紅雀隊多出近3倍。

　　洋基隊之所以頻頻奪冠，主要是因為他們採取金錢攻勢，重金延攬頂尖球員，光是2013年就砸下2億2,900萬美元。[xi]洋基隊薪資總額在1998年排名大聯盟第二，1999年以來更是年年居冠。更進一步了解，自1998年以來的世界大賽，冠軍頭銜有38%的機率落在兩隊隊員薪資最高的隊伍，不是洋基隊，就是波士頓紅襪隊，而其中一隊打進世界大賽的機率則有53%。[64]

　　這些數字相當驚人。如果說贏賽完全是隨機事件，那麼大聯盟的球隊要拿下世界大賽冠軍的機率只有3%。但反過來說，既然高薪球隊能夠常常贏球，但為什麼無法年年奪冠呢？

　　球員能力是好是壞並不難判斷，他們在場上的表現都攤在大家眼前，因為每場球賽都是公開舉行，且留有紀錄；各界對球賽規則與球員位置已有充分了解，有一套固定的評估標準；球員薪資也是公開資訊。路易斯（Michael Lewis）的《魔球》中記載奧克蘭運動家隊分析球員的表現數據，出奇招選秀，球隊最後打出佳績。但書出版至今多年，要大家指出哪些球員最厲害，或是預測誰今年會立下戰功，仍舊極度困難。話雖如此，要找出前5%或10%的球員並不難。

　　如果球隊有錢花不完，就可以買下去年度表現可圈可點的球員，大幅提高贏得冠軍的勝算。但天底下哪有這麼好的事。去年

xi　球員薪資雖是主因，但其他因素也值得思考。比方說，洋基隊二十世紀前半葉在美國聯盟呼風喚雨（可參考卡茲（Jeff Katz）所著 The Kansas City A's and the Wrong Half of the Yankees 一書，2007年出版），而在後半葉又積極經營市場，都是他們表現優異的原因。儘管如此，這種選手高薪資與戰績的連動關係，似乎也出現在其他運動賽事。《經濟學人》研究英國足球球壇1996到2014年的表現，發現「球員每季得分數與足聯中位數的差異，有55%與薪資相關。」但文中指出兩者未必有因果關係（請參考〈Everything to Play for〉一文，2014年5月10日，57頁）。

的菁英球員，今年的表現不一定依舊出色，連年保持最佳狀態的機率甚至很小。但可以確定的是，出手闊綽的隊伍至少能打敗聯盟一半隊伍，排名甚至擠進前三分之一。

當然，這麼做的缺點是傷荷包。洋基隊球員薪資同期成長超過兩倍，高達2億2,900萬美元，從1998年漲了1億6,300萬美元。時至今日，花大錢買人才的策略能否長期持續下去，逐漸備受質疑，就連洋基隊自己也有問號。當初想出重金策略的人，是經營洋基隊多年的喬治・史坦布瑞納（George Steinbrenner），後來繼承的兒子霍爾（Hal Steinbrenner），計畫2014年將球員薪資總金額砍到1億8,900萬美元以下，以躲避大聯盟的豪華稅。[65]

企業執行長也喜歡來這招。身為Google第二十位員工的梅爾，當年在塑造Google的品牌與搜尋風格上功不可沒，後來轉換戰場，2012年7月16日當上雅虎執行長。上任第一年，雅虎起碼收購了19家公司，[66]包括Jybe（可依民眾喜好提供在地娛樂及餐飲建議）、Rondee（提供免費電話會議服務）、Snit.it（個性化新聞剪報）、Summly（提供新聞摘要服務）、Tumblr（發表照片的輕網誌）、Xobni（收件匣和連絡人清單管理工具）、Ztelic（社群資料分析服務）。其中公開的收購價格只有五筆，總計12億3,000萬美元。而上述應用程式供應商經雅虎收購後，除了Tumblr之外，其他家的產品，部分或全數停止服務，人員也納入雅虎既有團隊。

收購公司後又捨棄對方產品，是矽谷近幾年的特殊現象，稱為「人才併購」（acqui-hiring）。因為你看到這些小公司有優異的研發能力，但人才未必想加入你的公司當員工，這時透過人才併購的做法，就能將他們吸收進來。

人才併購是否能為企業打下穩固的基石，目前依舊沒有答

案。首先，成本高得嚇人。雅虎砸下3,000萬美元收購Summly，中斷該服務，只留下對方3名員工[67]，其中一位是年僅17歲的創辦人達羅修（Nick D'Aloisio），換算下來，每人身價高達1,000萬美元。即使有些案例的成本「相對便宜」，數字依舊叫人咋舌，例如Xobni的31名員工，每位值130萬美元。[68]但別忘了，除了收購成本外，這些人才成了員工後，日後的薪水、獎金、認股權等等還是不能少。

這些被收購的人才看到自己的寶貝產品被砍，心頭恐怕是百般煎熬。雖然說財富入袋，心情應該好過點，但我也聽過不少矽谷的例子，被收購的工程師等到認股權完全到手後，就計畫離職再自己創業。此外，收購來的人才是否比一般員工更有績效，同樣是未知數。有些人確實表現優異，但我目前還看不到證據。

一般情況下，收購方會留下對方的產品與業務持續運作，但即便如此，仍有超過三分之二的案例沒有加分效果。[69]所以說，人才併購的做法要能奏效，對方非得是人中龍鳳才行。我不是說人才併購的策略不好，但成效確實沒有特別突出。

傳統面試只能找到平庸人才

花錢買菁英的做法，用在籌組棒球隊似乎說得過去，但如果是打造企業，恐怕沒那麼簡單。人力市場的透明度比不上棒球球員身價。想知道某人的過去表現，只能靠履歷跟自述（有時還可參考推薦人的說法），看不到他實際工作的情況。棒球不管是哪一隊，每個位置做的事大同小異，畢竟，守一壘就是守一壘，還能玩出多少花樣。但企業界不同，光是行銷就有五花八門的做法。此外，高薪徵才只是會收到更多履歷，不代表應徵者的能力更好，也不代表企業有辦法去蕪存菁。

有鑑於上述原因，大部分企業都採「少棒闖天下」的徵才策略，只是不肯承認罷了。經理人喜歡說，他們先是非頂尖人才不找，日後再加以琢磨訓練，讓人才成為一等一的員工。聽到如此說法，不免教人質疑。

第一個原因是，如果真的如此，那不是有更多企業能有冠軍級的表現嗎？洋基隊打進世界大賽的機率有37%，打進後奪冠的機率高達67%。能有這般表現的企業已經夠少，又能持續百年不墜的更是微乎其微。

第二，如果企業都說自己比別人善於網羅人才，那麼它們的徵才方式應該有獨到之處，但其實大多數企業的召募方法都差不多，刊登廣告、篩選履歷、面試一堆人、雇用某個人，過程繁瑣複雜。如果每家企業都這麼做，怎麼可能找到比別人好的人才？因此，企業找到的都是中等人才。新人當中一定有的是寶石，有的是地雷，但整體而言仍屬中等。

第三個原因很簡單，擅長面試的人很少。我們之所以覺得自己找得到最好的人才，是因為我們自我感覺良好，認為自己有高超的識人術。面試應徵者時，哪個人不是鐵口直斷，立刻判定對方的個性與能力？就算對方上班了幾個月、幾年，我們還是不會把他的實際表現拿來跟當初的面試記錄核對（有沒有記錄還是個問題），但那又怎麼樣？我們相信自己找到的絕對是最佳人選！

但這麼想就錯了。

知名編劇凱爾勒（Garrison Keillor）的故事中固定以「忘憂湖鎮」（Lake Wobegon）為場景，鎮裡「小孩的資質都在平均以上」，這種自認高人一等的現象，也常常出現在企業的徵才思維。我們自以為很厲害，卻從來沒有實際檢討，所以一直沒有進步。有很多資料顯示，面試官對應徵者的評估，大致在開場前

三到五分鐘就已有定論，時間甚至更短，[70] 其他時間都是在找證據，證明自己眼光正確；面試官下意識會偏好跟自己類似的人選；大部分的面試技巧都沒有用。開美國前總統小布希一個玩笑，他跟俄羅斯總統普丁會晤時，就曾經公開說：「直視他的眼睛……我就能看到他的靈魂。」[71]

我們不但自以為很會面試，還覺得自己是伯樂，網羅到的人才都是水準之上，不然怎麼會錄取對方呢？找到千里馬之後，我們對前景一派樂觀，殊不知一年後評估工作績效時，才發現對方資質普通，跟當初設想的差很多，只有少數幾個新人的表現突出。這時我們早就忘了當初如何信誓旦旦，認為自己找的每個新人都是明日之星。

這就是企業只能召募到平庸之才的原因。

無效的召募，徒勞的培訓

既然如此，難道不能以事後培訓補救，把員工從中等磨練到優等嗎？許多企業都有聞名的領導人養成機構、全球培訓中心、遠距學習等，這樣不也能把新人培養成一等一的員工？

老實說，不太可能。要設計出一套有效的培訓計畫很難，有些專家甚至認為，九成的培訓計畫不是設計不良，就是執行欠佳，無法帶動工作績效長期改善，也無法改變員工行為。[72] 把表現中等的員工培訓成一等一，幾乎是不可能的任務。有些人或許會說，幾乎不可能表示還有一點可能，所以培訓還是有價值的（這點沒錯，第9章會介紹Google的做法），有些員工確實能從平庸進步到卓越，但分析他們成功的原因，大多是環境與工作型態的改變，而不是因為培訓。

以愛因斯坦為例。他一開始應徵教職碰壁，後來進到瑞士專

利局工作，也苦無晉升機會。他沒有因為參加培訓課程，而成為瑞士最厲害的專利技師，也沒有因為畢業於師院，而拿下許多教學獎項。他能成為偉大的科學家，是因為當初的工作不花他太多腦力[73]，讓他能自由探索完全無關的領域。

總結來說，要組成能力卓越的工作團隊，方法有兩個。一個是想辦法網羅到菁英中的菁英；另一個是延攬中等人才，事後再把他們調教到最佳狀態。簡單說，你會選擇下列哪一個？

A：網羅能力達90分以上的人才，一上班就有優異表現。

B：延攬資質一般的人才，日後再進行培訓，希望他們總有一天能有90分的表現。

不難選吧？更何況如果預算不是問題，當然是一開始就請到優秀人才最好。但問題是，企業常常把錢用錯地方了。根據企業主管委員會（Corporate Executive Board）的資料，企業的培訓預算遠高於召募預算。[74]

	培訓支出	召募支出
員工每人（美元）	606.36	456.44
占人資支出比重（%）	18.3	13.6
占營收比重（%）	0.18	0.15

企業的培訓支出高於召募支出。2012年資料。

沒想到企業硬把缺點說成優點，大肆誇耀砸重金培訓員工。但支出多寡怎能做為衡量品質的指標？有人會誇說「我身材好得不得了，因為我這個月付了五百美元的健身房會費」嗎？培訓預

算高不代表企業投資員工，只是暴露出一開始沒找到對的人罷了。第9章會提出幾個降低培訓預算的方法，撥出更多金額在召募工作上。

別無選擇的選擇

Google在投資員工時，採取頭重尾輕的策略，時間與金錢大多集中在新人的召募、評估與養成，而召募占人資預算的比重是其他企業的一倍以上。一開始就找到最好的人才，表示日後比較不必費心。找到90分的菁英雖然並非萬無一失，但最糟的情況只是他們某一年表現平平，不太可能在全公司墊底。但如果延攬的是能力一般的人才，企業不但得花大錢培訓，他們的表現是好是壞，還是說不準。

Google為何要顛覆傳統，把資源都集中在召募呢？

原因是，我們別無選擇。

Google由兩個小夥子在大學宿舍草創，鎖定的是一個飽和市場，使用者只需滑鼠喀噠按一下，就能棄Google、就其他業者。我們打從一開始就清楚，想要在市場殺出血路，一定要打造出最準、最快的搜尋引擎，但同時也知道，我們的工程師永遠不夠，因為我們要研發：網路爬蟲（web crawler），針對網路所有資訊加以辨識與分類；能針對資訊篩選的演算法；能翻譯逾八十種語言的工具；能保障所有功能運作無誤的測試；能託管並應用這些資料的資料中心；最終則是研發與支援幾百、幾千個產品。能否找到優秀人才，向來是決定Google成長動能的最大關鍵。

有很長一段時間，我們並不像洋基隊有優渥的資金優勢。跟大多數企業一樣，Google在創業初期沒有錢延請菁英，不但1998年成立當年沒有營收，員工薪資在科技業也連續幾年敬陪末座，

甚至到了2010年，大多數加入Google的人都自願接受減薪，有些幅度甚至高達50%以上。要人接受減薪，加入一家又小又不按牌理出牌的新創企業，實在不容易。我跟許多Google人一樣，當初也是減薪加入，從奇異離職的那天，集團執行長還特別跟我說：「聽你講Google，我覺得應該是一家小而美的公司。我祝你好運，但如果在那裡做得不順利，隨時打通電話回來，我們會安排一個職位給你。」

此外，Google在搜尋引擎市場的起步較晚，當時的雅虎、Excite、Infoseek、Lycos、AltaVista、AOL已是市場領導業者。所以我們在召募時必須感動應試者的心，讓他們印象深刻，覺得Google跟其他公司不一樣。但是在吸引到人才之前，我們必須先擬出獨特的召募制度，才能比其他企業網羅到素質更高的人才。

為了找到菁英中的菁英，必須顛覆傳統的徵才思維，下兩章會進一步探討Google的做法。改變徵才方式，其實不會增加成本，但必須先接受兩個新觀念。

關鍵思維一：放慢步調

第一是放慢徵才步調。

把所有應徵者一字排開，裡頭頂多只有一成最後能出類拔萃，所以其實很多應試者的挑選或面試都是多餘的。說一成還太樂觀，因為放眼大部分的產業，業界菁英因為在現職上如魚得水，並不會主動在市場上找工作。也因此，靠對外徵才找到菁英的機率很低。

但等待是值得的。Google知識部門資深副總尤斯塔斯（Alan Eustace）常說：「一流工程師的價值起碼是一般工程師的三百倍……我寧可婉拒一批工程系的求職畢業生，也不要錯失一個

頂尖的工程師。」[75]

Google元老員工狄恩（Jeff Dean）就是一例。Google能研發出全球最快狠準的搜尋演算法，他是幕後功臣之一。他與其他幾位工程師合作，多次徹底改變了Google的搜尋方式。舉例來說，他早期曾與季瑪瓦（Sanjay Ghemawat）、古梅茲（Ben Gomes）聯手合作，摸索出如何將搜尋索引放在記憶體裡，而非在磁碟存取。光是這一步，就能將搜尋效率提高兩倍。

狄恩私底下也是個了不起的人物，深受同事愛戴。看Google人在內部網站發表對狄恩的看法，會覺得他好比著名的多瑟瑰啤酒（Dos Equis）廣告裡，那個虛構的「全世界最有魅力的男人」，豐功偉業讓大家津津樂道：

- 狄恩的鍵盤裡沒有控制鍵，因為凡事都在他的控制之中。
- 貝爾發明出電話的那刻，發現有通未接來電，那人正是狄恩。
- 有次索引伺服器故障，狄恩親自上陣，回答使用者查詢整整兩個小時，事後顯示搜尋品質提高了五個百分點。
- 1998年12月31日，科學家為狄恩增加了一閏秒的時間，讓他解決千禧蟲問題，而且是天底下所有系統的千禧蟲問題。
- 狄恩曾經向一個路人解釋芝諾悖論（Zeno's paradox），害他再也不想走路。
- 對狄恩來說，NP[xii]代表沒有問題（No Problem）。
- 如果全球即將爆發核子大戰，大家會指派狄恩駭進電腦，化解危機。
- 牛頓曾說：「如果我比別人看得遠，那是因為有狄恩站在

我的肩膀上。」

　　跟狄恩一樣特別的Google人還有很多。卡曼加（Salar Kamangar）深具洞察力，看到搜尋關鍵字的競價拍賣機制商機，與工程師韋契（Eric Veach）密切合作，開發出Google的初期廣告系統。以出版為例，雜誌社會依照讀者數規模向廣告商索價，但卡曼加不直接訂價，而是針對某個關鍵字或關鍵詞，讓業主競價。也就是說，廣告的順序並不是Google任意決定，而是由廣告客戶競價取得心儀的位置，成本從每個關鍵字1美分以下到10美元以上都有。這些策略為Google股東帶來數十億美元的報酬、為業主帶來總計數千億美元的新生意，也讓使用者更能明確快速找到搜尋的事物。

　　其他優秀的Google人不勝枚舉。唐黛安（Diane Tang）是少數榮獲「Google院士」頭銜（Google Fellow，Google最高的工程師頭銜）的工程師，她在技術上的卓越貢獻深受肯定，多年來帶領團隊提升廣告品質，最近更參與Google[x]的一項機密專案。韋瑞安博士帶領我們的經濟學團隊，他的個體經濟學著作可說是經濟人的必讀經典。莫妮可（Charlotte Monico）是我們財務團隊駐倫敦成員，也是奧運女子划船選手；像她一樣曾在奧運參賽的Google人共有六位。人稱「另一位網路之父」的瑟

---

xii　我的好友馬塔莫（Gus Mattammal）擁有數學、物理、商學學位，也是矽谷優勢（Advantage Testing of Silicon Valley）輔助學習中心主任，我向他請教什麼是NP問題，心想如果他解釋不出來，恐怕就沒有人有辦法了。他回答說：「以非確定型圖靈機（nondeterministic Turing machine）可以用多項式時間解決的對應決策問題來說，NP涵蓋了所有的運算問題。」呃……他接著用白話解釋：「除非你是電腦科學家，不然就把『NP問題』想成是『很難、很難解決的問題』就可以了。」

夫（Vint Cerf），是Google的首席網路宣揚大使（Chief Internet Evangelist）。此外還有發明光學滑鼠的利昂（Dick Lyon）；Excite的創辦人柯勞斯（Joe Kraus）與史賓賽（Graham Spencer）；群眾外包網站Ushahidi的創辦人歐克羅（Ory Okolloh），該網站讓公民記者和目擊者能夠舉報非洲暴力事件）；研發安卓系統的魯賓（Andy Rubin）；書籤評論網站Digg的創辦人羅斯（Kevin Rose）等等，個個都是一時之選，更別提Google旗下幾萬名的優秀員工了。

關鍵思維二：找比自己厲害的人

怎麼知道找到的人才是萬中選一的菁英呢？我的原則很簡單，也是企業必須改變的第二個徵才思維，那就是：「只網羅比你自己厲害的人。」

我聘請的人才在某些方面都比我更傑出。舉幾個例子，身為員工分析與薪酬部門副總的賽堤（Prasad Setty），分析能力就比我高明；員工發展部門副總梅凱倫（Karen May），在人員諮商上比我更有見地，原因之一是她的EQ比我高太多；主導員工多元化與青年教育相關專案的李南茜（Nancy Lee），不怕挑戰，朝明確願景奮鬥，魄力非我所能及。身為召聘與員工服務部門副總的錢德拉（Sunil Chandra），在營運上比我更有紀律與眼光，任何流程交在他手上，似乎都能更快、更好、更節省成本。

這些人隨時都有能力取代我的職位，我也從他們身上學到很多。他們每個都是我等待多時才網羅到的菁英，例如梅凱倫就連續婉拒我四年才投效Google。網羅菁英需要更長的時間，但等待絕對是值得的。

除了願意等待、願意找比你自己更厲害的人之外，還必須要

求主管放下徵才的權力。我必須先從實招來，Google很多新進主管都很討厭這點！每個主管都想建立自己的團隊，但就算再有理想，主管如果一直找不到人，慢慢就會開始降低標準。舉例來說，大多數企業在招聘行政助理時，第一天標準訂得非常高，但三個月後如果依舊乏人問津，恐怕只要有人應徵就立刻錄取了。甚至有些主管懷有私心，為了做人情給高階主管或大客戶，把工作或實習機會給某人。最後，給予主管任用錄取的權力，會讓他們對團隊有過多掌控權（Google如何把主管權力降到最低，下幾章會進一步說明）。

任職半年左右，Google的主管會漸漸發現，新進人員的素質比他們以前的經驗更好，這些傑出人才也跟他們自己當初一樣，經過嚴格過程才雀屏中選。沒有錄取員工的決定權，他們雖然不能百分之百贊成，卻能理解它的益處。

徵才過程嚴謹的好處之一是，菁英往往來自讓人意想不到的地方。Google當年還是每年徵聘幾百人的小型企業時，為求方便與效率，確實只找學經歷顯赫的人才，學歷非史丹佛、哈佛、麻省理工學院等名校不考慮，還要有任職於一流大企業的歷練。隨著營運規模愈來愈大，每年的人才需求高達幾千名，我們逐漸發現，許多菁英並沒有顯赫學歷。這點各位或許覺得不稀奇，但Google早期以高學歷為標準，依照自以為的常識管理人事，沒有特別看應試者的實際成就，過程難免有缺陷。

於是我們改變策略，開始尋找懂得吃苦耐勞、能夠克服難關的人。現在，我們在社會新鮮人中徵才時，會先鎖定州立學校的優等生，反而不找成績只是中等或甚至中等以上的長春藤名校畢業生。我們看重應試者的歷練，遠勝於學歷，有些職位甚至不在意有沒有大學學歷，而是著眼於能力與個人獨特優勢。徵才本

該如此，畢竟Google有位創辦人也沒有完成大學學歷。現在的Google召募資訊工程人才，範圍廣達美國逾三百家大學，更別說全球各地了，但是公司裡表現最優異的員工，有些甚至不曾踏進大學校園一步。

高智商的迷思

最後，還是有必要提醒各位一點。2001年，安隆弊案爆發之後，名作家葛拉威爾（Malcolm Gladwell）曾在《紐約客》（*The New Yorker*）雜誌撰文〈天才迷思：智商是否被高估了？〉（The Talent Myth: Are Smart People Overrated?），嘲諷安隆與麥肯錫一味追求「高智商人才」的現象。文中指出：「不管是麥肯錫本身，還是安隆內部裡信奉麥肯錫的人，都錯得離譜，誤以為企業智商單純取決於員工智商。他們奉崇明星，不看重制度。」[76]

我的個人經驗並非如此。我所認識的麥肯錫有一套嚴謹的員工發展體制，也輔導客戶做到這點，但我同意他的一個論點：盲目召募高智商人才，又不加約束，後果絕對很快就不堪設想。徵才，當然要找最頂尖的人才，只是頂尖不能以智商或專業知識來定義。

第8章會講到，明星員工換了新環境後，未必還能保持優異表現，因此知道某人是否能在你的企業中成長茁壯，就顯得格外重要。第5章會詳細說明Google的做法，我們徵才時注重的特質很廣，最重要的包括謙虛與勤奮。這些學經歷以外的特質，影響召募過程頗深，曾參與Google前三項搜尋專利技術的古梅茲與巴拉特（Krishna Bharat）就說：「很有趣，面試到比你厲害的人，卻得拒絕對方。」

〈人才迷思〉一文的結論並非「不要錄取高智商人才」，而

是「不要只找高智商人才」。真是一語中的。徵才不應當只是找名人、頂尖業務、最聰明的工程師，而是要找到能在企業中有所成就、也樂於成就別人的菁英。

　　徵才，是企業最重要的人資工作，但大多數企業做得並不理想。投入大筆資源做在職培訓，不如把重點放在徵才。

徵才基本原則 @Google

- 資源有限，人資預算應以召募為最優先。
- 寧缺勿濫，只用最好的人才。
- 尋找比你優秀的人。
- 錄取權不要下放給用人單位的主管。

第 4 章

尋找菁英中的菁英

堅持高標準：Google「人才複製機」的演化史。

　　有一次，Google的董事會會議即將結束之時，董事之一的英特爾執行長歐德寧（Paul Otellini）說：「我最印象深刻的是，你們的團隊打造出全球第一個人才複製機。透過這套系統，不但能網羅一流人才，還能隨著公司的成長而擴大，長江後浪推前浪。」聽到這席話，我覺得自己好像馬拉松選手衝過終點線，感覺如釋重負。當時是2013年4月，而這兩年我們更是每年增加超過一萬名員工。

　　把時間軸拉長，可看出我們平均每年新增員工五千人左右。每年Google的應徵者多達一百萬到三百萬人，錄取率約0.25%。哈佛大學2012年入學申請共34,303人，2,076人錄取，錄取率6.1%。也就是說，要讀哈佛已經很難，但錄取Google還要比哈佛難將近25倍。

始於創辦人的召募傳統

　　Google的徵才策略起源於佩吉與布林這兩位創辦人，再加

上元老級員工、現任技術基礎設施部門副總霍茲勒（Urs Hölzle）的建議，為召募體制奠定基礎。大家的初衷是希望找到最聰明的人才，但後來漸漸調整策略，因為高智商只是先天優勢，不代表富創意或有團隊精神。

霍茲勒解釋說：「我以前有非常不好的經驗。我曾在一家只有七個人的小型新創企業工作，後來公司被昇陽收購，團隊成員從七人快速擴編到五十人，但生產力卻降低，因為新加入的那四十人，多半素質不夠好，反而浪費更多時間。如果團隊只有十五人，而且個個是菁英，成果會好很多。我擔心，Google有了五十名工程師之後，生產力反而比不上只有十名工程師的時候。」

尋求共識與客觀標準

兩位創辦人深知「徵才要有共識」的重要，因此常常一起面試應徵者，坐在乒乓球桌充當的會議桌前進行。他們憑直覺認為，只靠一名面試官無法每次都找到最佳人選。這個邏輯在2007年付諸文字，明定在名為〈群眾智慧〉（Wisdom of the Crowds）的研究報告裡，稍後會進一步說明。即便是佩吉與布林的舊識、把車庫租給兩人當Google第一個辦公室的沃絲琪，當初也得通過兩人的面試，才當上Google第一任行銷長。

值得注意的是，他們同樣直覺認為，徵才應有客觀標準，過程最好由中立的審查官嚴格把關。這個責任現在由兩組資深主管平分，一組是產品管理與工程方面的主管，另一組則為業務、財務等其他領域的主管，最後的審查官正是執行長佩吉，每個應徵者都得通過他這一關。

分設兩組人馬的目的只有一個：堅守創辦人設下的最高水

準。無論是創辦公司或籌組團隊，大家都希望找到跟自己一樣聰明有趣、有幹勁和熱情的人才。前幾個人能達到這個標準，但日後換他們找人時，未必會秉持同樣標準，原因倒不是他們意圖不軌或能力不夠，而是對於人才的期望，見解不一致。

影響所及，下一代的員工素質會比這一代略低。隨著企業規模成長，大家在徵才時的誘惑愈來愈多，或是純粹幫忙，或是做人情，於是考慮錄取朋友或客戶小孩。這樣一來，難免會在人力素質上妥協，小公司時網羅的是優秀人才，公司成長後卻只找到中庸之才。

Google徵才策略大觀

2006年前，Google為了找到人才，什麼策略都肯嘗試。傳統做法如在Monster.com等網站登徵人廣告，雖然有用，但效果不佳，因為每每在幾萬人當中，才能找到最適合的一個。[xiii] 篩選過程便花了無數時間。

我們也跟其他企業一樣進行資歷查核，但也建立起一套應徵者追蹤系統，自動比對應徵者與既有員工的履歷，這時可能發現應徵者跟某個Google人是某校同屆校友，或是同時期在微軟共事過。若是如此，該名員工會自動收到電子郵件，詢問是否認識應徵者並徵詢意見。這個策略的構想是，應徵者提供的查核名

---

xiii 2012年春，我們開始建構能將職位與應徵者更精準搭配的演算法。2013年年中，找到人才的機率提高了28%，也就是每千名應徵者，錄取人數比過去多了28%。

xiv 這句話似乎出於荷蘭奈美恩大學（Radboud University）教授方克（Roos Vonk）。她1998年曾發表一篇標題妙不可言的報告：〈黏答答效應：逢迎行為之疑慮和厭惡〉（The Slime Effect: Suspicion and Dislike of Likeable Behavior Toward Superiors，人格與社會心理學期刊，74(4)，849-864）。文中引用荷蘭話的「往上舔，向下踢」，也提到數個實驗，第一項實驗旨在顯示有這類行為的人不是極度討人厭，就是極度狡詐。

單人選當然會隱惡揚善，直接問內部員工應該能得到更誠實的答案，也能剔除「對上拍馬屁，對下擺臉色」的人。[xiv]

我們會將每位應徵者的相關資訊彙整，製成一份長達五十頁的召募報告，由徵聘委員會審查。Google內部有許多徵聘委員會，每個均由熟悉該職缺工作、但又無直接利害關係的人員所組成。以線上業務人員的徵聘委員會為例，成員包括現任業務人員，但不包括業務團隊的主管與其他日後會直接共事的人，目的是做到客觀公正。

我們也與獵人頭公司合作，但問題是，他們不了解我們為何要找「通才」而非「專才」，也不懂我們為何偏好聰明有好奇心的人，不找真正的專家。不理解也就罷了，在知道我們堅持確定找到人才後付費，而不像大多數企業一樣預付部分費用，獵人頭

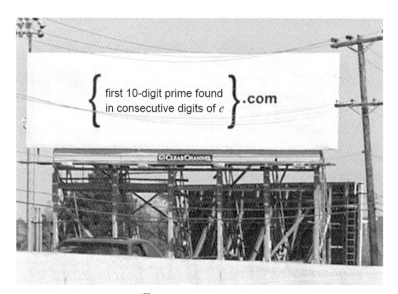

Google的徵才廣告看板。[77]謎題意為：e值第一個10位質數.com
（Credit to Google）

公司更是直跺腳。除此之外，我們要求幾十次面試，淘汰掉99%以上的應徵者，而且給的待遇比對方現有薪資更低。

奇奇怪怪的方法我們也試過。2004年，我們在麻州劍橋與加州101號國道旁租用大型看板，刊登一則謎題，希望能吸引兼具好奇心與企圖心的資訊工程人才解答。告示牌如前頁照片所示。

解答成功後，[xv] 進入網站，可以看到第二道謎題如下圖：

恭喜您進入第二關，請上 www.Linux. org 網站，登入名稱為：Bobsyouruncle；密碼為本題答案。

$$f(1)=7182818284$$
$$f(2)=8182845904$$
$$f(3)=8747135266$$
$$f(4)=7427466391$$
$$f(5)=\underline{\qquad\qquad}$$

第二道謎題。© Google, Inc.（Credit to Google）

成功答出第二題的人 [xvi]，會看到下頁信函，感謝答題者撥空解答，能看到這封信表示能力卓越，懇請對方考慮加入 Google。

結果，我們一個人也沒找到。[xvii] 看板策略吸引許多媒體報導，導致履歷與詢問如雪片般飛來，召募團隊必須一一處理，形成資源浪費。大部分人無法連過兩關，而實際面試兩題都答對的

---

xv　如果你想知道的話，答案是 7,427,466,391。

xvi　e值中加起來為49的連續10個數字，f(5)=5966290435。

xvii　2013年，我們檢視召募記錄，看這個結果是否依然成立。雖然我們並沒有因為看板策略而直接找到人才，但有25%的Google人表示看過看板。大家都覺得這樣的行銷手法很有趣，但正如一名員工指出：「讓人解答謎題是很好，但在公路看板公布一長串謎題當徵人廣告，實在不高明。」，更別說會影響行車安全了！

Congratulations.

Nice work. Well done. Mazel tov. You've made it to Google Labs and we're glad you're here.

One thing we learned while building Google is that it's easier to find what you're looking for if it comes looking for you. What we're looking for are the best engineers in the world. And here you are.

As you can imagine, we get many, many resumes every day, so we developed this little process to increase the signal to noise ratio. We apologize for taking so much of your time just to ask you to consider working with us. We hope you'll feel it was worthwhile when you look at some of the interesting projects we're developing right now. You'll find some links to more information about our efforts below, but before you get immersed in machine learning and genetic algorithms, please send your resume to us at problem-solving@google.com.

We're tackling a lot of engineering challenges that may not actually be solvable. If they are, they'll change a lot of things. If they're not, well, it will be fun to try anyway. We could use your big, magnificent brain to help us find out.

Some information about our current projects:

- Why you should work at Google
- Looking for interesting work that matters to millions of people?
- http://labs.google.com

©2004 Google

成功解答後的歡迎信函。© Google, Inc.（Credit to Google）

人時，我們還發現一個現象，個人競賽有好成績的人，未必懂得與團隊合作。贏得這些腦力比賽或許聰明，但這些人常常只專精在某個特定領域，或是習慣解決有頭有尾或答案明確的問題，並不擅長處理現實生活的複雜挑戰。這並不符合Google的精神，我們希望人才不僅能夠解決今天的問題，還能挑戰未來不可知的難關。

從多角度看人才

我們認為從單一角度認識應徵者容易流於偏頗，因此在召募過程會多方面考量，但蒐集到的資料有些其實沒用。例如，每位應徵者必須提供SAT分數與大學成績單，有研究所成績單也須提供。我當初面試時，Google竟然要我打電話回大學母校，申請十三年前的成績單。如果應徵者已經畢業二、三十年，這樣的要

求不是太誇張嗎？[xviii]

我們覺得從成績單最能看出應徵者智商，也確實篩選掉謊報學歷的人。但到了2010年，根據內部分析顯示，一個人大學畢業兩、三年後，學歷與工作表現已沒有直接相關，因此除了社會新鮮人之外，我們已不再要求檢附成績單。

二〇〇〇年代中期，面試官可以自由發揮問題，沒有一套架構可遵循，因此事後的意見報告常常失之空洞。面試官之間缺乏協調，也造成大家常忘了問能判斷某個特質的問題，使得應徵者還得回來參加更多面試。

影響所及，許多應徵者都苦不堪言。到Google面試的痛苦經驗充斥媒體：「他們把你當成一個用完就丟的東西。」[78]、「恕我直言，聲稱Google（或其召募團隊）傲慢無禮的相關報導……確實不誇張。」[79]

在這種制度下，徵人過程慢如牛步。從面試到錄取可能起碼要耗上半年，經過15關、甚至25關面試。如果某個職位有幾百人、幾千人應徵，一名Google人可能要面試其中十位以上，計算下來，每錄取一個人，他就得花上10到20個小時面試與撰寫意見報告。再考量每個錄取者要經過15到25關面試，相當於為錄取一名員工花了150到500個小時的時間，這還沒算進召募專員、召募委員會、資深主管與創辦人的時間呢！

堅持高標準的報酬與代價

但現在回想起來，這樣的取捨在當時是合理的。召募機制在

---

xviii　儘管過去多年要求檢附成績單，我們也會時時提醒自己這麼做的侷限（見第5章）。盡可能全面了解應徵者，向來是我們努力的目標。

設計上過於保守，旨在淘汰面試成績高、但工作表現可能不佳的人選，因為Google寧可錯失兩個優秀員工，也不希望錄取到的人是庸才。小公司沒有本錢縱容虛有其表的人，員工若是表現不佳或勾心鬥角，對團隊都是負面影響，需要花許多時間再教育或勸退。Google當時成長速度太快，太多事牽一髮動全身，不能冒這個險，因此我們寧缺勿濫，以找到最佳人選為目標。施密特曾跟我說：「有些現任員工確實應該淘汰，但召募的目標應該是避免找到這類員工！」

正如我們預期，一方面設下高門檻，一方面聚焦資源於召募工作，我們確實找到不少菁英人才，前百名員工當中有的日後當上執行長（雅虎與AOL），有的投身創投業，有的成為慈善家。當然也有很多繼續為Google效力，主導重要專案。沃絲琪就是一例，她先是主導產品廣告，後來更當上YouTube執行長。

事實上，Google成立十六年至今，前百名資深員工約有三分之一仍留在Google。[xix] 綜觀新創企業，能堅守這麼長時間的元老員工已經少見，更難得的是，隨著Google員工人數從幾十人拓展到幾萬人，他們在個人與工作上仍舊不斷成長。

Google之所以看重營運規模的拓展，主因之一是希望創造出更多優異的工作機會，好讓Google人有施展身手的舞台。佩吉曾說：「從員工人數來看，我們是一家中型企業，有成千上萬名

---

xix 這些元老包括卡曼加、霍茲勒、狄恩、季瑪瓦，他們都當上副總，也榮獲「Google資深院士」頭銜；菲派屈（Jen Fitzpatrick）、史密斯（Ben Smith）、古梅茲，三人均為工程部副總；副總兼文化長蘇莉文；網路垃圾偵察團隊主管卡茲（Matt Cutts），他對於公司相關議題一向直言不諱，見解精闢。廣告總監麥格斯（Miz McGrath）；巴拉特，Google新聞（Google News）與班加羅爾版Google的創辦人。在Google，這樣的元老人物不勝枚舉。

員工，其他大企業有幾百萬名員工，規模是我們的一百倍。想想，如果我們也有那麼多的員工，能開創什麼樣的成績呢？」他常跟員工說，大家未來有機會掌管跟Google現在一樣規模的企業，同時又是Google的一份子。

總而言之，Google當時的召募系統雖然有效，但絕對稱不上是「人才複製機」。我2006年加入Google，之前就聽過許多Google徵人的負面故事，彷彿矽谷每個人都吃過虧一樣。有個軟體工程師說，他的面試官目中無人；我房仲的弟弟被Google拒絕後，隔了一週又接到召募專員的電話，要他去應徵同一份工作；我家附近餐廳的服務生有個朋友到Google面試，過程整整拖了八個月！外人覺得召募過程冗長沒章法也就算了，怎麼連Google自己人也出現怨言。不過，大家還是認同，這套制度確實提高了人才品質。

問題很明顯。如果錄取一個人要花掉現有員工250個小時，而我們每年希望招到一千名新血，這表示必須投入25萬個小時。換句話說，錄取一千個人需要125名現任員工全職投入。此外，Google在2007年之前甚至沒設下招聘目標，凡是一流人才都盡可能延攬，因此召募專員愈請愈多，內部員工也投入愈來愈多時間。我們的召募過程實在太耗費資源與時間，對應徵者也是痛苦的經驗。

內部推薦

Google成立初期，許多優異的應徵者都是由現任員工推薦，這樣維持了十年，一度有逾半數新進員工都是推薦而來，效果很好。但到了2009年，員工推薦人選的比率開始降低，不得不令人擔心。

最簡單也最明顯的對策是，增加推薦成功的獎金。每個 Google 人為了兩千美元獎金，願意推薦七個人選，若是增加獎金金額，勢必會推薦更多人選。於是，我們將獎金提高到四千美元。可惜，推薦率還是不動如山。原來，獎金並不是推薦的動機。問大家為何會想推薦朋友或前同事到 Google，他們的答案讓我很感動。

「那是當然啊，這麼好的工作環境，我會希望朋友也來。」

「Google 人都酷得不得了，我知道有個人應該很適合這裡。」

「能在一家有崇高使命的企業裡工作，我何其榮幸，有多少人能像我一樣幸運？」

聽大家這麼正面，我第一個反應是：「大家的反應未免也太誇張了吧？」但我問愈多人，也看過內部研究報告後，漸漸發現大家的反應並非偶然，Google 人真的熱愛工作，希望跟其他人分享，只有極少部分人提到推薦獎金。

推薦獎金屬於外在動機，如公眾讚揚、加薪、晉升、獎盃、旅遊等也是。內在動機剛好相反，如希望回饋家庭或社區、滿足個人好奇心，或完成困難工作後的成就感。

我們的心得是，Google 人願意推薦他人是基於內在動機。即使我們提供一萬美元的獎金，可能也沒有用。

但這樣還是說不通。如果大家是發自內心推薦其他人，推薦率為什麼還是下滑呢？莫非大家覺得工作不像以前有趣了？莫非我們跟創立使命愈行愈遠嗎？

都不是。問題出在我們的推薦制度沒做好。若跟透過網站或獵人頭公司等方式相比，推薦制度更能為 Google 找到適合

人選，但即便如此，推薦人選當中最終錄取的比率還是遠低於5%。這個現象讓Google人都很傷腦筋。如果推薦二十人只有不到一個人錄取，那一直推薦優秀人才有何用？更慘的是，被推薦的人飽受重重面試之苦，而推薦者也不知道朋友面試的進度。

為此，我們大幅減少每個應徵者的面試次數，加強推薦制度的服務品質，應徵者在48小時內就會接到電話通知，而推薦人每週會收到面試進度的資訊，兩方皆大歡喜。但是候選名單的人數依舊沒有增加，問題的源頭還是沒解決。

太過依賴推薦制度的結果，Google人都快用盡社交圈裡的人選了。因此，我們開始採用「輔助回想」（aided recall）的做法。輔助回想是一種行銷研究技巧，研究人員會讓受測者看產品廣告或告知產品名稱，接著問對方是否對產品有印象。比方說，受測者會被問到過去一個月是否看過任何洗衣精的電視廣告，第二個問題可能是，是否看過任何汰漬（Tide）洗衣精的廣告。常常一個小提示，大家就能回想起來。

要推薦適合人選時，大家通常心裡會有優先名單，但很少會把認識的每個人都列入考量（有個Google人是例外，他推薦自己的媽媽，而且媽媽還成功錄取！），也不清楚公司究竟有哪些職缺。我們效法行銷公司的技巧，協助員工回想，結果推薦人次增加了三分之一以上。比方說，我們針對特定職缺問大家有無推薦人選：「你有沒有跟哪個一流的財務人才共事過？」、「你認不認識優秀的Ruby程式設計人員？」我們還把員工分成二十或三十人一組，請大家鎖定個人Google+、臉書與LinkedIn裡的連絡人，有系統地尋找適合人選，召募人員也在旁待命，若有理想人選立刻追蹤。原本問「是否認識可以推薦的人才」，如今是問「是否認識在紐約的業務高手」，原本籠統的問題，現在變得更

容易回答，影響所及，推薦人選的質與量都有提升。

但這些努力還是無法滿足龐大的徵才需求。儘管推薦制度的錄取率是公司平均錄取率的十倍以上，但我們每年還是需要逾三十萬名推薦人選，才跟得上計畫中的成長腳步。我們收到最多推薦人選的那年，也不到十萬人。

一路下來，我們赫然發現一個現象：菁英中的菁英其實沒在找工作，他們對現職的環境與待遇很滿意，也難怪Google人沒將他們列入口袋名單。他們當然更不可能主動應徵。

為了避免類似的遺珠之憾，我們重組召募團隊。過去以去蕪存菁為重點，例如篩選履歷與安排面試等，如今則宛如公司內部的召募公司，目標放在找到一等一的菁英，跟對方建立好關係。我們研發出一款名為「gHire」的應徵者資料庫，再搭配各種工具篩選並追蹤應徵者，久而久之，成百上千的召募專員大軍得以找到理想人選，建立好關係，有時一等就等好幾年。

這項策略證實有用，每年錄取的新進員工中，有半數以上都是內部召募團隊找到的，成本遠低於委外召募，而且更能掌握市場脈動，也提供應徵者更貼心的體驗。

借助於科技

此外，科技也讓求才更便利。拜Google搜尋與LinkedIn等網站之賜，要在不同公司找到人才變成小事一樁，甚至可針對特定公司或產業，想到什麼人就能找到，再決定哪個人值得召募。我們稱之為「可知範疇」（Knowable Universe）求才法，在工作類別、企業或應徵者特質的範疇下，有系統地找到每個人。

想知道康乃爾大學有哪些歷屆畢業生嗎？2013年年中，我在LinkedIn鍵入「康乃爾」，不到一秒就跳出216,173個人。如果召

募團隊中剛好有人是康乃爾大學校友，他們也能直接查詢校友資料庫。不管是想從某學校或公司徵才，還是想針對工作或生活背景找人，都能輕易找到成千上萬個潛在人選。

就算原本放在網路上的資訊遭到刪除，有時還是能夠找回來。網頁時光機（Wayback Machine）是網路檔案館（Internet Archive）提供的服務之一，定期備份逾2,400億個網頁，可搜尋到早至1996年的紀錄。只有在對應徵者有幫助的情況下，我們才會用到網頁時光機。比方說，有個應徵者曾經在2008年設置過網站（加分！），後來被大公司收購（再加分！），但網站現在卻充斥鄙視女性的言論（大扣分！），就連把言論自由奉為圭臬的我們也看不下去。這位應徵者原本要被淘汰出局，但根據我的經驗，能進到這個階段的應徵者都是好人，因此提議查看網站的早期版本，這才發現其實內容很單純，類似報導體育、電影、名人等的大學報，而是網站被收購、他也離職之後，內容才變了調。他最後成功錄取！

我們採用上述方式，鎖定少數幾家頂尖企業，將他們所有員工列成名單，進一步評估出誰有潛力成為Google人（但我們也知道這麼做並不完善）。這種做法最理所當然的對象是其他大型科技企業。我相信他們也對我們的員工做了類似名單（就算現在沒有，我保證他們看了這段之後會開始進行）。名單列出來之後，我們會請專精於該領域、或認識名單人選的員工一起評估。我們會隨機上網調查，看有無其他資訊能幫助我們找到最有機會在Google發光發熱的人，最後再實際接洽對方，或寫信、或打電話聯絡，甚至安排會面，建立雙方關係。召募專員通常是最先接洽的人，但有時由工程師或高階主管親自出馬，效果更好。對方今天可能沒興趣，但有接洽就有機會，說不定他一年之後

倦勤，突然想起曾跟Google召募專員相談甚歡。資深副總胡波
（Jeff Huber）主導廣告與應用程式工程多年，目前投入Google[x]
團隊，為下一代前瞻產品的研發效力。他過去曾親自延攬起碼
二十五名資深工程師，其中一名更是曾經轉戰三家公司，經他投
注十年慢慢博感情，最後才被他說動加入Google。

　　時至今日，Google徵才網站成了我們召募的主要來源之一，
也不斷在改善當中。一般企業的召募網站形同虛設，職缺介紹寫
了一堆，卻沒講到實質工作內容或職務團隊狀況。而你適不適合
這個職缺，公司也沒有人能提供意見。Google意識到這個問題，
在2012年著手解決。例如，應徵者不但能寄履歷給我們，也能
建立個人技能簡介。Google+有個「社交圈」（circles）功能，可
按不同人際關係設定群組，便於與分享特定資訊（好友在單身派
對的窘照，再也不用跟老闆分享了！）透過這樣的社群服務，應
徵者得以決定讓哪些人知道自己的專長，可以是Google、其他雇
主，他想分享的人或機構都可以。應徵者可以聯絡到Google員
工，了解在Google工作的情況。在得到應徵者的允許下，我們
也能跟他們保持聯絡，因為Google目前可能不需要這些人，但
未來隨著業務需求改變，他們的專長可能派得上用場。

人力仲介

　　我們合作的獵人頭公司不多，不是因為效果欠佳（我有些好
朋友是專門召募高階主管的專家），而是我們的召募標準與流程
不但嚴謹，也與眾不同，加上有內部的召募團隊，所以只有少數
情況需要委外協助。不過，遇到這類狀況時，獵人頭公司對我們
就很有幫助。舉例來說，我們在某些國家的布局還小，實在不
知道從何處尋找人才。Google在韓國有一百多名員工，比Naver

（韓國最大入口網站與搜尋引擎）少很多，我們目前正努力擴編。大多數韓國人偏向在家族式財閥集團工作，Google這樣的科技新興企業比較沒吸引力。因此，要尋找資深主管的人選，我們就與值得信賴的獵人頭公司合作，請他們推薦人選。

另外，有些徵才情況較為敏感，涉及高度機密，應徵者如果被現有雇主發現有意跳槽，甚至只是考慮跟另一家公司討論，工作可能不保，因此透過堅守專業態度的獵人頭公司進行，更能接洽到這樣的應徵者。我們多年來與獵人頭公司合作，有幾家的成效特別好，但我們發現更重要的是召募專員的能力。換句話說，獵人頭公司之間的差異程度並不大，反倒是同一家公司裡，專員的能力容易參差不齊。因此，選顧問比選公司更重要。

人力銀行

我們最後一個徵才途徑是人力銀行網站，這也是大部分企業的做法。企業主付費刊登職缺後，求職者履歷就會如雪片般飛來，這類著名網站包括Monster、CareerBuilder、Dice、Indeed等。Google自身的經驗是，人力銀行網站能帶來大量求職者，但最後錄取的人少之又少。我們認為這是因為Google已是家喻戶曉的企業，有企圖心的求職者會主動到Google徵才網頁找機會，直接應徵。不積極的求職者則上人力銀行網站，同時應徵許多的企業和工作，容易造成企業主收到大量履歷。對我們來說，這個途徑的錄取率太低，2012年乾脆不再使用。

求才若渴，什麼都願意

有時候，我們聽聞哪裡有不可多得的人才，會想盡辦法延攬，甚至網羅整個團隊網，為他們成立辦公室。納弗立（Randy

Knaflic）就是最好的例子。他是揚聲器與健身智慧型手環大廠 Jawbone 的人力營運部副總[xx]，之前曾任職 Google，擔任召募團隊的主要領導人，負責歐洲、中東、非洲等地的工程師招聘工作。在他的策動下，位於丹麥奧胡斯市（Aarhus）的一家小公司加入 Google 旗下，日後甚至掀起網路瀏覽器的速度革命。納弗立說：「我們得知奧胡斯市有這家小公司，工程師都很優異。他們剛把公司賣掉，正在思考下一步要做什麼。微軟聽到風聲後積極接洽，想把這些人全部找來，但要求他們搬到位於雷蒙德市（Redmond）的總公司工作。這群工程師不肯，我們逮到機會積極延攬，說：『沒關係，你們留在原地工作，幫 Google 成立辦公室，研發一流產品。』我們錄取了整個團隊，也因為如此，才有 Chrome 的 JavaScript 引擎。」

徵才是競賽，也是實驗

回顧過去，Google 何其幸運，創辦人從一開始就深知延攬菁英的重要。但光看重人才的品質還不夠，範圍要更廣、人才要更多元、速度要更快。

要把 Google 打造成「人才複製機」，第一步是讓每個員工都成為召募人員，請他們推薦人選。但一般人對朋友容易有私心，所以最後要請客觀公正的一方決定是否錄取。隨著企業逐漸成長，第二步是請人脈最廣的員工協助，花更多時間尋找人才，甚至請他們專職擔任這項工作。

最後，要有實驗精神。我們之所以知道登公路廣告看板沒有

---

xx　他們用的人資職稱也和 Google 一樣（VP of People Operations），我很樂意借用。

用，因為我們嘗試過。而奧胡斯團隊的經驗也讓我們學到一點，遇到有意網羅團隊的情況時，有時順他們的意反而才對。

　　現在你已經知道怎麼找人才，接下來又該如何挑選呢？為什麼這是個難題，下一章會進一步說明，Google 如何參考橫跨百年的科學理論，再憑藉幾個直覺，建立起獨一無二的召募體制。

尋找菁英中的菁英 @Google

- 請員工推薦人選時，必須鉅細靡遺描述需求，才能得到最好的人選。
- 動員每個員工找人才。
- 要有實驗精神，這樣才能吸引菁英人才的目光。

第5章

直覺不可靠

講究標準，不靠心法，
Google顛覆傳統面試，找到好人才。

　　「留下第一印象，機會只有一次」，海倫仙度絲洗髮精一九八○年代的廣告這麼說，聽了雖然教人扼腕，卻是大多數面試的寫照。很多著作都提到面試第一印象很重要，「前五分鐘」定生死，面試官這時已完成評估，剩下的時間都在尋找蛛絲馬跡證實自己沒看錯。[80]如果他們喜歡你，就會尋找更喜歡你的理由；如果不喜歡你握手的方式，或覺得你自我介紹很不順，那這場面試基本上已經沒救，因為他們接下來只會找理由婉拒你。這些片刻的觀察稱為「薄片擷取」（thin slice），成為面試官做決定的根據。

沒有「十秒識人術」這回事

　　2000年，就讀托雷多大學（University of Toledo）心理系的普莉可（Tricia Prickett）與葛達珍（Neha Gada-Jain），公布與教授柏尼利（Frank Bernieri）合作研究的報告，文中指出，一場面試的前十秒即可判斷出結果。[81]他們錄下真實面試的過程，請受測

者觀看。

　　每場面試都擷取一小片段，亦即應徵者敲門到坐下後十秒鐘的時間，再由受測者依據不同特質類別評分，包括就業能力、專業能力、智力、企圖心、信賴度、信心、緊張程度、熱情、禮貌、親和力、表達力。這11項變數中，有9項出現片刻印象與實際評估結果高度相關。也就是說，本是精心組織安排的工作面試，卻可從握手或簡短自我介紹等第一印象看出結果。

　　問題出在，十秒鐘識人術根本沒有用。

　　憑第一印象評斷應徵者，會造成整場面試忙著證實自己的想法沒錯，反而沒能真正評估對方能力。心理學家稱這個傾向為「確認偏誤」（confirmation bias），「一般人尋找資訊、詮釋資訊、判斷資訊的輕重緩急時，習慣為自己的信念或假設找到佐證。」[82] 我們深受偏見與觀念的影響，雖然只跟對方短短互動，潛意識便立下判斷。接著又在不知不覺當中，開始尋找支持第一印象的證據。[xxi] 葛拉威爾曾與密西根大學心理學家尼斯貝（Richard Nisbett）提到這種自欺傾向：

　　之所以有如此錯覺，是因為我們莫名過度自信，認為自己識人技術高明……與應徵者面對面談了一小時，其實你只看到他

---

xxi　人類在潛意識運作下，常常會做出錯誤決定，確認偏誤只是其中一種現象。為了營造出少偏見、多包容的工作環境，Google向來努力降低潛意識偏見，並將部分措施寫入〈不懂裝懂：別被潛意識壞了工作環境〉（You Don't Know What You Don't Know: How Our Unconscious Minds Undermine the Workplace）一文，細節請上Google官方部落格，2014年9月25日，http://goo.gl/kxxgLz。

某部分的行為舉止，更何況你可能帶有偏見。腦海中對他這個人形成立體圖像，雖然又小又模糊，卻自以為是他的全貌。[83]

換句話說，大多數面試是在浪費時間，因為面試官有99.4%的時間都在尋找蛛絲馬跡，希望能印證前10秒鐘形成的第一印象。「請你自我介紹一下。」、「你最大的缺點是什麼？」、「你最大的優點在哪裡？」等問題，全白問了！

腦筋急轉彎也有問題

很多企業也喜歡採用個案分析與腦筋急轉彎的方式面試，但其實同樣沒效果。問題像是：「你的客戶是一家紙品製造商，正在考慮興建第二座廠房，你覺得有必要嗎？」、「請估算曼哈頓有幾個加油站」，有的問題更誇張，像是「一架747飛機可裝進幾顆高爾夫球？」或「如果我把你縮小到銅板大小，丟進果汁機裡，你會怎麼逃脫？」

講客氣一點，這類問題答得好不好，屬於單一能力，多練習就能加強，無法當成評估工具。說難聽一點，這類問題在考某個雞毛蒜皮的細節或應徵者一時沒想到的觀念，只是讓面試官自我感覺良好罷了，無法預估應徵者日後的工作表現[84]。為什麼？第一個原因是，面試問題與工作無關。試問，誰的工作需要一直算哪裡有多少加油站？第二，流體智力（fluid intelligence；能預估工作表現）與頓悟性問題（insight problem；如腦筋急轉彎）沒有直接相關。第三，一個人是因為天生聰明還是靠練習而答題成功，無法得知。

老實說，Google也出過類似考題，而且我相信現在還是有主管會問。在此先跟大家抱歉，我們會盡全力避免，因為這樣只是

浪費大家時間。資深主管（包括我自己在內）每週審查應徵者時，也不會把這些問題的答案列入參考。從公路廣告看板的經驗可以看到，有些評估方式沒效果就是沒效果。還好至少果汁機那題沒辦法再問了，因為2013年電影「實習大叔」（*The Internship*）已經幫大家解出答案。[xxii]

尋找預測工作表現的優良指標

史密特（Frank Schmidt）與亨特（John Hunter）為了研究面試評估結果能否預測工作表現，將過去85年來的相關研究進行後設分析，於1998年公布結果。[85]分析19種不同的能力評估技巧後，他們發現，求職者錄取後的工作表現很難從一般非結構化的工作面試看出。非結構化面試的 r^2 值為0.14，也就是只占員工工作表現因素的14%，[xxiii]不過還是高於資歷查核（7%）、工作年資

xxii 劇情講述兩位過氣的手錶業務大叔決定到Google當實習生，過程中發生一連串趣事。「正確」的答案是，由於你被縮小了，只有質量改變，因此強度質量比增加，能夠輕易跳出果汁機。電影中，主角文斯‧范恩與歐文‧威爾森還提出另一個答案，說他們以前賣過果汁機，知道放進硬幣一定會造成果汁機故障，人毫髮無傷。那然後呢？「這個世界就有兩個硬幣大小的人！」他們興奮地說：「這樣商機無限啊！……修理太陽眼鏡不錯吧？那些迷你螺絲絕對難不倒我們！還有還有，不是有人把超迷你潛水艇放進人體治病嗎？我們剛好坐下來……剛才還被困在果汁機裡，現在變成拯救人命！……多棒的旅程！」

xxiii 我這邊講得比較簡單，仔細說明的話，r^2 值是用來測量一個或多個變數預測出結果的能力。r^2 值如果具有統計上的意義，接近100%（這在社會科學中很難出現，畢竟人生哪有這麼單純！），就能根據模型中其他數據，精準預估出結果。如果 r^2 值接近0%，預測就比較不準。r^2 值根據不同變數之間的深層關係而得出，亦即幾個事件一起出現的比率。r^2 或相關係數都無法衡量因果關係。換句話說，高度正相關（如 r^2 = 0.9）不代表A造成B，只能表示A跟B會一起出現。舉個例，如果我每天早上六點出門慢跑（真這樣有紀律就好了！），出門前先把狗放到院子，則跑步跟放狗有正相關（反之亦然），因為兩件事會一起發生，卻沒有因果關係。但如果各位有大量數據，不妨控制其他因素，做點統計測試。結果確實的話，相關性就是不錯的基礎指標，可以判斷該因素的預測價值。運用在徵聘上，面試表現當然不代表日後的工作表現，但排除其他變數的影響後，面試表現還是值得參考的方向球。

（3%），更遠高於筆跡分析（0.04%）。至於怎麼會有人用筆跡預估工作能力，我實在想不透，或許是醫院要測試醫生筆跡好不好辨識吧！

工作樣本測試　最能預測工作表現的方法是「工作樣本測試」（work sample test），相關度29%，也就是給應徵者一個類似日後工作的情境，請他們實際演練，藉此評估他們的表現。即便如此也無法預估得很精準，因為實際的工作表現還牽涉其他能力，例如與他人合作、適應力、學習速度等。更何況，許多工作事項並非一個指令一個動作，不適合測試。如果是客服中心或任務導向的工作，的確能夠、也應該採用工作樣本測試，但許多工作牽涉太多變數，無法做出具有代表性的測驗內容。

我們在面試屬於技術專長的工程人員與產品管理人員時，會採工作樣本測試，請他們解決工程相關問題。霍茲勒說：「我們的面試過程相當重視你的專長，會請你寫程式碼，或解釋某個程式。不看履歷，直接看你的能力。」維奇補充說：「面試由許多工程人員主持，他們會問一堆數據導向的問題，不是請你聊自己過去做過什麼事，而是直接叫你寫演算法。」

一般認知能力　工作能力的預估指標第二名是一般認知能力（26%），亦即有標準答案的實際測試，就像智商測驗一樣，跟面試時考案例分析或腦筋急轉彎不同。

認知能力測驗之所以有預估效果，因為認知能力涵蓋學習能力，再結合原始智力，大多數人在大多數工作都能有好成績。但問題來了，這類標準化測驗大多對非白人、非男性的受測者不利（至少在美國是如此）。以美國大學入學測驗SAT為例，分

數常無法正確預估女學生與非白人學生日後的在學成績。羅塞爾（Phyllis Rosser）發表於1989年的SAT測驗研究，以能力相同、且大學成績類似的男女學生為對象，發現女生入學前的SAT測驗分數低於男生。[86]原因包括：測驗形式（大學先修課程測驗不採選擇題方式，而採簡答或申論，故分數沒有性別差距）；評分方式（遇到不會的題目時，男生比女生更傾向用消去法猜答案，所以分數更高）；甚至連題目內容也會造成差距（在SAT測驗中，女生在關係、美學和人文領域得分較高，男生在體育、自然科學與商業領域表現較好）。[xxiv]類似研究不勝枚舉，標準化測試的品質雖然逐漸改善，但還是不夠好。[xxv]

位於南加州、以人文學科為主的匹澤學院（Pitzer College），招生策略跟一般學校不同，申請學生的在校平均成績只要達3.5分以上，或成績在高中班上排名前10%，則可以選擇不檢附SAT成績。推行至今，入學生的在校平均成績增加8%，而非白種人錄取人數也提高58%。[88]

xxiv 可惜，羅塞爾的研究雖然發現性別差距，卻沒解釋原因。學界開始認為原因可能是，男女生的答題能力相同，但各自面臨「刻板印象威脅」（stereotype threat），礙於這樣的心理現象，如果受測前被告知有刻板印象的情況，則實際表現傾向於符合刻板印象。舉例而言，根據研究顯示，受試者若在事前被告知刻板印象，成績會出現變化。在一項關鍵研究中，研究人員請一群女生考數學，但施測前告知女生分數通常會比男生低，考試結果的確出現這樣的性別差異。而另外一群女生則被告知性別不會影響分數高低，考試結果即沒有男生分數高於女生的現象。〔資料來源：Stephen J. Spencer, Claude M. Steele與Diane M. Quinn（1999）。〈刻板印象威脅與女性數學成績〉（Stereotype Threat and Women's Math Performance）。《實驗社會心理學期刊》（*Journal of Experimental Social Psychology*），35(1)，4-28〕[87]

xxv 2014年，負責SAT考題設計與施測的美國大學理事會（College Board），宣布將再次改革SAT測試，以期解決諸如此類的問題。但對已經上大學的、申請研究所的、進入職場的人，SAT考試已經無法重來，即使改革成功也於事無補。〔資料來源：Todd Balf（2014，3月6日）。〈The Story Behind the SAT Overhaul〉。《紐約時報》。〕

結構化面試　跟一般認知能力的效果一樣好的是「結構化面試」（structured interview）（26%），亦即向應徵者提問一套固定問題，且有明確的評估標準。這類結構化的問答形式常見於調查研究。透過結構化面試，評估結果完全取決於應徵者的實際表現，不會受到面試官的標準時高時低、或問的問題時難時易所影響。

　　結構化面試可以分為兩種：行為型（behavioral）與情境型（situational）。行為型面試請應徵者描述之前成就，進而評估能否符合目前職位所需，例如問：「請你講一下之前……？」情境型面試則是提出工作相關的假設題，例如問：「如果發生這個這個，你會怎麼做？」認真的面試官會問得精闢入理，評估應徵者答覆的真實性與思維過程。

　　即使是不需強調架構條理的工作，也能透過結構化面試看出未來的工作表現。我們還發現，不管是面試官還是應徵者，大家對結構化面試的過程覺得更自在，也最公平公正。[89]既然如此，結構化面試為何還沒有全面普及？首先，這類面試不容易制訂，必須先設計好題目，實際測試，還得要求面試官照做。第二，這類面試必須固定更新，才能避免應徵者互通有無，備妥答案才來面試。準備結構化面試雖然很費力，但一般面試不是高度主觀就是失之偏頗，只是浪費每個人的時間。

　　面試還有更好的方法。研究指出，綜合運用評估技巧，效果勝過只用一項技巧。舉例而言，一方面測試一般認知能力（26%），一方面再評估責任感（10%），更能判斷出對方是否能夠勝任（36%）。在責任感這項得分高的人，「使命必達」，不當差不多先生，非把工作做到好才罷休，也比較會對團隊、對工作環境負責。換句話說，他們比別人更願意把自己當創辦人經營，不把自己當員工。我還記得剛到Google上班的第一個月，有件

事讓我很感動。那天是星期五,技術支援團隊的歐布萊恩(Josh O'Brien)來幫我處理電腦問題,忙到下班時間還沒結束,於是我請他下週一再處理即可。「沒關係,我們做就要做到好。」語畢,他繼續埋頭苦幹,把問題解決才下班。[90]

Google 的選擇

　　Google 採用何種評估方法呢?

　　對我們而言,面試的目標在於預測應徵者能否勝任工作,因此我們遵循經科學證實的策略,一方面進行行為型與情境型的結構化面試,一方面評估認知能力、責任感與領導力。[xxvi]

　　為了助面試官一臂之力,我們內部研發出一套名為「qDroid」的面試軟體,面試官挑出所需職缺後,勾選希望應徵者具備的特質,接著會收到一封面試指南,列出能預測未來工作表現的問題集。有了這個指南,要找到適合的問題發問就更容易了。面試官還能與面試小組其他成員分享指南,互相合作,從各個方面評估應徵者能力。

　　這個做法的好處是,面試官仍可自訂問題發問,但公司提供的制式問題讓面試官的事前準備更省力,又有引導作用,讓面試更有效果。

　　面試問題範例如下:

　　　• 你之前做了什麼事對團隊有正面影響,請舉例說明。(後

---

xxvi　員工分析與薪酬團隊成員、哈蘿(Melissa Harrel)博士補充說:「會改成結構化面試的原因很簡單,這樣更容易評估應徵者日後的表現。此外,結構化面試也有助於職場組成多元化,因為有了既定問題與評分準則,更能避免出現不自覺的偏見。」[91]

Welcome to **qDroid**

Welcome
qDroid
Score the Interview
Resources

General Cognitive Ability (GCA):
Note: If you don't see your specific org., please select a broader category.

SMB Sales and Operations: Business Analysts

Leadership:
Select which Leadership aspects are most important to the role.
Note: Some aspects are suggested for People Manager roles.

☐ All
☐ Cares About the Team (All Roles)
☐ Works as a team (All Roles)
☐ Gets things done (All Roles)
☐ Manages projects (All Roles)
☐ Coaches Team (People Manager Roles)
☐ Empowers Team (People Manager Roles)
☐ Shares Vision and Strategy (People Manager Roles)
☐ Helps with Career Development (People Manager Roles)

qDroid 畫面一隅。© Google, Inc.（Credit to Google）

續問題：你的主要目標是什麼？為什麼？其他團隊成員的回應如何？你之後有何計畫？）

- 你是否曾經發揮過領導力，帶領團隊達成過目標，請舉例說明。你的做法是什麼？（後續問題：你的目標為何？你如何達成個人並帶領團隊達成這些目標？你如何依照每個人的做事風格而調整領導方式？你從這件事學到最重要的心得為何？）

- 你是否有跟某人（同事、同學、客戶等）很難共事的經驗？請舉例說明。他很難共事的原因為何？（後續問題：你採取哪些措施解決這個問題？結果為何？可以的話，你會改變做法嗎？）

這本書還在草稿階段時，有位朋友看完後說：「這些問題太

八股，看了讓人有點失望。」正如他所說，這些面試問題確實很直白，但怎麼答才是重點。雖然問題設計得中規中矩，但是因為卓越的面試者分析舉證的功力高人一等，回答高下立判，有助於公司從眾多人才中找到菁英。

當然，問某些問題是很有趣沒錯，例如有企業曾經問過「哪首歌最能代表你的工作觀？」、「你單獨在車上時，心裡在想什麼？」但面試在於找到能勝任工作的最佳人選，而不是盡問些與工作沒有實質相關、只能驗證偏見的問題（「我在車上也會想這個！真是英雄所見略同。」）

下一步是以固定的評分準則為應試者打分數。[xxvii]Google有自己的一般認知能力評量範本，內容涵蓋五個層面，一開始是評估應試者對考題的了解程度。

面試官會記下應試者在每個層面的表現，表現好壞有清楚的界定。面試官接著必須詳實寫下應試者的表現，以便審查官事後可以自行評估。

我跟上述那位朋友講到面試問題和評量表時，他還是半信半疑，說：「唉呀，不過就是陳詞濫調、企業的標準說法。」但請各位回想，你最近針對類似工作屬性、面試別人的五次經驗。你問他們的問題是大同小異，還是都不一樣？你是每個人都問到該問的細節，還是有幾個時間不夠便草草收尾？你是否用同一個標準面試每個人，還是那天你累了或心情不好，而對某個人比較刁難？面試完你是否寫下詳盡紀錄，讓其他面試官可以參考？

訂出一套簡單明瞭的徵才評量，能將混亂模糊的工作情況化

---

xxvii 亦稱「行為定錨評級量表」（Behaviorally Anchored Rating Scale）

繁為簡，得出可量化、可比較的結果，一併解決上述問題。假設你正在為技術支援職缺面試，問到能看出「有否解決問題能力」的問題時，對方若回答「我會依照客戶的需求修理筆電電池」，答得算是中規中矩。但最漂亮的回答是：「客戶之前就提過電池壽命的問題，而且不久又要出差，我會直接幫他準備備用電池，以防萬一。」面試評量標準看起來很無趣，但正因如此，才能化抽象為具體。

不想自己制訂面試標準也可以，網路上有許多現成的結構化面試問題，調整一下就能運用。以美國退伍軍人事務部（US Department of Veterans Affairs）的官方網站為例，有一頁便提供近百題面試樣本問題（網址：www.va.gov/pbi/questions.asp.），如能善用，必能改善徵人成效。

此外，別忘了，面試不只是評估應試者能力而已，也要想辦法讓對方愛上各位的公司，讓他們享受整個面試過程，有疑惑也能獲得解答，離開時覺得人生真是美好光明。工作面試是一種很尷尬的場合，因為你跟應試者素昧平生，剛見面就要他掏心掏肺聊自己，再說，他此刻的處境屬於劣勢。花時間讓應試者最後留下好印象，絕對值得，因為他們事後會跟其他人提到這次經驗，更何況這本來就是待人處事的道理。

做法不必複雜，有時光是留點時間閒聊，就能營造出正面氛圍。面試官公事繁忙，有時只想完成面試，盡快評估對方的能力，但你在做決定的同時，應試者也在做決定，而且是攸關人生的大決定，畢竟企業會雇用許多員工，但一個人只能選一份工作。我習慣問應試者對整個召募過程的看法，也一定會至少留十分鐘讓他們發問。

面試結束之後，Google會透過VoxPop向每位應試者做問卷

調查，[xxviii] 了解他們對面試過程的看法，根據他們的建議與意見日後調整做法。參考VoxPop的結果後，我們目前正設法加入幾項措施，例如帶應試者參觀辦公室、時間允許的話提供午餐、要求每個面試官留五分鐘讓對方發問。也有應試者反映，面試的旅費很久才領到，因此我們把領取時間縮短一半以上。

回想以前，每個矽谷人不管是親身經歷，或是聽別人說，到Google面試似乎都有慘痛的經驗，但Google現在已經不一樣了，未經錄取的應試者當中，有八成表示願意推薦友人應徵Google。他們自己沒上，卻對Google仍讚譽有加，實在不容易。

如何選擇面試問題

以前Google認為，只要找到一流菁英就可以，但找來一堆智商高如世界棋王卡斯帕羅夫（Garry Kasparov）的天才，未必能同心協力解決重大問題。為此，我們從2007年開始尋找適合Google的特質，除了從內部多達一萬名員工裡找起，也研究未被錄取的幾百萬名應試者。除了技術型員工必須測試專業能力之外，我們還發現，從四個特質可看出對方能否有優異表現。

1. **一般認知能力**。想當然，我們希望新人除了聰明之外，還願意學習、懂得適應新的狀況。別忘了，這點不是看應試者的學業平均分數或SAT成績，而是評估他們如何解決現實生活的重大問題，以及他們的學習方法。
2. **領導能力**。這點應該也不難理解，畢竟每家企業都希望

---

xxviii　VoxPop是vox populi的簡稱，拉丁文「人民之聲」的意思。

有人帶頭做事。但Google要找的是跳脫正式職銜規範的「自發領導能力」（emergent leadership）。Google的工作事項中，很少有正式頭銜的領導人。Google曾經有項專案，促成員工全面加薪一成，我在那個專案裡的頭銜是「高階指導人」，有人問我的感想。我回說我自己也不知道。頭銜在Google內部並沒有太大意義。我猜可能是專案有個成員才進公司不久，看我是資深副總，好意幫我加上頭銜，但我在專案裡的作用跟其他人完全一樣，都是負責提供意見、分析、協助大家達到目標。在Google的觀念裡，一個專案從開始到結束，不同階段需要借重不同技能，因此團隊成員應該視情況挺身而出，擔任領導人的角色，貢獻長處，而隨著階段任務結束，也要恢復成員的角色定位。Google非常不認同自我意識濃厚的領導人，這些人滿口我我我，不以團隊為中心，只在乎個人的豐功偉業，不在乎達到目標的過程。

3. 「**Google力**」。我們希望員工能在公司發光發熱，雖然Google力沒有明確定義，但包括幾個特質，例如：喜歡找樂趣（誰不喜歡？）、適度謙虛（不肯認錯的人很難學新東西）、高度自覺（我們希望大家把自己當老闆，而非員工）、願意接受模糊空間（Google不知道業務未來會如何發展，而內部事項也經常沒有標準答案）、證明你曾做出勇敢或有趣的人生決定。

4. **專業知識**。排在最後的Google人特質是，是否具備職務所需的專長。根據我們的經驗，一個人如果同樣的工作做了很多年，而且游刃有餘，進入Google擔任同樣的職務，很可能照抄之前的做事方式。心理學家馬斯洛曾寫

道：「只有鐵鎚的人，會把任何東西都看成釘子。」[92]這樣徒然錯失創新的機會。我們的經驗是，好奇心旺盛的人更願意學習新事物，遇到任何情況幾乎都能摸索出方法，而且更有機會找出顛覆傳統的解決之道。[xxix]針對軟體工程或產品管理等技術職務，我們會廣泛評估應試者的資訊工程專業，但我們仍偏好網羅對資訊工程具備通盤認識、而不是只鑽研精通某個領域的人。Google過去完全只找通才，經過不斷琢磨調整後，現在會全面評估人才庫，找到符合兼具通才與專才的人選。營運規模擴大的好處就是，可以細分專業領域，但即使在高度專業的Google人當中，我們也會要求注入新意，發揮通才思維。

找出這些特質後，我們要求面試官必須評論各個特質。並非每位面試官都得評估每一項特質，但每項特質至少要有兩位面試官評估過。除此之外，書面回饋必須涵蓋幾個項目，包括評估的特質、面試問題、應試者的答覆、面試官對該答覆的評估結果。這個模式非常重要，能讓後續幾個審查官以超然角度評估同一個應試者。也就是說，如果某位面試官覺得我並不突出，但因為面試的問答都有紀錄，之後的審查官看到紀錄後，可以自行判斷我的答覆是好是壞（要做到這麼細，面試過程難免會出現尷尬狀況，因為面試官開頭會問：『我可以做筆記嗎？』有些面試官甚至會用筆電記錄，讓應試者更心慌）。透過這個模式，應試者等

---

xxix　想當然，有些工作需要具備特定專長才能勝任。拿稅務部舉例，總不可能都找不懂怎麼填報稅單的人。但就算是這些部門，我們也會安排有不同背景、想法創新的人才。

於有了第二次的表現機會，也讓我們能夠看出面試官本身的評估能力。如果面試官常常「看錯人」，我們會進行培訓或請他停止面試。

時時檢查召募流程的成效

從上述可知，Google投入大量精力網羅一流人才，但我們一向深信，好還要更好。1998年，Google第一個搜尋索引有2,600萬個網頁，2000年有10億個網頁，2008年進一步暴增到1兆個。

Google搜尋團隊的歐伯特（Jesse Alpert）與哈加吉（Nissan Hajaj）指出，Google搜尋引擎的範圍愈來愈廣，效率日益增加。「我們的系統進步太多太多了。想當初，Google必須分批處理網路數據才能回答搜尋問題，每台工作站可透過『網頁排名』演算法處理2,600萬個網頁，時間要兩個小時，而Google會在特定一段時間內將這批網頁當成索引。到了現在（2008年），Google無時無刻檢查網路，蒐集更新過的網頁資訊，重新處理整個網路連結圖，一天好幾次。1兆個網址的圖，好比1張地圖有1兆個十字路口。也就是說，我們等於是徹底清查美國每個十字路口，每天好幾次。而且這張地圖是美國的5萬倍左右，道路與十字路口的數量也多出5萬倍。」他們這席話已經是五年前。2012年推出的Google Now，還能預測你需要知道的資訊。比方說，你的手機能取得班機登機證，提醒你公路正在塞車，建議改道，或告知你附近有何好玩的活動。

Google產品持續精進，召募制度也在不斷改良。我們持續檢討面試過程的速度、錯誤率，以及應試者與Google人在這段期間的感受，努力在三者中找到平衡。舉例來說，面試過程有時多達25關，究竟有沒有效果，經過召募團隊裡的博士級分析師卡

萊爾（Todd Carlisle，現為業務團隊的人資主管）分析，發現只要進行四場面試，就能知道是否應該錄取某人，精準率達86%。再多增加一關面試，每次只增加1%的預估值，對Google、對應試者而言只是浪費時間與精力。因此，我們有個「四次法則」，除了特別案例之外，否則親自到場面試的次數不能超過四次。光是這個改變，我們召募天數的中位數便從兩、三個月，縮短至47天，為員工省下幾十萬個工作小時。

我們自知無法識人如神，面試難免會有漏網之魚，因此會重新檢討未錄取者的履歷，看我們是否有做錯的地方，如果有，就加以改善。「檢討計畫」（Revisit Program）第一步會鎖定某職位（如軟體工程師），將所有現職人員的履歷表輸進演算法，找出其中最常見的關鍵字，再由特定挑選的召募專員與主管組成小組，針對這串關鍵字再行檢查，加入其他資料綜合考量。舉例來說，如果IEEE（電機電子工程師學會）是常見關鍵字，評估小組可能再加上其他專業機構的名稱。新的關鍵字名單再匯入另一個演算法，檢查過去半年的應徵履歷，根據每個關鍵字的出現次數（不論有無進到下一關），給予不同權重。最後，我們以加權關鍵字分析接下來半年的履歷，找出高得分的未錄取者，讓召募專員再考慮一次。2010年，Google婉拒的軟體工程師有30萬人，我們透過這個系統重新分析他們的履歷，找到1萬個值得再考慮的人選，最後錄取150名。表面上，為了錄取這些人，似乎花了很大的工夫，但換算下來，錄取率為1.5%，是Google平均錄取率（0.25%）的6倍。

應試者不是召募過程唯一的重點，我們也會給予面試官回饋，讓他們了解自己的評估能力。每個面試官都能看到過去面試的評分紀錄，以及應試者是否錄取。

透過這樣的回饋，面試官能夠回顧過去的面試紀錄，了解自己是否評估正確，又是否遺漏哪些細節。而後續其他審查官拿到應試者資料後，也能知道某面試官的評估有無參考價值。

品質絕不妥協

到目前為止，本章大多著重在尋人與面試過程，但這只是召募的兩個環節罷了。從表面上，每家企業的召募過程大同小異，

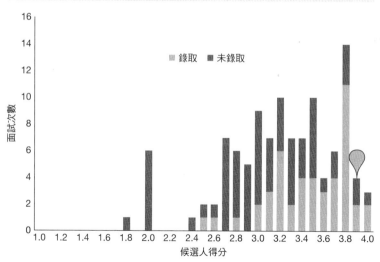

給面試官的回饋意見圖表。© Google, Inc.（Credit to Google）

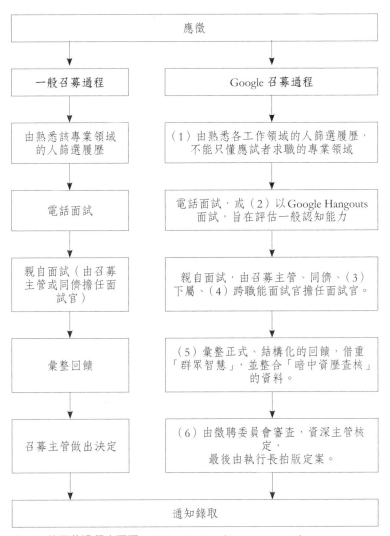

應徵	
一般召募過程	Google 召募過程
由熟悉該專業領域的人篩選履歷	（1）由熟悉各工作領域的人篩選履歷，不能只懂應試者求職的專業領域
電話面試	電話面試，或（2）以Google Hangouts面試，旨在評估一般認知能力
親自面試（由召募主管或同僚擔任面試官）	親自面試，由召募主管、同僚、（3）下屬、（4）跨職能面試官擔任面試官。
彙整回饋	（5）彙整正式、結構化的回饋，借重「群眾智慧」，並整合「暗中資歷查核」的資料。
召募主管做出決定	（6）由徵聘委員會審查，資深主管核定，最後由執行長拍版定案。
通知錄取	

Google的召募過程大不同。© Google, Inc.（Credit to Google）

不外乎是登徵人廣告、收到履歷、篩選履歷、面試、錄取。實在了無新意，看了就想打哈欠。

但進一步深究，Google的召募過程打從應試者求職那一刻起就很不同。我們的評選過程有六個獨特的面向，旨在保障徵才的最高品質，決策時盡可能避免偏見。

首先，評估工作由召募專員執行，而非第一線主管。Google的召募專員擅長分析履歷，有鑑於求職履歷來自一百多個國家，這份分析能力尤其重要。舉例來說，如果應試者為美國大學生，在校平均成績是一大評估重點，但未必適用於日籍應試者。日本採取大學聯考制度，高校生全力衝刺聯考，下課後常常還去補習，每週上個15到20個小時，連續好幾年。但一旦考進知名大學，學生就不在乎分數高低。之前在補習班寒窗苦讀，畢業後又要符合社會期待，成為循規蹈矩、一份工作做到老的上班族，所以學生都趁大學盡情玩樂，享受最後的自由。徵聘時看他們的大學分數根本不準，但就讀哪所大學就值得參考，至少在召募社會新鮮人時很管用。

Google的召募專員要熟悉內部許多職位的工作內容，這點實在不容易，因為Google目前業務相當多元，涵蓋搜尋、無人駕駛車、未來眼鏡、光纖網路服務、生產製造、影片工作室，甚至還有創投！召募專員必須具備全觀能力，因為應徵者不可能知道公司的所有工作內容。在多數大企業裡，各部門常有專屬的召募團隊，某人雖然未能錄取某部門的產品管理職缺，但他可能適合另一個部門的行銷工作，卻因為兩部門的召募人員沒有交流，而錯失潛在人才。換到Google，某人未能錄取安卓系統產品經理，但如果把他放在業務銷售的位置，與各家通訊業者交涉，他可能是最佳人選。Google的召募專員從公司整體的角度評量應試者，

一來必須清楚各部門有哪些職位，也要了解工作內容為何。如果此刻沒有職缺，召募專員也會留下紀錄，繼續追蹤優秀應試者的情況，以期未來有合作機會。

履歷表經過篩選之後，第二階段是進行遠端面試。遠端面試不容易建立互動與看到非口語線索，因此執行起來比親自面試要難很多。Google總公司的主要語言是英語，如果應試者英語不流利，電話面試會特別吃力，因為電話上比較不容易清楚表達。我們喜歡採用Google Hangouts，除了能夠透過視訊交流互動，也能夠共享螢幕與電子白板，技術類工作的應徵者與面試官可以一起撰寫與檢討程式碼。Google Hangouts不需要準備特別設備、不必安排會議中心，也不用事先下載資料。應徵者只要登錄到Google+，接受邀請，就可以進行視訊會議。Google Hangouts也有降低成本的好處，遠距面試的成本遠低於親自到場，也更能節省雙方時間。一般召募主管可能只有一、兩次遠距面試的經驗，但Google的召募專員執行過不下幾百次，駕輕就熟。

由召募專員進行一開始的遠距面試，還能嚴謹而可靠地評估出應徵者是否具備最重要的特質。此階段通常評估應徵者的解決問題能力與學習能力，讓後續的面試官能聚焦在其他特質，如領導力與能否接受模糊空間。

另外，召募專員也比較能夠臨機應變，懂得處理面試過程中千奇百怪的狀況。比方說，有位應徵者就曾經帶媽媽一起來面試。還有一次，有位來應徵工程師職缺的人忘了繫皮帶，每次轉身要在白板寫程式時，褲子感覺就要掉下。還好有位資深召募專員解圍，先把自己的皮帶借給他。

我以前到別家公司面試時，都會見到未來的老闆與同事，但遇到未來下屬的機會少之又少。Google顛覆了這樣的做法。應試

者有機會見到未來的主管（但有些大型團隊如軟體工程師或客戶策略師，人數眾多，召募主管並非只有一位），以及同儕，但更重要的是，應徵者能夠遇到一、兩位未來的下屬。就某個程度而言，未來下屬的評估比其他人都重要，畢竟以後要跟應徵者直接共事的人是他們。所以，Google面試的第三個層面是由下屬面試應徵者，一來讓對方深刻體認到Google不講階級制度，一來也能避免任用親信，不會有主管找舊識掌管新團隊的問題。我們發現，表現一流的應徵者，會讓面試他的下屬深受鼓舞，或期待能從他身上學到東西。

第四，我們另外設有一位「跨職能面試官」，跟應試者求職的部門沒有直接關係。比方說，我們可能會請法律部或廣告團隊（研發廣告產品技術）協助，面試一位應徵銷售業務職缺的人。跨職能面試官能夠提供超然中立的評估，因為他的專業背景不同，對於該職缺能否找到人，並無切身關係，但仍有找到好人才的強烈動機。跨職能面試官也比較不會犯「薄片擷取」的偏見，因為他們與應試者的共通處比其他面試官少。

第五，我們彙整回饋的方式與其他企業截然不同。先前提到面試回饋必須包含特質評估，也說到使用「暗中資歷查核」。我們還給予每個人的回饋同等權重，下屬的回饋跟召募主管一樣重要。根據卡萊爾的研究，不僅最理想的面試次數是四次，如果只看一個面試官的評估結果，其實幫助也不大。

如下頁圖所示，散佈圖表示每個面試官的準確率，一位面試官代表一點，平均準確率為86%。準確率的定義為，面試官希望錄取某人、而某人也確實錄取的比率。落於A區的只有艾布朗森（Nelson Abramson），表示他的洞察力高人一等。落於B區的面試官亦有高於眾人的準確率，但他們面試的經驗還不夠多，數據

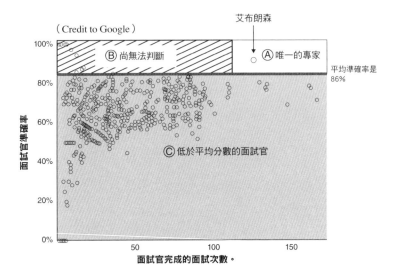

（Credit to Google）

上無法證實他們是真有識人的本事，還是純屬幸運。大部分面試官的準確率不及平均，分布於C區。

艾布朗森為什麼如此突出？卡萊爾進一步研究後發現，艾布朗森有個別人都沒有的優勢。他任職於資料中心（亦即全球性的伺服器網絡，負責複製網路資料，讓搜尋結果在千分之幾秒就出現在你我的電腦螢幕），這份工作需要特殊技能，他面試的人全都是應徵資料中心的工作。此外，他是Google第580號員工，所以面試的經驗豐富。這份報告分析了五千場工程職缺的現場面試，他是唯一的例外。

撇開其他應用[xxx]，「群眾智慧」似乎也適用於召募決策。

因此，我們持續讓面試官知道他們個別的準確率，但會強調平均值是多少[93]，這樣就能避免任何人排擠或拉抬某個應試者。

第六，立場中立的審查官扮演重要角色。除了安排結構化面試、評估特質，我們故意加入三關以上的審查。第一關是徵聘委

員會，建議是否讓某應試者晉級。舉例而言，人力營運部的徵聘委員會成員有總監、有副總，皆是重大人資事項的負責人。遇到應試者是要加入自己團隊時，徵聘委員自動迴避審查。每位應試者的待審資料達四十到六十頁。關鍵資料如下頁圖示。

如果徵聘委員會決定不錄取某人，面試過程到此中斷，但如果他們認同某人，則委員會的回饋會納入資料，送到「資深領導人審查會」。審查會每週開一次，由部分高階主管提供客觀中立的第二關審查，評估當週的應徵人選。每週人選數目不定，有時超過三百人，有時只有二十人。審查官在此階段會提出建議，決定應徵者是否應該錄取，或是否應該取得更多資料，通常可能是想再進一步評估某個特質，也可能是要重新考慮他的任職位階。到了這個階段，最常見的不錄用理由是什麼呢？與企業文化不合。[xxxi]Google人雖然個人立場各異，但透明度與發聲權這兩項企業價值觀，是每個人都認同的理念，是Google運作的最高原則。正如胡波最近評論一名應試者時所說：「這個應試者很優秀，技術方面的分數很高，顯然是很聰明、資格符合的人，但態度卻相當自負，每個面試官都不希望他加入自己的團隊。他很厲害沒錯，但不適合Google。」

如果資深領導人審查會議的結果正面，則當週的推薦錄取人選名單會送交佩吉。報告中會附上應徵者的相關連結，可看到詳

[xxx] 舉例來說，密西根大學教授培季（Scott Page）研究後發現，同樣是預估金融市場動向，歐巴馬金融團隊的預測取平均值，準確率還高於聯準會（Federal Reserve）裡一小組經濟學家的分析。「超級大富翁」（Who Wants to Be a Millionaire）前主持人菲爾賓（Regis Philbin）指出，參賽者用「詢問現場觀眾」這張求救金牌，答案的準確率高達95%。Google的網頁排名機制（排定搜尋結果順序的演算法）也高度仰賴群眾智慧。

[xxxi] 此處的企業文化，主要是指本章所述的特質，包括責任感、願意接受模糊空間等等。另一方面也指多元化，拓展Google人的類型，避免同質性過高。

外部資歷查核

面試官分數與各問題的回答

根據四項召募特質，各問題的詳盡回饋意見

應試者背景資料細節

Candidate's Name

Name of Reference

Company Name: Fortress Investment Group   Phone Number: 415-284-7423

Check Comp

1. W

Role-related
Leveraging or
consumers jo
knowledge and insights for our clients is crucial for the role she is applying for and Google's

GCA
Unde
Identi
Makes Sound Decisions: Solid

ends in the large
tment companies
y create
ss is a crucial
the objective of

Offer Coversh
Position/Title: Child   Offer ID:
Laszlo Bock (lbock; 2   74396
Recruiter: Michelle Curtis (mze; 100317) Lead Recruiter: Jeffrey Miller (jeffmiller, 10792)

Candidate Summary

Type of Hire: Direct Hire

Education

School, Country	Selectivity	Degree, Field	Us Gpa	Int. Gpa	Grad Date	Graduated?
San Jose State University		Undeclared			December 2003	NO
Ohlone College		AssociateDegree, Early Childhood Studies			May 2004	NO
California State University, Sacramento		BachelorArts, Child Development			May 2006	YES

Work History

Company/Organization	Position	Start Date	Term Date
Children's Creative Learning Centers, Inc. - Cisco Campus	Pre-Kindergarten Math and Phonics Instructor, Pre-Kindergarten Head Teacher, Preschool Head Teacher	November 2008	In Progress
Children's House of Los Altos	Preschool Teacher/School Age Program Director	August 2006	June 2008

Years of Relevant Industry Experience: 4

Pre-Google Standardized Test Scores

Google Test Scores

Interview Data
Number of Interviews: 5   Average Score: 3,4

Additional Notes

Per Yvonne Agyei, Director of Benefits: I support hiring ████ as an Infant Toddler Support Teacher at the Children's Center. ████ received a BA from California State University, Sacramento in Child Development. She currently works at a play based center and is eager to join Google's program which is inspired by the principles of the Reggio Emilia approach and fosters collaborative learning and developmental growth. She has several years of experience working at Children's Creative Learning Centers at the Cisco Campus so she is familiar with the corporate element of working with employee sponsored child care. She also spoke strongly about working collaboratively with teachers, parents and children. Children's Center Director Sheri Hunt spoke with ████ and ████ thought the candidate was very poised and articulate displaying good values and core thinking that is in line with the Google Children's Centers. For these reasons, I think she would make a good Infant Toddler Support teacher at the Google Children's Centers.

RULE OF 7:
* Will report to: Marilyn Graves, Site Director
* Manager's team size: 26
* People Manager?: No

GCA INTERVIEWER: Yael Sheber, Google Children's Center, Operations Manager

應試者資料包。© Google, Inc.（Credit to Google）

盡資料，也有每個應試者的表現概述，以及每層審查關卡的回饋與建議。佩吉最常給的回饋有兩種，一種是，應徵者可能未達我們的召募標準，另一種是，從資料來看，應徵者的創意可能不夠。佩吉的回饋內容固然寶貴，但更重要的是，公司上下從這個舉動中都能看到，管理層非常重視徵才，大家有責任把持續做好召募工作。Google菜鳥（Noogler）聽說自己的面試資料經佩吉親自審查，沒有不開心的。

Google目前的召募流程為期六週，若採傳統流程，有可能把時間縮短到一、兩週。必要的話，我們當然也能加快召募速度，例如每隔幾週針對同時被其他家企業錄取的應徵者，通知他們若不即時回覆，則視同放棄資格。xxxii 另外，我們也在美國與印度的大學裡舉辦當日召募活動，想知道這樣能否提高錄取通知的接受率。我們到目前為止的經驗是，加速召募過程，並不會明顯提升應徵者的體驗，或提高錄取通知接受率，因此我們的重點還是

---

xxxii　這類限時回覆的錄取通知，英文稱為「爆炸型錄取通知」（exploding offer），意謂未能在期限內回覆，則錄取自動取消。企業召募畢業生時常使用這種方式，矽谷也愈來愈常見。但我認為這會造成應徵者的壓力，並不公平。應試者有權利做出最適合自己的決定，企業應給予空間。畢竟，每一家企業底下有很多員工，但每一個求職者只能占一個位置，本來就應該找自己百分之百認同的工作。時任哈佛大學教授的羅賓森（Robert J. Robinson），1995年撰有〈破解爆炸型錄取通知：遠點法〉〈Defusing the Exploding Offer: The Farpoint Gambit〉一文，提到如何因應限時回覆的錄取通知（《談判期刊》。11(3)。277-285）。文章名稱裡的「遠點」，靈感來自「銀河飛龍」（Star Trek:The Next Generation）的一集，稱為「遠點遭遇戰」（Encounter at Farpoint）。劇情中，企業號艦長接受外星法官的審判，法官對一旁的警衛說：「此犯人若講出『我認罪』以外的話，立刻開槍。」他接著問畢凱艦長：「你認不認罪？」畢凱艦長回說：「我認罪……但有條件。」他既不算認罪，卻又保住性命，法官一開始的威脅於是不再成立。羅賓森認為這個策略也適用於限時回覆的錄取通知，可以回說：「我接受……但有條件。」接著提出合理的條件，例如「前提是我能與直屬老闆先碰面」、「前提是，我應徵的其他家企業回覆之後，沒有提出更優渥的條件」，這麼一來，就能跳脫截止日期的限制。羅賓森認為：「截止日期一旦不成立，企業的威脅就不存在。」

放在找到遺珠之憾，而非加快速度。

召募技巧融會貫通，找到頂尖人才

照上面所說的方式徵才，會不會很費時？確實要花很多時間沒錯，但其實比一般人以為的還少。就算團隊再小，只要遵守四個簡單法則，就能大大提升召募效果。

Google員工人數衝破約2萬人的大關前，大多數人每週花在召募的時間為4到10小時不等。高階主管更常常花上一整天，加總起來，我們每年花在召募的時間高達8萬到20萬個小時。這還沒算進召募團隊投入的時間。公司想要迅速成長，為品質把關，絕對需要大量投入時間在召募工作，而且老實說，這也是Google當時想出最好的做法。後來累積多年的研究與實驗後，才摸索出提升召募效率的方式。

2013年，Google員工人數達4萬人左右，每人每週花在召募事項的時間平均約1.5小時，但錄取人數幾乎是2萬名員工當時的2倍。我們將每人召募時間縮短約75%，目前除了在這方面持續努力，還致力提高召募團隊的管理效率，期能事半功倍。

但最有效的召募祕訣是：以公司的菁英當活招牌。羅森伯以前在辦公室裡會準備一疊Google人的履歷，共兩百份。如果應徵者對於加入Google拿不定主意，羅森伯不囉唆，立刻拿出這疊履歷，說：「加入Google，就有機會跟這些人共事。」這些Google人的教育背景不一而足：有些人頭頂頂尖學府的光環；有些人研發出JavaScript、BigTable、MapReduce等重大產品與技術；有些人曾服務於徹底顛覆業界傳統的大企業；還有奧運級選手、圖靈獎（Turing Award）或金像獎得主、太陽劇團藝人、疊杯達人、魔術方塊冠軍、魔術師、鐵人三項選手、義工、退役軍人

等，成就讓人目瞪口呆。難免會有應試者覺得這些履歷是特別挑過的，這時羅森伯會老實回答，說他們都是從產品研發團隊隨機選出的。他的召募成功率百分之百。

企業如何打造召募複製機呢？

1. **設下高標**。召募前先確定想找的人才特質，並與團隊界定這個特質的理想境界。有個黃金準則是：只網羅比你自己厲害的人，絕絕對對不要遷就。
2. **主動出擊**。透過LinkedIn、Google+、校友資料庫、各領域專業協會等等，可以簡化尋才過程。
3. **客觀評估**。讓下屬與同儕也當面試官，要求面試官詳實記筆記，由一組沒有利害關係的人做最終決定。定期參考面試紀錄，比對新人的表現，藉此琢磨評估能力。
4. **讓應徵者覺得不加入可惜**。清楚說明公司的願景，介紹應徵者認識未來的優秀同事。

這四點說起來容易，但就我個人經驗而言，執行難度相當高。跟主管說不能自己決定找誰當部屬，他們一定抵抗。面試官不喜歡制式的面試過程或回饋內容。如果數據是這樣，但主管或面試官的直覺卻是那樣，他們會說不該盡信數據，並非每個工作都要把標準訂那麼高。

不要屈就於這樣的壓力，為了人才的品質據理力爭。

我常聽人說：「我只是想要一個能接電話、安排會議的行政助理，沒必要找太優秀的人，能完成工作就好。」這樣的邏輯實在糟糕。行政助理做得好，能讓主管如虎添翼，協助他妥善安排時間、排定重要工作的優先順序，也是他的聯絡窗口。這些工作

都很重要，交給能力普通和能力優異的行政助理來做，成果天差地別。我這是經驗談，因為我的行政助理查漢娜（Hannah Cha）正是頂尖高手。

　　如果各位致力於改造團隊或企業，最好的方式是從改善召募過程做起，雖然需要決心和毅力，但成效有目共睹。務必把人資資源集中在召募過程，絕不妥協。

　　Google的召募過程還有一個附加好處。新人進入大多數企業，必須在工作上主動證明自己真才實料。反觀Google，大家對召募過程有高度信心，新人第一天報到，大家就覺得他們的能力毋庸置疑，已經把他們當成團隊的一員。

　　有個例子正好能充分說明這點。2011年，南非前大主教屠圖（Desmond Tutu）邀請達賴喇嘛前往開普敦，在他80歲生日當

OCTOBER 8, 2011

NEW DELHI — The Dalai Lama, Tibet's exiled spiritual leader, ~~scrapped plans on Tues-~~ *joined* ~~day to attend~~ the 80th birthday celebration of a fellow Nobel laureate, Desmond M. Tutu of South Africa, after the host government did not grant his visa request. *via hangout*

《紐約時報》廣告：達賴喇嘛與屠圖大主教使用Google Hangouts視訊成功。© Google, Inc.（Credit to Google Creative Lab）

天，發表首屆年度屠圖和平演說（Desmond Tutu Peace Lecture）。兩位都是諾貝爾和平獎得主，此次見面勢必成為世紀對談。但據傳執政的非洲民族黨遭到中國政府施壓，決定不核發簽證給達賴喇嘛。[94]屠圖大主教知情後震怒：「我國政府竟然表示不願支持受中共嚴重壓迫的西藏民眾。祖馬總統，你和你的政府不能代表我！」才剛推出個人產品一週的Google菜鳥葛佛斯（Loren Groves），奉命前往西藏與南非，為兩人安排Google Hangouts視訊，打破千萬里的隔閡，進行面對面對談，成為8月8日慶典活動的主軸。[95]我們隔天在《紐約時報》刊登全頁廣告。

原版廣告有達賴喇馬與屠圖親筆簽名，掛在我們的辦公室裡。正如會議主持人所說：「達賴喇嘛尊者此次未能成行，實在是一大遺憾，但我們依舊心存感恩，能夠藉科技之力促成對談。」對談能夠成功，幕後功臣非葛佛斯莫屬，他雖然加入Google才五天，大家卻對他的能力信心十足。

人才召募 @Google

- 訂下高標準。
- 主動出擊找人才。
- 客觀評估應徵者
- 讓應試者覺得不加入會後悔。

第 6 章

主管權力下放，員工當家

打破階級地位，才能消除服從慣性。
數據之前，人人平等。

你的主管信任你嗎？他當然不可能防你像防賊，但當你有天覺得自己實力夠了、想毛遂自薦升遷時，他會相信你嗎？在不影響正常工作的情況下，你想每週花一天從事其他案子，或籌備演講讓同仁有充電機會，他願意放手讓你做嗎？你的病假有天數限制嗎？

同樣的道理，你信任你的主管嗎？他會挺你、從旁協助你把工作完成嗎？如果你正在考慮轉職，能跟他討論嗎？

這樣的主管人人愛，卻可遇而不可求。Google向來對管理階層的功效高度懷疑，畢竟許多工程師都這麼想：主管是一群卡在企業中間的呆伯特，頂多就是讓底下的人專心做事，免於搞不清楚狀況的層峰來攪局。

但根據我們的「活氧專案」（Project Oxygen）研究（第8章有詳盡討論），主管其實有很多正面貢獻。一般人心中有疑慮的不是主管本身，而是主管所代表的權力與經常發生的濫權行徑。

傳統上，主管掌控員工的薪資、升遷、工作量、錄取與離

職，這年頭甚至還管到員工晚上與週末的時間。雖然主管不見得會濫用這些權力，但總有那麼一丁點可能。豬頭老闆人人都怕，所以才會有「辦公室風雲」（*The Office*）的麥克・史考特這個角色，最近坊間也才冒出一堆相關書籍，例如《拒絕混蛋守則》（*The No A**hole Rule*）與《混蛋出頭天》（*A**holes Finish First*）等，前者講如何跟豬頭共事，後者教人怎麼當豬頭。xxxiii

權力愈高，愈需受到檢驗

我在奇異時認識一名叫艾倫（化名）的資深主管，她在公司裡一路快速晉升，最後坐到大位。有天早上，艾倫神情自若地走進辦公室，把一個小小的牛皮紙袋放在祕書桌上。「麗莎，麻煩妳把紙袋送到診所，我要檢驗糞便。」紙袋裡裝的，正是艾倫早上蹲馬桶的新鮮產物。

艾倫不覺得自己的要求有錯。她是個日理萬機的主管，請祕書送糞便採樣，完全是講究工作效率。

各位應該聽過一句話：「權力使人腐化，絕對的權力使人絕對地腐化。」[96]這句話出自於1887年艾克頓爵士（John Dalberg-Acton）筆下，深刻點出領導階層的問題。與他筆戰的對手是聖公會主教、歷史學家柯萊頓（Mandell Creighton），正在撰寫宗教裁判所（Inquisition）的歷史。裁判所制度使得教皇與國王能肆意定罪宗教異端份子，卻無須擔負責任。很多人讀過艾克頓的名言，卻不知道他當時還提出一個有力的論點：

---

xxxiii 作者顧慮原書名的Asshole為髒話，故以A**holes取代。

教會法規明定，吾人不得視教皇與國王為一般人。此無異於認定他們不會犯錯，如此觀點恕我無法接受。反之，應認定當權人士會犯錯，且權力愈高亦復如此……偉人十有八九是惡人，即便他是影響及人而非施威於人。何況威權在手，腐化更是難免。宗教裁判所若視掌權者神聖不可侵犯，無非是最嚴重之異端，發展至此……可謂為達目的而不擇手段。

艾克頓說權力使人腐化，並非只是客觀的學術觀察而已，而是大聲疾呼：掌權者必須比一般人受到更高的標準檢視。

既然權力容易薰心，艾倫的行為也就不意外了。畢竟她拚命工作，犧牲那麼多，最後才掙到資深主管頭銜。工作忙到焦頭爛額，請祕書跑腿幫她省個十五分鐘，就能有更多寶貴時間幫股東賺錢，這樣對奇異也是好事一樁。如果真要怪艾倫公器私用，她大可反駁說，她下班時間也常常處理公事。請祕書幫點私人的忙，不也間接幫到公司嗎？

大錯特錯！

主管不是壞人，但面對權力帶來的便利與好處，難免都會動心。話雖如此，企業會有階級制度，不能只怪主管，而要杜絕階級制度，也不能只靠他們。員工自己也常是階級制度的幫兇。

Google希望大家不要把自己當成員工，要有「我也是老闆」的思維與作為，但問題是，一般人天性使然，會習慣臣服權威、釐清階級高低、以自身利益為重。各位不妨想想開會的情況。我敢保證，每次都是最資深的人坐在會議桌大位。莫非他總是跑第一名，搶到最好的位置嗎？請各位下次仔細觀察，通常是大家陸續走進會議室，但空出大位沒人坐。從例子可看出，階級制度常常是不知不覺、莫名其妙建立起來。即使沒人指示與討論，

我們也會不假思索，自動空出「上級」的位置。即使是 Google 也有這種現象，但有些資深主管意識到這點，會故意坐在會議桌兩側，設法打破開會的階級意識。Google 法務長沃克（Kent Walker）就常身體力行，他說：「這麼做的原因之一，是想營造出亞瑟王與圓桌武士平起平坐的氣氛，打破階級，故意增加彼此互動的機會，不是大家一個一個跟我輪番對話。[xxxiv]

想也知道，幾次會議後，兩側的位置一定沒人坐。

服從權威和規則是人性

事實證明，人類喜歡遵守規則。「人才多多益善」原本是 Google 的召募政策，但後來增員過快，導致供過於求，我們因此在 2007 年開始編列召募預算，各個團隊每年有召募限額。沒想到大家的心態也跟著變，原本是人才愈多愈好，如今變成物以稀為貴，缺額成為寶貴資源，大家都希望找到最好的人選再出手，所以缺額比以前花更多時間才補齊。內部轉調也更困難，因為要等到某部門有缺額才有機會。

現在的情況稍有改善。為了解決其中幾個問題，我們調整規定，允許團隊視情況超支，例如有人希望轉調某團隊時。此外，大多數主管也會有預算預備金，遇到要網羅難得一見的人才時便能動用。但讓我當時很震驚的是，即便是在 Google 這樣努力給予員工自主權的企業，光是簡單的規定，竟然也能造成行為的顯著轉變。

最理想的情況是，大家能自行判斷情況，不墨守成規。舉

---

xxxiv 沃克也老實承認，坐在桌子一側也是圖方便。「另外也是因為我把議程放在白板上，我坐在正前方比較容易專心。」

個小例子，Google人依規定每月只能邀請兩名來賓到員工餐廳用餐。偶爾有人帶父母或小孩過來，超過了人額限制，那也沒關係。規定是死的，偶爾賓主盡歡更重要。

預算就不同了，似乎不該自由心證。編列預算，不正希望每分錢都花在刀口上嗎？但遇到不可多得的人才時，Google絕對願意重金禮聘，就算超過預算也沒關係。只是許多人奉公守法習慣了，一聽可以視情況超支，還以為這是公司的創新作為。

1960年代，耶魯大學心理學家米爾格倫（Stanley Milgram）的一項實驗也證實人的高服從性，但方法比較極端，引發不少爭議。他想知道「為何會出現納粹大屠殺？」當年數百萬人喪命，為何竟然是出於社會直接或間接的支持？又為何人類聽命權威會到泯滅良心的地步，願意做出天理不容的惡行？

實驗以測試記憶力為名，有一組「受試者」與一組「學習者」，兩者看不到彼此。實驗人員告訴受試者，如果學習者記不起文字，就施以電擊處罰。學習者每忘記一次，受試者必須把電力增加15伏特，從最低15伏特陸續增至420伏特，最後兩個刻度標上XXX，分別是435與450伏特。電力每加一級，受試者慢慢會聽到學習者的痛苦呻吟，甚至是破口大罵。到了300伏特，學習者痛到開始搥牆，哀求說他心臟有異狀。到了315伏特，受試者聽不到學習者的聲音。如果受試者拒絕再增加電壓，實驗便結束，但也可以繼續增加到450伏特（日後有些實驗版本甚至是3倍以上的電壓）。換句話說，全程實驗總共要電擊31次。

第一次實驗，共有40名男子擔任受試者，其中26人一直進行到450伏特。到了第19次電擊，已經聽不到學習者任何聲音，但卻有65%的受試者繼續聽從指令，又向學習者電擊了12次，無視於對方已完全沒有反應。至於中途停止的14名受試者，每

個人都會先詢問實驗人員，才敢要求中斷實驗，或去查看學習者安危。[97]（實驗中其實並沒有人遭受電擊，電擊機器並沒有作用，學習者的痛苦聲也是事前錄製的。）[xxxv]

主管習慣累積權力，發號施令；員工習慣聽命行事。偏偏很多人同時扮演主管與員工的角色。身分是員工時，因為什麼都被管而覺得挫折；身分是主管，又因為管不動人而無奈。

各位看到這裡，可能會覺得工作頓失亮光。

別難過，事情還是有希望的。

「你的主管信任你嗎？」這真是個大哉問。企業如果認為人性本善，而且召募能力一流，實在不必害怕給員工自主權。提供員工安身之地，能夠自由發揮成長，應是企業的崇高願景。

何不打造出家裡沒大人的環境呢？要做到大規模賦權，第一步是讓大家能夠暢所欲言。日本有句俗話說：「出頭的釘子先挨鎚。」就是說樹大招風，警告人不要特立獨行。

---

xxxv 後人論及米爾格倫的研究，常常只是順帶提起，但實驗內容卻十分發人深省。他這項實驗至少做了19種版本，第8版完全只有女性參與，結果顯示女性的服從程度與男性相同，但實驗過程的焦慮程度高於男性。撇開性別不談，米爾格倫指出：「許多受試者在實驗中出現情緒緊張的跡象，在提高電壓時尤其明顯。許多人極度緊張，甚至已到社會心理學實驗罕見的程度。受試者出現的徵狀包括冒汗、顫抖、口吃、咬嘴唇、發出呻吟、指甲掐入肉裡，這些都是實驗裡常見的反應，並非少數人才有。有些受試者雖然持續施予電擊，但心情多是極度焦躁。有些人在電擊達300伏特後，表示不願意再繼續，心裡的恐懼感類似部分選擇違抗實驗人員的受試者，但最後仍聽命行事。」〔資料來源：Stanley Milgram(1963)。〈Behavioral Study of Obedience〉。*Journal of Abnormal and Social Psychology*，67(4)，371–378〕米爾格倫後續追蹤受試者，評估實驗是否有長期效應，沒想到竟有84%的人對於能參加實驗，表示「非常高興」或「很高興」，15%表示中立。有位受試者的來信經常被後人提及，米爾格倫在其1974年著作《服從權威》（*Obedience to Authority*；Harper & Row出版）也曾引用。從信中內容可看出，這項實驗使得受試者出現一定程度的自覺，觀察到自己做決定的心態，出現他們以前沒有過的自覺。「我在1964年參與實驗，過程中雖然真的以為有人被我電擊，但我完全不知道自己為什麼繼續做下去。人的行為到底是出自個人信念，還是單純服從權威，很少人知道兩者的差別。」[98]

正是怕大家不敢發聲，所以我們盡可能褪去主管的權力。他們的正式權責愈少，就愈沒有機會恩威並施，掌控團隊成員，而大家也更有創新的空間。

打破權威地位，消除慣性

上一章說到Google的主管無法單獨決定是否錄取某人，未來幾章也會探討薪資與升遷制度，主管同樣要有他人回饋才能決定。但想營造一個大規模賦權的工作環境，讓員工建立起「我也是老闆」的思維與行為，必須多管齊下，不能只靠顛覆傳統的召募與晉升制度。為了降低人性喜歡劃分階級的傾向，Google努力避開會讓人聯想到權威與地位的事物。舉個很實際的例子，Google的人事結構大致可分四層，包括：個別貢獻者、主管、總監（亦即主管的主管）、高階主管。一直擔任個別貢獻者的技術類員工，另有一套升遷制度。員工能否晉升，取決於他的工作範圍、影響力、領導力。大家當然會在乎能否晉升，但要坐到總監或高階主管的位置，是了不得的大事。

Google規模還不大時，訂出兩種不同層級的總監，資淺者稱為工程總監（Director, Engineering），資深者稱為工程部門總監（Engineering Director），結果光是頭銜這一點小差異，大家就自動把焦點放在地位誰高誰低。我們最後不再分出兩者界線。

老實說，隨著營運規模漸增，我們發現愈來愈難避免大家在頭銜上玩花樣。以前我們絕對禁止頭銜裡有「全球」或「策略」等字眼，如今又有捲土重來的跡象。禁用「全球」，因為這個字眼不但多餘，而且自我膨脹。現在每份工作不都應該放眼全球嗎？如果不是，才需要特別標示。「策略」這個詞也有拉抬地位之嫌，孫子和亞歷山大大帝才真正稱得上是策略家。我自己當過

所謂的策略顧問多年，我的心得是，頭銜擺進「策略」兩個字，絕對會吸引很多人應徵，但工作內容不會因此變得更高級。新人錄取的職銜雖然經過審核，但我們卻沒能持續檢查員工資料庫，找出他們日後自訂的頭銜。[xxxvi]只希望在我們的努力下，Google人對頭銜的重視低於其他企業。

第4章提到的Jawbone人資副總納弗立曾跟我說過，他仿效Google降低頭銜的重要性，但發現並非每個人都能習慣。「之前在Google，領導團隊跟頭銜沒有對等關係。我常把領導團隊的機會交付給表現傑出的人，讓他們在沒有頭銜的情況下磨練領導能力。日積月累，他們學會鼓舞同儕，或領導別人，或配合他人，或推動決策。來到Jawbone後，我從別家科技公司找來一位人資業務夥伴，想成立類似的制度。我跟他說，應該先重領導能力，頭銜次之。但他加入不到幾週，我就發現警訊，因為他問我：『如果不給我頭銜，我要怎麼叫底下的人做事？』他撐不到半年就離職了。」

除了頭銜之外，Google也打破其他代表階級、強化階級的事物。即便是再資深的高階主管，他的福利、津貼、資源，也跟新人一模一樣，高階主管沒有專屬的餐廳、停車位、退休金等。我們2011年推出遞延報酬計畫，正式名稱為「Google管理投資基金」（Google Managed Investment Fund），讓每位Google人都有機會把紅利獎金交給財務部投資，顛覆了多數企業只提供給資深高階主管的做法。再跟歐洲企業比較，他們的高階主管通常有汽車津貼可拿，Google則是人人皆有。津貼總成本並沒有增加，因為

---

xxxvi 沒錯，Google人可以自行選擇頭銜。

我們限制了資深人員的津貼額度。這麼做難免會有人不滿，但對Google而言，打破階級比遵循業界做法更重要。

工作環境要打破階級制度，必須讓大家隨時隨地都看得到，否則最後依舊難敵人性。這時，有具體象徵或故事就很重要。前美國總統福特任內的新聞祕書奈森（Ron Nessen），曾以一段插曲說明福特的領導風格：「他養了一隻叫做『自由』的狗。自由有天在橢圓辦公室大便，侍衛見狀，立刻衝上前要清理。但福特說：『我來，我來，你讓開，這種事我來就好。自己的狗自己清。』」[99]

這個小插曲聽來大快人心，因為即使位高權重如美國總統，不但知道個人要有擔當，更懂得從小細節做起，讓大家看到他不是隨便說說而已。

正因如此，皮歇特才不穿西裝帶公事包，每次看到他，總是牛仔褲搭橘色背包。他是Google的財務長沒錯，一邊要找預算，讓公司能繼續執行大膽創新的計畫，一邊還得想方設法幫公司掌控財務。但他同時也是和藹可親的平凡人，騎著自行車在園區裡穿梭，等於是向大家說，即使是最資深的高階主管，也跟大家沒兩樣。

數據說話，無關個人意見

除了把有形和無形的權力象徵降到最低之外，我們做決定時特別看重數據。寇德史坦尼加入Google前，曾服務於網景。正如他所言：「業界出名的網景執行長巴克斯戴（Jim Barksdale），曾在管理階層會議說過：『各位的方案如果有數據支持，請儘管提出，我們會樂於採用。但如果只是個人意見，聽我的就夠了。』」

皮歇特（左）騎單車載我。（照片提供：Brett Crosby）

　　巴克斯戴這番話固然幽默，甚至霸道，卻道出成功經理人的思維。畢竟，他們不正是因為有精準的判斷力，才能成為頂尖主管的嗎？既然如此，何不仰賴他們的判斷呢？

　　巴克斯戴的話還凸顯出另外一點，凡事秉持數據至上的精神，就能顛覆傳統的主管定位，為每個人帶來充分發聲的機會。主管不再是提供直覺判斷的人，而變成引導大家追求真相的人，讓每個人提出最有用的事實，以此做出每一個決定。從這個角度來看，每次會議好比黑格爾式辯證，有人提出正論，在場其他人則提出反論，駁斥意見、質疑事實、測試哪個才是正確的決定，最後達成合論，得到的結果會比一己之見更接近真相。「不要權謀，只看數據」始終是Google的核心原則之一。

韋瑞安曾跟我說：「用數據說話，對每個人都有好處。廣告背景顏色用黃色或綠色最適合，資深高階主管不該浪費時間爭論這個，直接做實驗就好，管理階層的心思不必花在難以量化的事物上，就能做更有效率的運用。」

數據等於證據，能夠杜絕謠言、避免偏見、打擊職場常見的剛愎自用心態。其中一個做法是效法電視節目「流言終結者」（*MythBusters*）的精神，破解迷思。這個節目專門測試流行文化的迷思是真是假，例如：「有沒有可能從惡魔島逃出來？」xxxvii、「下雨了，用跑的還是用走的比較不會淋濕？」xxxviii 我們從這個節目取經，測試公司內部的迷思，全力終結錯誤觀念。

企業如何運作最好，人人自有一套理論，但與其說是理論，其實不過是猜測罷了。猜來猜去，大多難以擺脫抽樣偏差。數學家華德（Abraham Wald）在第二次世界大戰的研究，正是抽樣偏差的經典案例。匈牙利籍的華德任職於統計研究小組（Statistical Research Group；隸屬於哥倫比亞大學，負責研究美國政府戰時指派的數據統計任務）。他接獲軍方請託，想出增加轟炸機存活率的方法。華德以完成任務、成功返回基地的轟炸機為研究樣本，檢查彈孔，協助軍方判斷機體何處應該加強裝甲。根據美國二戰博物館（National WWII Museum）的資料，[100]他畫出右頁這張圖表。右側轟炸機的黑色地區，代表彈孔集中處。

華德得出的結論跟一般人的直覺相反，他認為駕駛艙與機尾最需要加強裝甲。

他檢查的樣本只有成功存活的轟炸機，彈孔佈滿機翼、機

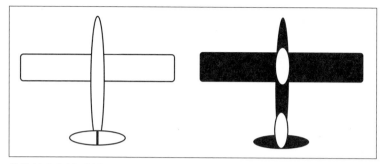

華德的轟炸機受創圖。（概念取自：Adam Wald）

鼻、機身三區。他意識到，光研究這些轟炸機並不準，因為回不來的轟炸機，應該都是被射中駕駛艙跟機尾，可見這兩個地方最需要補強。[xxxix]

　　抽樣偏差的問題人皆有之。舉例來說，從Google的2010年度員工調查可看到，許多工程師覺得公司對於表現不佳者的要求不夠。但真正的情況並非如此，其實是某一組十人團隊中有一個人表現不好，其他九個人把焦點集中在他身上，認定公司沒在設法改善情況，也不想開除害群之馬。他們沒看到的是，其他五組規模相當的團隊，每個人表現都很優異。而且大家也不知道，其實主管與人力營運部都在默默協助落後員工。這就是經典的採樣偏差，根據擺在眼前的一小撮瑕疵樣本，便妄下判斷。針對這組

xxxix　這也是「存活者偏誤」（survivorship bias），只考慮存活者，而未納入總人口，造成分析的扭曲。分析師在評估新創企業與避險基金的績效時，常犯這種錯誤，因為他們只看到仍在營運的公司，卻忽略了經營不善或倒閉的公司，導致績效看起來比實際亮眼。當然，如果各位盡信本書，也算是犯了存活者偏誤。本書固然有值得學習的觀念，但其他失敗企業的經驗談也值得參考。Google人力營運部在數據分析時，竭盡可能避免存活者偏誤的問題，例如我們會採用雙盲方式，測試現行召募制度的幾個環節，聘用先前未錄取的人，評估他們的工作表現。

團隊，我們希望保護當事人隱私，因此並沒有公開事情原委，但我會特別跟大家說明，其實公司經常默默進行補救措施。另外，我們還會彙整全體員工的實際數據，納入與績效管理相關的培訓教材與演講。

影響所及，工程人員對此議題的看法正面許多，回答「工作團隊若有表現不佳者，公司會妥善處理」這題問卷問題時，比以前高出23分（滿分100）。大家現在甚至會彼此說明情況。最近有位員工寫信大嘆無奈，說他覺得有個同仁表現不好，但遲遲不見公司出面解決。另一名員工回信指出，該名同仁可能已經受到公司關注，但礙於法務部「律師貓」（lawyercat）要求，[101] 人力營運部不能跟員工透露細節。他說的對極了！

用數據檢驗升遷的公平

升遷也是企業迷思的來源。Google以電子郵件公布晉升人員，列出姓名與個人簡歷，但公司規模畢竟較大，員工不可能每個人都認識，因此瀏覽名單時，自然會尋找認識的人名，想要說聲恭喜。但邊看的同時，他們潛意識中也在推敲：「咦，小莉升了，大衛怎麼沒有？肯定是小莉在財務長底下做事的關係。」「哇，怎麼安卓團隊（負責行動裝置）的每個人都升了……基礎設施（負責資料中心）的人幾乎一個也沒有……我猜是公司只在乎使用者端吧？」大家對於升遷常有誤解，例如：專案團隊如果有很多資深同仁參與，這樣升遷機會比較高，因為他們說話應該比較有份量；負責熱門產品比較容易升遷；工作只要有一次負面考評，升遷機會就會大減；總公司裡的專案比較有能見度，因此參與者比較容易升遷。諸如此類的假設太多了。每年進行Google人工作調查，都有人反應升遷不公平，直說無論是辦公室

互動、專案分配，還是工作事項，有時還是看得到偏袒現象。

這些顧慮看似合理，但其實是錯誤的推論。

如果員工真的向人力營運部反應，我們會拿數據向他說明，但大多數人並不會問，我們也沒時間一一回答問題。不只新人會得出錯誤的結論，就連加入公司已有一段時間的員工，即使聽我們再三保證，也還是半信半疑（但這種存疑態度也未嘗不好）。畢竟，人資部不正是為管理階層工作嗎？凡事天下太平，他們才能邀功吧？

這時，就是請翁白恩（Brian Ong；音譯）與周珍妮（Janet Cho；音譯）上場的時候了。翁白恩帶領團隊追蹤測量召募過程的每個環節，但他幾年前是員工分析與薪酬團隊的成員，協助人力營運部門以數據做出判斷。周珍妮是人力副總，負責主要產品領域（搜尋、廣告、資料中心、Gmail）的人事。他們兩人研究後認為，要一勞永逸解決大家對升遷的質疑，最簡單的方法就是公布所有升遷資料。他們分析數據、舉辦一系列演講，並將演講內容錄下，讓大家日後能觀看，另外還架設專屬網站分享所有數據。事實證明：

- 跟資深員工共事，對升遷只有一點點效果。經提名升遷的人，有51%之後順利晉升；而與資深同仁共事的人經提名後，升遷率為54%，只有小幅差距。
- 產品領域並非決定因素。偶爾會有一年升遷率出現幾個百分點的差距，但一般來說，不管是哪個產品領域的員工，升遷機會都一樣。
- 負面評論沒有殺傷力。順利升遷的人當中，升遷資料中幾乎都附有建設性的批評。只有犯過嚴重錯誤，例如程

式碼寫得很亂或一直有錯，才會扼殺升遷機會。事實上，審查委員會翻開升遷審核資料，看不到建設性批評，反而覺得是警訊。升遷候選人就算得到負面評論，大可不必擔心，一來升遷機會不會受到影響，二來能明確知道哪裡需要加強。事實證明，據實告訴員工哪裡有缺點，他們會希望做得更好。

• 專案隸屬於哪個辦公室，不會影響升遷機會。舉例來說，即使是在山景城總公司推動的專案，升遷機率跟其他地方大同小異。

　　升遷專屬網站定期更新，應員工要求提供最新數據與分析結果。雖然很花工夫，卻有助於說明升遷過程絕對公正。如果要簡單做，口頭再三強調就可以，但我們覺得最好的方法是，將資訊公開，讓數據說話，一舉破除大家的迷思。

用數據測試產品、流程和計畫

　　我們經常測試自己的運作流程與產品，務求依據事實做決策。有好的構想，我們鼓勵，構想行不通的，我們淘汰，這樣能有更多空間實驗最有前景的計畫。以Google搜尋服務為例，我們在2010年一共做了516次改善。其中一次重大改善工程的代號為「咖啡因」，搜尋結果比以往更「輕爽」50%。Google在執行搜尋時，並非根據使用者輸入的關鍵字搜尋所有網頁，而是將不同網站與網頁依關連性、品質等分出先後順序，然後製作索引，以關鍵字搜尋索引，幾乎立即能得出結果。透過「咖啡因」，我們編列索引的速度加快50%。「咖啡因」甫推出，每秒就能平行處理幾十萬個網頁，相當於每秒列印3哩高的文件。[102]

落實每項改進之前，我們會先實際測試。我們使用A／B測試法（A/B testing），讓評估者同時看到兩組搜尋結果，觀察他們的行為，詢問他們覺得哪組結果比較好。舉個簡單例子，廣告背景用藍色還是紅色的點閱率比較高，便可使用A/B測試法驗證。乍看只是簡單的測試，但相信對可口可樂或百事可樂這種大企業，影響甚鉅。

我們也會採用1%測試法，將實驗版給1%的使用者測試，評估狀況後，再正式提供給幾十億個使用者。光是2010年，我們便執行了8,157次A/B測試，超過2,800次1%測試。換算下來，2010年每天就有超過30項實驗同時進行，目的無非是希望提供更好的服務。以上只是搜尋服務而已，還不包括其他產品。

人事方面，我們也採同樣的做法。Google定期針對主管的領導能力進行調查（詳見第8章），稱為「向上回饋調查」（Upward Feedback Survey），當初正式執行之前，我們做了一次A／B測試，想知道員工在何種情況下，比較願意給予上級主管回饋，是透過電子郵件公布這項調查活動，並在公告上有主管署名？還是單純貼上「向上回饋調查」字樣？測試證實，回應率並沒有差異。我們最後選擇使用標準字樣，原因很單純，這樣寫信比較方便，不必另外請高階主管署名。

Google幾乎每項大型計畫都會先經過採樣測試。還記得員工人數超過兩萬人大關時，第一次有人問我，現在Google是名副其實的大企業了，我會不會擔心？我回答：「企業文化的事，我時時刻刻都在擔心。但大有大的好處，我們現在能夠進行幾百項實驗，找到真正讓Google人開心工作的事物。」每個辦公室、每個團隊、每個專案都是實驗、學習的好機會。許多大企業都錯失了這種寶貴的機會，就算員工人數並非成千上萬，只是幾百個

人，也都應該做測驗。管理階層經常單方面下決定，要全體員工遵守，但要是管理層錯了呢？要是員工有更好的構想呢？要是這項決策在這一國可行，但在那一國行不通呢？企業為何不多做內部實驗，我實在想不透！

何不指定10、50，甚至100個人，嘗試不一樣的做法？或者，何不找一小組人試試新事物？正如喜劇演員比爾‧寇斯比在電視節目「胖艾伯與朋友」（*Fat Albert and the Cosby Kid*）的開場白：「每天都有新鮮事可學！」

20%的自由，120%的付出

除了剝奪傳統的主管權力、決策以數據為依歸，我們還給員工業界少見的自由空間，小至個人工作內容，大至公司的樣貌，都交由員工決定。這樣的做法並非Google首創。營運超過六十五年的3M，就讓員工撥出15%的工作時間自由探索：「3M的核心理念是，有自由才有創意。也因此，從1948年前後，我們鼓勵員工花15%的工作時間做自己的事，可以使用公司的資源、打造專屬的團隊、按照自己的看法解決問題。」[103]「自由時間」研發出的產品，最著名的就是便利貼；另外一個產品是愈磨愈細的神奇研磨砂帶。

Google則給予工程師20%的自主時間，跳脫日常職務，從事個人感興趣、又與Google相關的事。因為Google涵蓋的業務範圍廣大，所以選擇非常多。除了工程團隊之外，我們不正式劃分哪些專案屬於20%自主時間，但員工會自己找時間進行個人專案，例如業務詹提爾（Chris Genteel）決定輔導弱勢企業網路化，後來這更成了他的全職工作；又如身為不動產團隊成員的波黛羅（Anna Botelho），她善用以前參與國標舞比賽的經驗，號

召其他志同道合的同事，在Google內部教國標舞課。

Chrome團隊的產品管理副總辛葛塔（Caesar Sengupta），2009年主要負責「Google工具列與桌面」（Google Toolbar and Desktop），亦即Google產品的下載版，可下載於瀏覽器或桌上型電腦。Chrome團隊開始研發Chrome瀏覽器時，辛葛塔與幾名工程人員心生一計，覺得似乎能把Chrome融入電腦或智慧型手機的作業系統。當時，電腦開機需要超過5分鐘，其中一個原因是，作業系統需要檢查是否有老舊硬體（如軟碟）。辛葛塔和團隊於是開始進行自由時間專案，改善作業系統。他們剔除所有不必要的步驟，加強Chrome瀏覽器，打造出第一個Chrome筆電的原型機，開機只要8秒鐘。

自主時間的使用因人而異，有些人全用來做個人專案，也有些人完全沒有。有人開玩笑說，這是「120%自主時間」，平常工作做完之後，才有時間做自己的事。最常見的情況是，自主專案一開始只占用5%到10%的時間，隨著重要性提高，占用的時間也愈來愈多，吸引愈來愈多志願者加入，最後變成正式產品。

多年來，自主時間的使用狀況時多時少，根據上次調查顯示，平均約在10%。就某些層面來看，自主時間的精神意義大於實際，員工可以盡情發揮，不受管理階層的監督，因為最有才氣、最有創意的人才是逼不得的。

《連線》（Wired）雜誌的泰特（Ryan Tate）曾總結Google的20%自主時間，是我看過最精闢的分析：[104]

自主時間不是正式的企業措施，沒有書面政策與詳細綱要，也沒有負責的主管。員工在新人訓練時不會拿到自主時間手冊，也不會有人要求員工找個自主專案。自主時間是隨興的安排，讓

Google 最聰明、最不安於現狀、最不屈不撓的人才，有施展長才的時間，排除萬難，讓無形構想化成有形結果。

　　舉例來說，工程師布賀德（Paul Buchheit）研發 Gmail 兩年半的時間，管理階層原本覺得電子郵件和搜尋服務八竿子打不著，但最後還是被他打動，才有 Gmail 的誕生。

　　自主時間也不限於研發產品，Google 人也會用來參與營運決策。幾年前，我們找來 30 名工程師，匿名提供工程團隊所有人的績效與薪酬，請他們針對績效獎金分配方式獻策。他們的結論是，希望強化論功行賞的精神。假設有兩位工程師的績效相當，但甲當初進公司時，懂得爭取薪資，年薪 10 萬美元，而乙沒有特別爭取，年薪 9 萬美元。由於兩個人的表現差不多，都拿到 20% 的績效獎金。這 30 名工程師認為這樣不公平，因為甲拿到 2 萬美元獎金，乙的貢獻跟甲一樣，卻只拿到 1.8 萬美元。因此，在小組要求下，我們調整了獎金計算方式，本來是按照個人實際薪資，改為以同類工作的薪資中位數為基準。如此一來，獎金多寡更能符合工作貢獻度。

　　順帶一提，多數企業都存有薪酬差異。男性與女性員工的平均薪資有別，相關研究多有記載。造成差距的原因是男女個性有別，當初跟公司談薪資時的態度各異。比方說，根據卡內基美隆大學教授鮑柏克（Linda Babcock）與作家拉薛維（Sara Laschever）的研究指出，卡內基美隆大學 MBA 畢業生中，男性的起薪高於女性，主要原因是男性比女性更會主動爭取薪資。57% 的男性會爭取，反觀女性只有 7%。[105] 拜 Google 人建議之賜，我們的薪酬制度得以更加健全，盡全力避免根深蒂固的偏見與不平等。

Google 精神問卷

然而，Google 在處理薪酬、自主時間、召募等人事問題時，不會只是埋頭分析。2004年，Google 的員工約為 2,500 人，佩吉與布林覺得公司規模太大，光是靠走動式管理與同仁互動，無法察覺大家是否樂在工作。於是，他們想到請蘇莉與每個人面談，找出答案。

但是，蘇莉文認為問卷調查更好，於是發出「快樂問卷」，但實際填寫問卷的人遠遠不及半數。工程師覺得自己設計的問卷更好，所以公布自己的版本，還取名為「狂喜問卷」，畢竟工作愈快樂愈好，當然要以狂喜為標準。狂喜問卷聚焦在工程師的需求，例如會問20%自主時間的使用情況（其他問卷都沒問到這點）。其他技術人員當時也比較信任這份調查，畢竟這是工程師自己設計的。

2007年以前，Google 同時進行兩份問卷，但實用性有限，因為兩者的問題不同，我們無法做全公司的比較。唐娜文（Michelle Donovan；後來參與「活氧專案」）想找出更好的做法，花了一年跟工程師與業務等人合作，開發出一套問卷，不但能代表所有 Google 人心聲，而且有紮實的科學依據，也能長期追蹤評估。「Google 精神問卷」（Googlegeist）於是誕生。

不用說，「Google 精神」的名稱當然是員工票選出來的，問卷每年進行一次，對象是 Google 逾四萬名員工。我們之所以能把改變 Google 的權力交在員工手上，這份問卷是最關鍵的機制。Google 精神問卷約有100題，每題1到5分，最低「強烈不認同」，最高「強烈認同」，另外還有一些可以自由回答的問題。

我們每年調整三至五成的問題，調整內容視哪些議題比較急

迫而定,但多數問題維持不變,以便長期追蹤趨勢。問卷參與度
每年約九成。

　　我們希望大家誠實答題,因此提供保密回答與匿名回答兩種
方式。選擇保密回答,不會出現員工姓名,但會留下有助於分析
公司的其他資料,如工作據點、職銜等級、產品領域等,也就是
說,我們可以知道對方是女性主管,據點在加州聖布魯諾市,工
作內容是YouTube,但無法知道她的真實身分。唯一能看到資料
的人是Google精神問卷團隊(但他們也看不到名字),而且問卷
結果的公布方式絕對不會洩露身分。匿名回覆做得更保密,除非
受訪者主動填寫,否則完全不會有透露個人身分的資料。

　　Google精神問卷與眾不同在於,它並非由顧問所設計,而是
借重有這類專長的博士級員工,針對調查設計、組織心理等各個

Section 1: Me

The Google-wide portion of the survey is organized into four sections. This first section asks you about topics that relate to your individual experience as a Googler.

If you prefer not to answer a question, don't know the answer, or feel that the question doesn't apply to you, please select "N/A."

	Strongly disagree	Disagree	Neutral	Agree	Strongly agree	N/A
	○	○	○	○	○	○
	○	○	○	○	○	○
	○	○	○	○	○	○
	○	○	○	○	○	○
	○	○	○	○	○	○
	○	○	○	○	○	○
	○	○	○	○	○	○

0%　25%　50%　75%　100%

Click "Next" to save your answers.

2014年Google精神問卷首頁。© Google, Inc.(Credit to Google)

細節全盤研發。問卷結果不論好壞，都在一個月內與全體員工分享，並以此為基礎，來年由員工主導改善問題，提升企業文化與營運效能。每一名主管旗下只要有三位員工參與調查，便會收到一份稱為「我的精神」（MyGeist）的報告。雖然說是報告，但它其實是互動線上工具，將某團隊或部門的得分摘要整理，為主管做成個人化報告，除了閱讀，也能分享。無論團隊成員是三人還是三十幾人，主管能夠清楚知道成員的想法。滑鼠一按，主管也能選擇與誰分享報告內容，可以是直屬團隊、可以是整個部門，可以是特定的幾個人，甚至是全體員工。大部分主管會選擇與全公司分享。

　　檢討報告後，我們採取行動改善，員工看到改善，日後參與

MyGeist 2014　　　　　　　　　　　　　　　　　　　　Illustrative data

Tessa Pompa　　　　　　　　　　　　　　　　　　　　Print

Home
Overview
All Items　　　Themes

All survey items are grouped into themes. A theme score is the average score of the items within that theme. The percent favorable of each theme is compared to Google overall, your function or Product Area, and your VP or SVP where applicable. Differences from comparison scores greater than or equal to 5% are bolded here in green or red. If no data were available, or if you are the leader of the function or Product Area, a hyphen ("-") is displayed. Check the FAQ page for a description of each theme.

Org

Theme	Responses	Percent Favorable		Vs Google % Fav
Peers	2684	91	7	+6
Manager	2721	89	10 3	0
Leadership	2706	86	13 5	+5
Culture	2730	84	11 4	+9
Total Rewards	2695	82	14 4	+2
Career Development	2649	82	18 8	-1
Well-Being	2717	80	9 11	+1
Performance Management	2623	76	16 8	-2
Work/Role	2641	72	15 13	-3

2014 年「我的精神」報告一例（僅用於說明，非實際數據）。
© Google, Inc.（Credit to Google）

度更高，我們就更清楚何處需要加強。能形成如此的良性循環，是因為我們採取「預設開放」思維：每位副總只要旗下超過百人以上參與調查，報告會自動公布給全公司知道。還記得第2章提到的那位執行長嗎？他連與員工的問答內容都得事先安排，要是採用Google的做法，他恐怕會驚慌失措吧？此外，為了避免狗腿文化，員工的回覆皆不具名，而報告結果也不會用來考核主管的績效與薪酬，目的是希望員工能直言不諱，主管能敞開心胸改善問題，沒有後顧之憂。

關鍵在於，Google精神調查把重點放在成效量度（outcome measures）。多數員工調查都聚焦於參與感（engagement）[106]，但正如賽提所說：「參與感是一個虛無飄渺的概念，人資專家喜歡掛在嘴邊，但卻沒有實質意義。員工有八成參與感，這到底代表了什麼？」[xl] 根據企業主管委員會的資料，「參與感的定義為何，學界與業界並無明確答案……因場合而有不同詮釋，包括心理狀態、特徵、作風等等，可以是前因，也可能是後果。」[107] 人事的預算與投入時間有限度，調查員工參與感無助於將資源做最有效的運用。為了提高參與感，是該著重在健保、主管能力，

---

xl 就我以前擔任顧問的經驗，很多顧問會把員工參與感當成萬靈丹。他們用一張簡短問卷測量敬業度，裡頭的陳述大多如下：「有同事是我的好朋友。」「過去一週，我曾因為工作表現好而受到肯定或讚賞。」「我覺得主管與同事很重視我的個人感受。」甚至有家顧問公司聲稱，員工參與感高的企業，在各方面會有優異表現，例如：每股盈餘成長率比平均高出3.9倍；員工缺席率比平均低37%；員工流動率比平均低25%到49%；員工盜竊行為比平均低25%；安全事故比平均少49%；品質瑕疵比平均少60%。光是過去一週工作上得到讚賞，就能有這麼多好處，看起來真不賴。我的幾位人資長朋友說，他們做了員工參與感調查，卻還是不知如何改善。如果得分低，是要員工多多當好朋友，才能提高分數嗎？如果利潤低，最好的解方是多讚美員工嗎？Google的問卷調查主題有幾十種，雖然也一些也跟員工參與感有關，但不會把相關問題彙整成一份，單獨調查參與感。若是探討職涯發展、主管能力等特定領域，效果反而更好。

還是工作內容呢？答案無從得知。

　　Google精神問卷聚焦在最重要的成效變數，包括：創新（持續營造積極正面的工作環境，讓大家致力改善既有產品之餘，又能懷抱偉大願景，敢於研發）；執行（迅速推出高品質產品）；留任（留住優秀人才）。舉例來說，Google有五個指標問題能預估員工離職機率。如果某團隊對這五個指標的滿意度都低於70%，如果人力營運部門不出手解決問題，未來一年會有更多人離職。如果只有一項得分低於70%，人力營運部門會找出問題所在（但不會歸咎某個人），與團隊成員、主管合作，一起改善團隊的工作體驗。我們測量的成效變數還有許多，例如執行速度、企業文化等，最重要的是，我們希望持續推出令人驚艷的新產品，同時讓煞費苦心網羅的人才，願意繼續留下來。

　　Google精神問卷的效果顯著。我們能夠預估哪個領域的員工流失率會增加，進而採取措施，把流動率維持在低檔，不受時局好壞影響。Google人持續認為公司富有創新精神，也認為能對公司使命貢獻一己之力。拿現在與五年前相比，對於能否達成職場目標，Google人的信心程度比之前高25%；在決策速度上，Google人的滿意度比之前高出25%（規模較大的企業一旦出現官僚作風，可能會大幅拖累決策速度）；在感覺被尊重上，Google人的好感比以前高出5%（這點很難有大幅提升，畢竟部分基準分數已經超過90%）。

　　另一方面，Google精神問卷顯示，我們在幾個員工福祉相關的領域仍有進步空間。其中比較嚴重的問題是，Google人下班後還是想著工作的事。為此，我們正在努力改進。都柏林分公司想出一套稱為「夜落都柏林」（Dublin Goes Dark）的計畫，鼓勵員工六點準時下班，之後便不再上網。公司甚至還設有筆電

「繳械區」，避免大家睡前看電子郵件。這項實驗很成功，2011年原本只是人力營運部的實驗，到了2013年，都柏林辦公室全數跟進，逾兩千名員工因此受惠。愛爾蘭人力營運部主管泰蘭（Helen Tynan）指出：「我的辦公室裡放了一堆筆電，大家來繳交筆電時，七嘴八舌的，笑成一團……隔天，很多人聊說前一天晚上做了什麼事，覺得晚上的時間變長了。」

以問卷數據指引改進方向

　　Google的一些重大改變，也是拜Google精神問卷所賜。改變我們對管理階層看法的活氧專案是一例（第8章會詳盡探討），另外一例是，我們2010年大幅度修訂薪資制度，其中包括全體員工加薪一成。在此之前，Google的起薪不高，但隨著員工成家購屋，開始需要更高的薪資。我們發現員工對薪資的滿意度逐年下滑，於是及時採取行動（那年，我們也提議幫佩吉與布林加薪，從年薪1美元調到1.10美元，可惜，他們拒絕了）。

　　產品不斷推陳出新，雖然向來是Google最為人稱道之處，但從Google精神問卷可以看出，我們忽視了一些基本需求。

　　2007到2008年期間，技術類員工認為，有些工作內容雖然少了光環，卻依舊重要，並未獲得適當肯定。舉例來說，Google的程式庫無時無刻都有工程師在貢獻，同一時間內，有成千上萬人正在改變Google產品的運作方式。微小的重複與無效性容易快速累積，導致產品速度變慢、過度繁複，錯誤頻傳。

　　為了把這類問題降到最低，有必要維持程式碼的永續性與可擴張性，達到所謂的「程式碼健康」（code health）。可擴張性是科技業術語，指的是小規模的解決方案也能適用於全世界，不管是100個使用或10億個使用者，都能運作順暢。要做到程式碼健

康，必須定期研發降低複雜度的方法，簡化程式碼開發流程。從Google精神問卷可看出，我們不夠重視這方面，報酬給得不夠，只鼓勵到程式碼寫得最多的人，而不是寫得最好的人。

我們大可把維持程式碼健康設為公司整體目標，或者成立全新職位，找專人檢查其他人的程式碼。執行長也可以要求每個人下個月把重點放在程式碼健康。但是，Google精神問卷點出這個問題後，有一群工程人員自組團隊解決問題。首先，為了倡導程式碼健康的重要性，他們舉辦各種教育與宣傳活動，例如舉行科技講堂、刊登內部網路文章、寄信到高人氣的內部群組郵件論壇。他們請尤斯塔斯等技術類高階主管幫忙，不管是公開演講和郵件往返，講到績效管理與升遷事宜時，不忘提到程式碼健康。第二，這群工程師與人力營運部合作，將程式碼健康納入績效校準會議與升遷委員會的考量重點，也將相關問題列入Google精神問卷，每年檢查進度。第三，他們研發出能自動檢驗程式碼健康的工具。比方說，慕尼黑分公司的程式碼健康小組便研發出一套工具，自動檢測C++與JAVA的無效碼，讓程式跑得更快更穩。最後，這群工程師還成立獎項，表彰促進程式碼健康有功的人，讓他們有機會得到同儕與主管的肯定。

四年之後，再問工程師是否認為改善程式碼健康能獲得獎勵，大家的肯定程度提升了34%。更重要的是，工程師的生產力開始出現小幅但明顯的改善，一來是自身專案團隊的程式庫品質愈來愈好，一來是他們必須仰賴的外部系統也持續改善。

公司其他哪些地方需要改善，也定期能從Google精神問卷中看出。以業務部門為例，有一群剛加入Google的大學畢業生，以小型企業為主要客戶（如市區精品店、布魯克林區的西班牙小酒館），但他們的職涯發展滿意度出現下滑。於是他們與人

力營運部合作，在歐洲設計一項試行計劃，內容涵蓋：工作輪調、接受職能專屬的業務與產品培訓、接受兩年個人養成計畫、打造全球人脈等等。

第一批參與計畫的人，職涯發展滿意度提升18分（總分100分），留任率增加11分。試行成功後擴大實施，及於全球近八百名Google人。

Google還定期推出「速解」（quick hit）計畫，專攻特定問題。其中一個是「官僚剋星」，排除作業流程的瑣碎細節，例如，Google現在已不必用紙本收據報帳，只需把收據拍照寄出即可。另外一個是「杜絕浪費」（Waste Fix-it），旨在革除浪費金錢的日常做法，例如裝設太多印表機。我們歡迎大家提出各種建議，前提是要能造福多數同仁，也要能讓公司有辦法在兩、三個月內落實。我們在2012年收到1,310個構想，超過9萬人投票，得票數前20名的構想最後化為實際行動。其中很多都不是天大的構想，例如停止寄發紙本薪水支票；每人原本在年底都必須上倫理與遵法（ethics and compliance）課程，但因為這時大家都在忙新產品規劃，為明年度編列預算，所以改到其他時間；開發一套結構化面試工具，自動提供合適的面試問題，面試官就不會擬出奇怪的問題；在紐約、倫敦等飯店住宿成本高的大城市，提供更多商旅短租選擇。這些雖然都只是改善繁瑣的營運細節，但如果不處理，累積下來會讓公司變得笨重緩慢。

員工會全力以赴

有人會說，大規模賦權會導致企業出現無政府狀態，每個人的意見都很重要，所以只要有人舉手反對，會造成事情窒礙難行，進而形成萬人可反對、沒人可決定的工作環境。追根究柢，

企業的大小事務都需要有決策者。大規模賦權如果做得好，並不是人人無異議，而是大家以數據為依歸積極討論，讓最好的構想能夠浮出檯面，最後有了決定後，反對者就算不認同，也能了解事情的來龍去脈，尊重這項決定背後的理由。

讓員工當家作主，通常都能奏效。如果得不出結果，還有一條簡單原則：把問題提交到上一層，提出具體事實。如果他們不能決定，就再往上升一級。一直陷入僵局的問題，最終會由佩吉拍板定案。

這章都在講主管不應該戀棧權力，現在又說問題要有人定奪，似乎自打嘴巴。其實不然，決策過程有必要分出階級高低，才能夠打破僵局，這也是管理層最重要的職責之一。主管犯的錯，在於管太多。亞洲開發銀行的塞拉特（Olivier Serrat）寫道：「凡事都管等於管理不善……有些人大小事情都管，深怕組織績效不彰。主管步步下指導棋，一方面有種當家作主（或大家需要我）的錯覺，透露自己缺乏安全感，一方面也顯示他們對員工的能力沒有信心，認為同仁無法順利完成工作，無法交付工作給員工，即使員工說會負責到底，卻又中途叫他別做。」[108]

決策權應該交給組織機構的基層。塞拉特進一步說明，只有遇到「在同樣的數據與資訊之下」，資深主管會做出跟大家不一樣的決定時，才有必要把問題向上提報。

要釋放員工的創造力，企業不需要具備 Google 的規模或分析運算能力。身為主管，最能向團隊表明他在乎大家意見的方式，就是放棄地位象徵。我之前曾服務於一家五十人的小公司，營運長史密斯（Toby Smith）跟我共用一間辦公室，讓我也能有「把自己當老闆」的思維。我每天就近觀察他，學到公司的業務營運與人際溝通的學問（他每次接電話，一定滿心歡喜地跟對方

問好），也從他的工作經驗談獲益不少（買皮鞋要一次買兩雙，輪流穿才不會太早穿壞）。[xli]企業可善加利用網路上的免費調查工具（Google試算表就有內建），調查員工的感受，知道他們希望改善的地方。遇到意見特別多的員工，不妨推動小型試行計畫，讓他們知道情況比他們想像的複雜。袖手抱怨很容易，一旦實際負責執行，往往會發現難度高很多，進而修正一些極端與不切實際的觀點。

這些措施累積起來，員工更快樂，便能激發出更好的構想。要知道，你對別人有什麼期許，無論是高是低，他們通常不會辜負你。設定具體而有難度的目標（如達到九成以上的準確率），激勵更勝於含糊的加油或降低期望（如盡力就好），也更能激發優異表現。因此，對員工應該抱持高度期待。

還記得在麥肯錫工作時，我有個主管叫安德魯，要求我給客戶的市場分析報告，必須盡善盡美。但他並沒有大事小事都管，教我每一頁該怎麼寫，或說怎麼分析才對。因為有他，我們都有很高的自我要求。

1999年，麥肯錫剛開始涉足電子商務的顧問服務，有家客戶是金融公司。我草擬了一份報告給他看，但他沒審訂，只問：「我有必要檢查嗎？」我捫心自問，這份報告雖然寫得好，但他應該還是能找出改善空間。因此，我回說還可以更好，便回去進一步細部修正。第二次來找他，他又問：「我有必要檢查嗎？」我於是又回去修改。這樣來回了四次，他又問了同樣的問題，我這時才回說：「沒必要檢查。可以直接交給客戶。」

---

xli　我1994年買的兩雙牛津鞋，現在還在。

他說：「太好了，表現得很好！」他連看都沒看，就直接寄給客戶。

低期望，低收穫。七〇年代著有暢銷小說《天地一沙鷗》的理查·巴哈（Richard Bach），日後又寫下《夢幻飛行》（*Illusions*）一書，文中寫道：「為自己的侷限強力辯護，侷限自然成真。」[109] 主管不想相信員工的能力，何患無辭。其他企業的執行長聽我說 Google 人可以提名自己升遷，也能問我們執行長任何問題，最常有的反應是：這樣的經營理念雖然好，但在我們公司絕對行不通；大家會因此該做的事不做；這樣做會過不了律師那關；員工沒辦法做出正確決定（但又說員工是企業「最重要的資產」）；我喜歡有自己的停車格……

但賦權的成效有目共睹。方法不難，只要抗拒掌權帶來的誘惑與倚老賣老的衝動，每家企業都做得到。企業費盡千辛萬苦網羅人才，卻又限制他們的能力，不讓他們在職責外多發揮，難道不奇怪嗎？

想到要下放權力，主管恐怕都會心驚膽顫。畢竟，出了什麼差錯，倒楣的是主管。能當上主管，不正是因為公司認為他是最好的領導人選嗎？

我自己也覺得很難放手。但我注意到一個有趣的現象。佩吉要求包括人力營運部門在內的所有部門，每週提交前一週的工作簡要報告，僅供管理團隊參考，並不是為了評量績效。一開始，報告由我每週親自撰寫，慢慢地，我開始請其他同仁寫，由我檢查修正。後來，我乾脆請賽堤檢查，我不必看過就直接寄出。

這不過就是工作紀錄，似乎沒什麼大不了。但另一方面，這是佩吉定期得知人力營運部門近況的唯一方式，所以很重要。交由其他人寫紀錄，我放棄了一點控制權，卻多了寶貴時間，能把

心思放在其他的迫切問題，也讓賽堤有機會學習新事物。

　　許多主管都不知道，每次下放一點權責，等於給予團隊積極表現的大好機會，也讓自己有更多時間迎接全新挑戰。

　　找出員工覺得力不從心的地方，交給他們解決問題。如果執行上有限制，或時間不夠或預算有限，確實說清楚。跟員工開誠布公，讓他們有權決定小至團隊、大至整體企業的運作，他們的表現絕對會令人驚艷。

大量賦權 @Google

- 打破地位象徵。
- 看數據做決定，放下個人意見。
- 讓員工作主，決定小自個人、大至公司的工作內容。
- 對員工抱持高度期許。

第7章

績效制度

不著眼於評等和賞罰，
而是以個人成長帶動績效成長。

　　電視卡通「辛普森家庭」（*The Simpons*）的「家長會解散」
那集，春田小學的老師集體罷課，抗議薪資凍漲、文具和餐飲經
費不足。學校停課期間，學生等於是放牛吃草，有人整天打電
動，有人到處惡作劇。但就讀小二的花枝卻慌張不知所措。

　　花枝：可是，要是少了州定教綱和標準化考試，我就沒辦法
　　　　　接受更進一步的教育了。
　　媽媽：乖女兒，妳先別著急嘛！
　　花枝：別著急？茲事體大，叫我怎麼能不心急如⋯⋯如坐
　　　　　針⋯⋯慘了啦，我連成語都不會用了！
　　媽媽：妳太誇張了⋯⋯
　　幾天後，花枝愈來愈誇張。
　　花枝：你們看看我！幫我打分數，看我排第幾名！我好厲
　　　　　害，真是太聰明了！快幫我打分數！
　　媽媽：荷馬，我們家小孩讓我很操心。花枝快變成偏執狂

了。今天早上，我發現她要解剖自己的雨衣。

每個人心中都有一點點花枝的影子。小時候上學，我們照身高排隊。我們會被打分數，知道自己表現是優異、是中等，還是有待加強。再長大一點，我們在班上開始有成績排名，還會考全國性的考試，跟全國其他學生比較。我們申請大學，心中惦記著每所學校的排名。人生前二十年都在比來比去。

我們只知道比較，難怪進入職場後也營造出同樣的環境。

Google也是如此。我們希望員工知道自己的工作表現如何，績效制度雖然乍看之下錯綜複雜，但經過不斷演變，已有成效。這一路走來，我們學到一些出乎意外的課題。我們還在努力中，但我有信心我們正朝著正確的方向邁進。希望各位看完這章，能避免Google過去的一些問題與錯誤。

績效管理難，不要也罷？

現在的績效管理制度最主要的問題就是，因為濫用，反而取代了實際的管理責任。密西根州立大學心理學博士、現為頂尖人才管理顧問公司PDRI總裁的普拉克絲（Elaine Pulakos）指出：「這個問題的主因是，績效管理已經淪為正式行政體系內的固定一環，常常只是照表操課。正式的績效管理制度旨在推動……企業的日常營運，包括溝通工作期望、設定短期目標、給予持續指導等……但儘管如此，這些似乎已跟正式制度嚴重脫鉤。」[110]

換句話說，多數企業的績效管理，已成為照本宣科的制式流程，為了做而做，對精進績效卻沒有助益。員工討厭，主管不愛，甚至連人力營運部門也頭痛。

傳統的績效管理制度重過程不重目的，心機重的員工會設法

鑽營。我曾經跟一名業務主管共事過，姑且稱他小唐，我們開始進行高階主管績效與獎金評估的前三個月，他會開始到辦公室找我聊聊。每年10月，他會開始鋪陳：「今年景氣不好，但我們團隊很努力撐過難關。」到了11月，他又說：「我們家的業務比預期好，大家都很拚，沒被景氣低迷打敗。」12月，他最後端出細節：「負責小型企業的團隊有90%的成交率，他們工作超賣力，才有辦法簽下那些客戶。對了，現在想起年初設定的全年目標，實在訂得太高，根本是不可能的任務！」

我原本不覺異狀，直到有一年公司決定隔季發放績效獎金，卻沒通知到小唐，當他照常在10月出現在我辦公室，我才發覺他的把戲。老實說，他這麼費盡心思，難怪會是頂尖的業務，但這段插曲也讓我發現，績效管理制度是可以操弄的。

事實上，每個人對績效管理的現況都不滿意。人力營運協會WorldatWork與希伯森顧問公司（Sibson Consulting）調查750名資深人力營運專家後發現，58%對自家績效管理制度的評分是C或更低；只有47%覺得，績效管理制度有助於企業「達成策略目標」；只有30%認為員工對績效管理制度有信心。[111]

業界現在盛行的對策是：捨棄績效管理。

Adobe、智遊網、電腦硬體商瞻博網路（Juniper Networks）、臨時派遣人力公司凱利服務（Kelly Services）、微軟等企業，都已取消績效評比制度。Adobe的理由頗為一針見血。

Adobe人力營運長莫莉絲（Donna Morris）有次赴印度出差，接受《經濟學人》訪問，因為睡眠不足，「心浮氣躁之下」，大談她愈來愈希望取消績效考核制度。因為怕這席話在公司造成震撼彈，莫莉絲搶在報導出爐前，跟公關部門研商對策，

在企業內部網站的部落格寫了一篇文章說明。這篇文章在員工之間掀起旋風，成了公司內部網站有史以來人氣最高的文章之一，更引起公司上下熱烈討論，大家對績效考核過程都有不滿。莫莉絲指出，從大家的反應可以看出一個重點：「他們對於考核制度覺得幻滅，認為個人貢獻並未受到肯定。」莫莉絲覺得必須採取行動。

她說：「我們很快就決定取消績效考核制度，不會再有一年一度的正式書面報告。我們還決定取消績效排名和分級的做法，不讓員工覺得被貼上標籤。」

2012 年夏，Adobe 正式取消傳統的績效考核，改採即時回饋的非正式制度，稱為「想到就講」（Check-In）。[112]

從直覺判斷，這麼做兩全其美。員工不開心，那就丟掉他們討厭的制度，還不簡單！而且，讓員工即時得到回饋，總好過等了整整一年才知道表現如何吧？

但即時回饋的制度有沒有用，目前尚無具體證據。相關學術研究對於「即時」的定義各有不同，有的指「立刻」，有的卻是「幾天後」。大多數的即時回饋制度很快變成表揚大會，因為大家只喜歡說好話。此外，即時的評論能有條有理、真正促進對方改善嗎？「剛才你在會議上表現不錯」這種話，大家都會說，但相信很少人出口就能有條有理說出：「客戶身子縮回去，好像不感興趣的時候，我發現你注意到了。而且你還問他們是不是有什麼顧慮，成功吸引他們的興趣，這點做得很好。以後可以繼續注意開會時的肢體語言。」

回饋時講些含糊的好話，容易太多了。

以目標設定為起點

　　即使是員工至上的Google，績效管理制度也絕對稱不上完美。在年度Google精神問卷中，績效管理常常是滿意度最低的幾個領域之一。根據2013年初的調查，只有55%的員工肯定績效考核過程，雖然高於其他企業的30%，但還是很難看。大家對績效考核最詬病的有兩點，一是考核花太多時間，二是過程不夠透明，對公平有所疑慮。我們哪個地方做對了，使得員工對績效考核的滿意度是其他企業的近兩倍？我們又是哪個地方做錯了，讓員工還不滿意？

　　Google的績效管理制度始終以目標設定為起點。二○○○年代前幾年，Google董事杜爾（John Doerr）有鑑於英特爾使用「目標與關鍵成果」（Objectives and Key Results，OKR）考核法有成，特別建議Google使用。所謂「關鍵成果」，必須明確具體、可以衡量、可供驗證。如果成果都能做到，則表示達到當初設定的目標。舉例來說，如果目標是將搜尋品質提高某個百分比，關鍵成果一個是搜尋關連性提高（使用者覺得搜尋結果有用），一個是延遲時間（很快完成搜尋）。搜尋的品質與效率不能偏廢，否則工程師容易顧此失彼。畢竟，搜尋結果即使好到沒得挑剔，卻花了三分鐘才完成，也是枉然。快速和精準都是我們的目標。

　　我們故意把目標設得又高又遠，但自知不可能全部達成，這是因為我們認為，如果能夠達到所有目標，表示目標設得不夠積極。Google[x]團隊負責的專案包括裝有指甲大螢幕的智慧眼鏡Google Glass，也有無人駕駛車，目標都很遠大，團隊主管泰勒（Astro Teller）[xliii]這麼形容：「如果你希望車子時速50英里，沒關係，稍微改裝一下車子就行。可是如果我要求車子一加侖汽油跑

500英里，你就得重新設計了。」Google並非每個目標都那麼積極，但泰勒這番比喻很有道理。正如佩吉常說的：「目標設得誇張，就算沒達成，還是能有很好的表現。」

有鑑於此，佩吉每季初會設定公司OKR，收登高一呼之效，讓員工把個人OKR與公司大致接軌。我們不怕目標太高，只怕畫地自限。員工一旦看到公司目標，就容易衡量個人目標，如果太誇張，理由充分，就再調整。此外，員工透過內部網站，都能看到彼此的OKR，旁邊還附上個人手機號碼和辦公室據點。這麼做很重要，大家能知道其他同事與團隊的狀況；這樣也有激勵作用，有助於個人OKR與企業OKR更契合。最後，佩吉也會提出他的OKR，季末也會公布當季營運表現報告，為公司內部溝通透明化訂下模範，也為公司目標設下適當的高標準。

在設定目標這方面，學術研究證實，你我的直覺是對的：設下目標，有助於提升績效。[113]然而，花太多時間把公司上下所有的目標分層排列，卻對績效沒有幫助，[114]不但浪費時間，也無法保證所有人的工作目標一致。我們採自然淘汰，管理階層公開OKR，員工也能看到彼此的OKR，日積月累，留下適合的目標，淘汰不適合的，所有人的目標趨向一致。與企業目標嚴重脫軌的團隊，很容易被發現；而少數幾個牽涉到每個人的計畫，也能直接管理。績效管理制度在這個階段，大致沒有問題。

---

xlii Astro Teller並非泰勒原名，他本來叫Eric，但高中在加州柏克萊跟擔任物理學家的爺爺Edward Teller住了一年，頂上頭髮理得平平的，朋友覺得活像是人工草皮（AstroTurf），所以叫他Astro。

設計績效評量制度

　　2013年以前，每位Google人在每季季末會收到績效評分表。評分共41點，最低1.0點（表現糟糕），最高5.0點（表現驚人）。大致而言，評分若在3.0以下，表示工作表現偶爾或經常低於預期；3.0到3.4之間，表示工作表現符合預期；3.5到3.9之間，代表優於預期；4.0到4.4之間，「大幅優於預期」；4.4到4.9之間，「工作表現近乎驚人」；5.0，「表現驚人」。大家平均分數落在3.3到3.4之間。如果連續幾季平均得分在3.7以上，通常會被升遷。這樣的績效評分並沒有顛覆傳統之處。

　　學界對於績效評分的效果尚無定論。[115]沒有明確證據顯示，評分表分成3點、5點、10點還是50點，會有不同的結果。Google之所以採41點，主要是因為軟體工程背景使然。能分出誰該得3.3點，誰又該得3.4點，對實事求是的工程師是一件大快人心的事。累積許多季的記錄後，更能進一步算出表現3.325與3.350的差別。既然已經算到小數點第3位，我們的評分制度實際上等於有4001個點距！我們訂出一套錯綜複雜的公式，為考核的公平把關，只要你的評等只比別人高出一丁點，也能獲得小幅加薪。但這個公式卻形同虛設。我們花了這麼多時間評比，但到了決定加薪或績效獎金的時候，主管與後續審查官常常不參考，每三次就有兩次會更改金額。主管每季花了數千個小時進行員工績效考核，雖然很精準，卻無法忠實反應在薪酬上。

　　每年四次的績效評量也是相同狀況。當初會採這種做法，一來是因為那幾年公司成長快速，我們對員工的工作進展必須善盡管理之責，一來也因為，我們希望評等結果盡可能貼近現實，沒有時間上的落差。但影響所及，我們在績效評等的核定、校準

（下幾頁有詳盡介紹）、溝通上，每年最多會花上24週的時間。有些主管喜歡頻繁的績效考核，認為這樣有助於掌握員工表現，如果突然變差就能及時察覺。但這只能看成是輔助工具。即使沒有考核，公司並沒有限制主管去關心工作表現出狀況的人。再說，考核五萬名員工，只為了找出差強人意的五百人，似乎不符合經濟效益。

2013年一整年，我們幾乎都在研究更好的做法。列入考慮的替代方案五花八門，例如：取消職銜等級；設立八百種職銜等級，這樣每個人幾乎每季都能升遷，有助於提振士氣；考核可分每年、每季、每月或即時進行；評等制度可以採3點或50點。我們還爭辯過，該不該以數字或符號代替每個績效評等，甚至想過採用沒有意義的符號，避免大家太在意評等高低。我甚至也建議過幾個，例如水行俠（Aquaman）、紅三角、芒果等等。

用沒有意義的名稱取代評等標籤，目的是希望大家忘記評等。當然，大家最後還是會自行評斷每個名稱的等級高低。比方說，人家最先可能會假設水行俠是最低的層級，因為他好像每次都比不過其他更酷的超級英雄。我們籌組指導委員會、諮詢委員會，甚至把一些問題訴諸員工投票表決。最後得出三個心得：

1. 凝聚共識有如不可能的任務。在缺乏明確證據之下，公說公有理，婆說婆有理，每種說法都有一群擁護者。諸如績效該分五等還是六等這類問題，大家都堅持己見。就連要修訂最不受歡迎的營運流程，也找不出皆大歡喜的解方。看樣子，即使很多人不喜歡目前的制度，但他們更討厭其他替代方案！

2. 大家對績效管理的議題很重視。舉個例子，我們曾經詢

STRONGLY EXCEEDS MANGO

Google人寇恩（Paul Cowan）依據我的建議繪製此圖，圖中文字意為「遠遠勝過芒果」。© Google, Inc.（Credit to Paul Cowan）

問大家應該如何為績效等級定名，有超過4,200人投票。大家最明顯的心聲是，定名應該清楚正式，不該故意搞俏皮。

3. 多方嘗試很重要。在缺乏外部證據的情況下，我們只好自行研究，與各部門的主管合作，協助他們測試構想是否可行。舉YouTube為例，他們嘗試不把員工分成不同考核等級，而是照工作成效排名，結果發現，兩個並列工作成效最高的人，其中一個是中階員工，後來拿到YouTube發過股數數一數二的員工認股權。雖然這份獎勵並不公開，但每個人都知道公司不會死守固定的考核級

別與薪酬獎勵。[xliii] 在其他工作環節，我們也試過以5個績效分級取代41點評等制度，結果發現，主管在某些評量上的認同度提高20%。

要找出完善的績效管理制度，人力營運部門的辛苦不足為外人道矣。人力營運部門做的雖然不是攸關生死的工作，但做得不好，員工罵的罵、哭的哭，還有人為此差點離職。Google面臨的考驗是：因為給予員工高度自主權、因為凡事以數據為依歸、也因為大家都講究公平與互重，因此改變制度難上加難。我們接觸的每個團隊，都對既有制度感到力不從心，卻又不肯嘗試新的做法。光是YouTube部門，就有十幾種考核制度的構想要試驗。人力營運部門在推動改變的過程中，展現出無比的毅力、見識、用心，我深感驕傲；與我們合作的團隊，願意放下Google十五年的傳統，嘗試新的做法，我也非常感激。

經過多次試驗後，我們在2013年初不再進行每季考核，改採每半年考核一次。過程中大家偶有怨言，但阻力不大。考核占用的時間立刻省下一半。

從41點到5級

2013年底，我們以6,200名Google人為對象（將近公司總人數的15%），採行5級考核制，包括：需要改進、持續符合預期、優於預期、大幅優於預期、優異。新的分級跟先前做法雷同，但細項更少。

---

xliii 這讓人想到尤斯塔斯常說的：一流工程師的價值起碼是一般工程師的三百倍；在傳統的績效制度和薪酬制度共同作用下，員工的薪酬高低看的是階級，而不是貢獻。

我們師法醫學的最高原則：先求無害，再求有效（First, do no harm）。有鑑於這是我們第一次調整考核制度，我們的目標很簡單，只要滿意度、公平性、效率能達到之前水準即可。執行之初，想必會有質疑的聲音，例如有人會說：「什麼？我的考績不是3.8？我之前拚了命才拿到3.8的！」但我們的想法是，一旦克服開始的陣痛期，不必再為0.1的考績分數天人交戰，不但省下時間，主管也必須與員工有更深度的溝通，而不是單純地說句：「你的評分這一季上升0.1。做得很棒，繼續加油！」

令我們感到欣慰的是，即使少了「精準」，但無損於效果。我們將這批員工與仍適用41點考績制的員工比較，詢問大家以下問題：

- 是否能確實找出表現不佳者？
- 是否能找出值得升遷的人？
- 雙方的討論是否有實質效果？
- 考核過程公平嗎？

結果發現，新制度的效果完全不輸舊制度。花了這麼多力氣，得到同樣的結果，表面上似乎得不償失，我卻覺得是一大成功。還沒執行前，有些員工擔心新制度不如41點考績制的精準，考核結果的參考價值會因此降低。但從Google問卷調查回覆可看出，我們一直以來的懷疑是正確的，說考核分41點比較精準，只不過是自我感覺良好。

大多數Google人都承認，許多評等根本分不出0.1的差別。比方說，大家對3.1與3.2的表現有何不同，並沒有固定的共識。正如Google人力創新實驗室成員賀絲（Megan Huth）說的：「影

響所及，評等結果可能既不可靠又不準確。同一個人，同樣的表現，卻因為考核人或校準小組的不同，可能得到3.2，也可能是3.3，造成結果出現誤差。另外，如果他得3.3，但其實只有3.2的實力，那表示這次考核失準，沒有反映現實。」

保留誤差空間，反而更公允

正確的做法應該如賀絲所說：「留點模糊地帶。」舉個例，應該跟員工說：「小金，你的表現介在3.3到3.5之間。」但之前並非如此。主管看到員工的考績分數，會自動詮釋背後的意義。例如，某員工從3.3上升到3.5，那一定是他有進步，但其實有可能表現跟之前一樣。試想分數如果下滑，會造成多嚴重的誤解，該員工被貼上退步的罪名，但其實都是考核誤差的錯。

考績新制還出現一個有趣現象。參與測試的6,200名員工，分布於8個不同團隊，但有3隊（總人數超過1,000人）決定更進一步，再把5個考核級別往下細分。比方說，有一組團隊將每個級別再下分3個小項，表現優異的員工可分為「高度優異」、「中度優異」、「低度優異」。右頁圖表為該團隊的考核級別分布圖，但我將所有子項統整成5個級別，方便各位比較兩者差別。A組維持5個級別，B組總共有15個。

B組的考核級別增多，希望能更精準細分出大家的表現，但結果剛好相反，區分效果比A組低很多。A組有5%的人達到「優異」級別，B組卻只有一人。但問題是，這些團隊的整體表現大同小異，對Google的貢獻程度差不多，也沒有哪個團隊人才比較好的問題。純粹是考核級別變多後，B組不知不覺成為幾乎找不到表現優異的員工。原本應列入優異級別的人，有八成都被刷了下來。

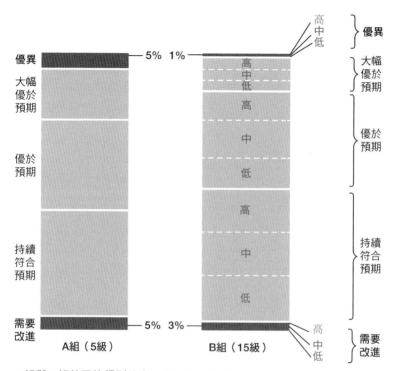

A組與B組的平均級別分布。（Credit to Google）

　　各位讀到本書的此刻，Google應已全面採用5級考核制。截至2013年底，這項新制度還屬於實驗性質。但初期結果很正面。首先，員工得到的回饋更為具體而豐富，不必再為3.2和3.3有何差異覺得不明究理。第二，考核新制的分布範圍較寬。級別減少了，主管更可能把員工分到最高和最低的兩個級別。雖然學界研究對於考核級別制度尚無定論，且Google人對新制的反應中立，我們認為光是上述兩個理由，就能顯示分5級的好處多於廣設級別。

實施到2014年中，我們看到更多正面結果。我們深信，工作領域不同，影響他人的機會也不同。工程師研發出新產品，可能造福一百人或十億人；反觀召募專員，就算再怎麼拚，工作時間終究有限，沒辦法影響到十億人。因此，人力營運部門不再建議各團隊的評等分布，結果公司內部出現四種不同的評等模式，反而更忠實反映各個團隊與成員的績效特性。

我們還觀察到，主管動用到最高或最低評等級別的次數增加一倍。表現優異的人數比例增加，更能反映他們的實際績效（理由請見第10章）；落在最低級別的人也增加了，所以不會覺得特別難堪，主管更容易跟他們有深入的懇談，協助他們改進。

經過多方討論，大家的疑慮也平息之後，我們淘汰掉不精準又浪費資源的舊制度，考核新制的運用更簡單、效果更準確，校準級別的時間也跟以前差不多。雖然大家對新制還有爭論和疑慮，但我們已在逐步解決，目前觀察到的現象是，大家對新制愈自在，就愈能感受到它的好處。

本章與各位分享Google的考核制度，有點類似推出測試版的意味，雖然還有瑕疵，稱不上完美，但已能實際運用，未來也極可能勝過其他企業的做法。

Google人雖然對考核級別耿耿於懷，但級別多寡其實並不是重點，只要不是15個以上就好，要3個還是6個都沒關係，各位可以試試，我不會說出去的。

績效校準為公平把關

簡化績效級別雖然重要，但績效校準才是考核制度的靈魂所在。或許可以說，少了績效校準，考核過程的公平性、信賴感與效果會大打折扣。Google的考核制度得到員工的認同度是其他企

業的一倍，我覺得績效校準是最大的原因。

　　那麼，何謂績效校準呢？Google的考績制度之所以與眾不同，是因為直屬主管無法單獨決定員工績效高低。主管會先給予評等建議，以表現「優於預期」為例，代表該員工達到OKR，但工作表現卻受到內外因素所干擾，內部因素如面試數量較多，無法控制的外部因素則如景氣變差，衝擊到廣告營收。[xliv] 主管做完員工評等後，必須與其他主管共同評估旗下每位員工的評等建議，才能定案，此過程稱為績效校準。

　　因為校準績效，考核過程多了一個步驟，卻是做到公平公正的重要環節。帶領類似性質團隊的主管，彼此比較員工的績效評等，再一起考核所有員工，具體做法如下：5到10位主管開會，列出旗下員工名單（人數50至1,000人不等），逐一討論每個員工的表現，針對評等達成共識。有了校準過程，主管就不會有拉高某某人評等的壓力，也能將每個主管的期望值趨於一致，畢竟每個人對於旗下員工都有不同期望，對於績效標準亦有自己一套詮釋，這個道理就好像學校老師改分數一樣，有人嚴有人鬆。校準過程讓主管不得不說明自己的決定，因此降低先入為主的影響。員工也更能認同考績的公平性。[117]

　　績效校準的作用類似於面試官事後參考彼此紀錄。兩者的目標一樣，都是要破除個人偏見。即使是小公司，如果考績不仰賴主管的個人意見，而取決於小組討論，不但績效管理更有成效，員工也會更快樂。

　　但即使主管聚在一起校準績效，有時不知不覺還是會犯錯。

---

xliv　這點很重要。OKR會影響績效評等，但不是決定因素。

近期偏誤（recency bias）就是一例。這個現象是指，我們對最近發生的事印象最深刻。如果我這週才剛跟某某人開會，對方表現很好，我現在參與績效校準會議，他正是考核的對象之一，但因為我下意識想到最近跟他的正面互動，所以可能會給他更好的評價。為此，我們在開會前通常會發一份講義，提醒大家考核常見的錯誤與解決之道。

提醒考核時可能犯的毛病，是每次校準會議的第一步。就我個人參與校準會議的觀察，只要請與會主管留意這些現象，即使只是幾分鐘的時間，就足以導正許多偏見。這麼做對企業文化也有幫助，讓大家在言行上更小心防範偏見。現在偶爾會聽到校準會議中有人打斷討論，說：「等等，這是犯了近期偏誤的毛病。我們應該要考量全部期間的表現，不是只有上週。」

各位可以發現，Google 即使已減少考績頻率，也簡化了評等級別，但還是投入大量時間在績效校準上。幫員工打評等建議，可能只要10到30分鐘，在績效管理評分表上打幾個勾就好，但校準會議可能一開就超過3個小時。過程中不會每個員工都討論，主管也會花點時間統一彼此標準，找出有哪些員工是兩個以上主管都認識的，以他們當成考核的基準點。各主管也會分析不同團隊的評等分布，目的不是要做到大家統一，而是希望了解為何有些團隊有不同的分布。比方說，某團隊的實力或許真的優於另一隊，這時會再詳細討論表現異常的員工，這些人可能是突然大幅進步或退步，可能是表現大好大壞，也可能是評等落在最高或最低。

現在很多企業陸續取消績效評等，Google 為何堅持不變？我覺得公平公正是一大關鍵。績效考核制度化繁為簡，方便主管在決定員工的薪酬與升遷。身為員工，我希望收到公平待遇。我不

認知偏誤校準要點

認知偏誤／團體動態	定義	Example
尖角效應（horns effect）與月暈效應（halo effect）	對一個人有好印象（月暈效應）或壞印象（尖角效應），於是覺得他做其他事亦是如此。	
新近效應（recency effect）	只記得某人最近的幾件事，而以偏概全。	
基本歸因偏誤（fundamental attribution error）	過度聚焦一個人的「能力」，沒考量到影響他工作表現的環境因素。反之亦然。	
集中趨勢（central tendency）	評等往中位數靠近，評估保守行事。	
現成偏誤（availability bias）	把容易想到的偶發事件誤以為經常發生。	

考評常見偏誤講義片段。績效校準會議前發放參考。© Google, Inc.（Credit to Google）

介意別人的薪酬高過我，只要他們比我更有貢獻，錢拿多一點天經地義。但如果我們兩個人做的事都一樣，他卻拿得比我多，我一定很不甘心。有了公平公正的考核制度，員工就不怕有同工不同酬的問題。而且要是有人表現特別傑出，不只直屬主管知道，績效校準會議的其他主管也會注意到，進而凝聚共識，建立起一套統一標準，推廣到全公司。拜考核制度之賜，員工轉調也更為方便。主管看到新同仁的績效評等是「大幅優於預期」，不管他是Chrome、Google眼鏡，還是業務團隊轉調來的，對他的

能力都可以有十足信心。員工也對升遷管道有信心，知道只要表現好，不必靠手段也能往上爬。小型團隊並沒有必要建置考核制度，因為大家都知道彼此的表現。但如果團隊規模超過幾百人，員工會希望有一套可靠的考核制度，對主管單獨決定反而不放心。原因倒不是主管有心機或有偏見，而是加入績效校準的考核過程，能主動消弭主管的個人因素。

破除考績執迷，更樂於學習

公平公正的考核制度雖然好處多多，但不是萬靈丹。主管除了應該告知員工他們的表現之外，也要教他們如何進步。但是這兩件事，怎麼讓他們知道最好呢？

答案是：把兩者分開進行！

內在動機是個人成長的關鍵，卻容易被傳統的績效管理制度抹殺。每個人都想求進步，傳統的學徒制正是建立在這個概念。毫無經驗的學徒充滿學習欲望，身邊有師傅教導，學習效果最好。還記得第一次騎腳踏車、游泳、開車嗎？精通某件事、達成某個目標的成就感，是我們再接再厲的絕佳動力。

但一旦加入外在動機（如升遷或加薪），學習的意願和能力就會下滑。1971年，羅徹斯特大學的戴希（Edward Deci）與萊恩（Richard Ryan）兩位教授找來一群受試者，[118]發給每個人7塊不規則塑膠積木，說可以拼出「幾百萬個形狀」。實驗共3個小時，每次一小時，受試者依照參考圖形拼出4種形狀。如果過了13分鐘還拼不出一個，實驗人員會進來指導，證實圖片裡的形狀是拼得出來的。受試者右側有其他形狀的圖形，左側則擺放了最新一期的《紐約客》、《時代周刊》、《花花公子》。實驗人員跟著坐在實驗室裡，但在每個小時內會找個機會離開8分鐘。他們對受

試者說：「我只會離開幾分鐘，你要做什麼都可以。」但其實這才是真正的實驗。我們想知道，受試者在無人監督下，還會繼續拼積木嗎？

在前兩次自由時間，控制組分別花了3分半左右拼積木（分別為213秒與205秒），在最後一個自由時間，則是花了4分鐘（241秒）。實驗組在第一個空檔平均又拼了4分鐘（248秒），但在第2個小時開始之前，實驗人員跟他們說，拼對一個圖形就能獲得1美元。有了額外的誘因，他們這次花了5分鐘以上嘗試（313秒），比第一個小時多出26%。第3個小時開始前，實驗人員又說，獎金只夠發一輪，所以這次沒有獎金可拿。結果他們花的時間降到3分半以下（198秒），比第一輪少20%，又比付錢的第2輪少37%。

雖然這只是早期的小型研究，卻讓人見識到誘因的力量，以及剝奪誘因的效果。戴希與萊恩最後的結論是，一旦有了外在報酬，大家的內在動機減弱，開始以不同的角度看待工作。兩人的後續實驗還顯示，內在動機不但能提升工作表現，對個人也有好處，讓人活力加分、自尊心提高、生活更美好。[119] 願意給員工更多自主權的企業，等於提供員工追求進步的內在動機，而有了內在動機，員工會覺得發揮空間更大，更有實力。

主管找來員工告知考核結果與薪酬決定時，亦會出現類似現象。聽到要加薪、評等更上一級，對方變得只專注在這些外在獎勵，學習心態就此中斷。我的團隊以前有個員工叫山姆（化名），他每一季只在乎自己的績效評等。評等有進步，他不管為什麼會進步，也不在乎哪方面做得好，可以再接再厲；但評等如果持平或下降，他會說我的資料不齊全，評估有誤。我有時被他煩得筋疲力竭，最後爭辯不過，只好給他更高的評等。很丟臉沒

錯，但我知道有些主管也會犯這種錯誤。

員工當然可以使出渾身解數爭取評等。主管考核員工績效，必須公平公正，公司才能運作順暢；員工拿出良好表現，與主管爭取績效評等，也是合情合理，只要不把主管逼到抓狂就好。反正從員工的角度來看，提高評等對主管並沒什麼損失，頂多是做人稍微沒原則，但員工卻有更多錢可拿，在職場上得到更多機會。員工可以花幾個小時想說詞，但主管要評的員工不只一人，沒辦法個個都備妥一套解釋。此外，主管掌握的資訊絕對沒有員工多，畢竟他又不是整天觀察該員工。只要績效評等涉及薪酬、職場機會，每個員工都有在評等制度上鑽營的誘因。

就算員工不爭不吵，主管心裡其實也有成見。長島大學教授白樂芙（Maura Belliveau）曾做過一項研究，[120] 請184名經理人給一群員工加薪。結果拿到加薪的員工跟績效評等吻合。第二次，公司跟這些經理人說財務吃緊，所以加薪預算有限，但每個經理人分配到的預算金額一樣。結果，男性員工拿到加薪總金額的71%，而女性員工只拿到29%，但其實兩者的評等分布一模一樣。經理人中有男有女，加薪卻偏重男性員工，因為他們覺得跟大家解釋公司業績後，女性員工比較能夠釋懷，但男性員工會據理力爭。經理人怕跟男性員工溝通時氣氛太糟，所以選擇幫他們加薪。

那麼，Google怎麼做？方法簡單到我不好意思說。

考核討論與薪酬討論分開進行就好了！主管11月跟員工談年度考核結果，12月討論薪酬。每個Google人都有機會拿到員工認股權的獎勵，但又會再遞延半年才決議。

正如賽堤所說，「傳統的績效管理制度犯了一個大錯，那就是把績效考核和員工發展綁在一起，但其實兩者應該徹底分開才

對。加薪、分紅等企業資源有限，所以需要有考核制度，但員工發展也一樣重要，大家才能持續精進。」[121] 企業如果希望員工進步，就不該把兩件事擺在同時期討論。員工發展應該是主管與員工經常溝通的話題，而不是等到年底才談。

善用同儕回饋

第5章提到，我們在召募過程中講究眾人的回饋，因此能網羅到最適合的人選。同理也適用於員工的輔導與考核。[122] 再舉上文提到的員工山姆為例。我只看到他工作的一部分，所以他確實能說我沒有全盤了解他的表現。但山姆也有拍我馬屁的強烈動機，或是把自己的表現說得天花亂墜，甚至貶低同事的成績，凸顯自己很厲害。這些山姆也全都做了，所以我根本無法徹底了解他的工作表現。

但山姆的真實面貌都看在同儕眼裡。大家覺得他愛算計又好鬥，喜歡欺負人。我能知道他們的心聲，是因為Google人每年除了收到主管的回饋單，還需要接受同儕的評量。到了年度考核時，員工與主管會列出同儕評量人名單，人選也包含後輩。

同儕回饋的影響強大。舉個主管的例子，他向來謹言慎行，不願討論不是他專業領域的議題，但有一年收到同儕的回饋，說：「你每次發言都言之有物，貢獻價值。」幾年後他跟我提到，他當初深受這句話的激勵，漸漸在團隊裡互動更加活躍。雖然之前主管就曾要他多發言，但從同儕得到的回饋意義更大。

2013年，我們也嘗試把同儕回饋的標準問題訂得更細。之前好幾年都採同一格式：列出某人表現傑出的五件事，和有進步空間的五件事。我們現在則只問某人哪件事做得很好，值得再接再厲，哪件事可以改變做法，發揮更多影響。我們的邏輯是，如果

只需要專注於一件事，大家更有機會做更實質的改變。

　　我們以前會請每個人列出過去一年的成就，無論大小都寫在空白欄裡。現在則是要大家列出專案名稱、他們在專案裡的職責、最後有何成就，長度不能超過512個字元。[123]因為我們認為，如果同儕評量人這樣看了還不能了解，表示他們對這個專案不熟，變成只是在看對方的大概表現而已，並非評量實際的工作內容。同儕評量人接著指出對該專案的熟悉程度、對方對專案的影響程度，並加入自己的評論。日積月累下，我們大致能知道哪些同儕評量人的評估比較可靠，一如了解面試官的識人能力。此外，Google人隨時都能請同儕針對特定專案提供回饋，不必整年只找一天進行。

　　為了讓員工與主管的績效討論更有幫助，我們研擬出一張講

同儕回饋範本摘錄。© Google, Inc.（Credit to Google）

Performance & development discussion guide for managers

This guide provides a framework to help you prepare and think through performance and development conversations with your team. You can use this guide whether you're holding a full review (e.g., discussing peer feedback and your written manager assessment) or a mid-year check in (e.g., sharing the most recent rating).

Development conversations as part of the official Perf review cycles are just one opportunity for you to connect with your Googlers. Sharing feedback and discussing how they can grow is an ongoing part of your role as a manager. You can also use this framework to structure performance and development conversations that you hold throughout the year, building upon past discussions.

Key areas to cover:

Getting started
1. Overall performance
2. What to keep doing & next steps
3. What to improve on & next steps
4. [optional] Longer-term goals
5. Recap

Additional resources:
- *You may find it helpful to leverage this tracking sheet as you compile information for each individual, and/or this worksheet to share directly with your Googler*
- *We have also shared this conversation guide with Googlers to help them prepare for these discussions*

Getting started

Before you dive in, ensure the goals of the conversation are clear - are you discussing a full review incl. peer feedback, are you discussing the last 6 months and the related perf rating, or are you checking in mid cycle?

What to cover:	Things to consider:
<ul><li>Articulate the goal and structure of the conversation</li><li>Have examples ready to enrich the discussion</li><li>Ask questions and encourage your Googler to speak openly</li></ul>	<ul><li>Past development conversations with your Googler</li><li>How does your Googler best receive and integrate feedback? If you feel unsure, this could be something to discuss</li><li>Think about and combat any potential biases - the checklists at go/bbPerf will help</li></ul>

主管考評討論指南摘錄。© Google, Inc.（Credit to Google）

義供大家參考，讓溝通內容更聚焦、更具體。講義發給員工只是
謹慎起見；我們希望主管該討論到的都能討論，但要是方向偏
了，員工就能有引導的作用。

　　幾個小小改變，就對考評制度有全面而深遠的影響，我不但
很驚訝，甚至有點不好意思承認，畢竟我本來不就應該懂這些

事嗎？使用更具體的範本，撰寫考核表的時間因此減少27%，而Google史上頭一遭，同儕評量人當中有75%覺得這個做法很有幫助，比前年上升26個百分點（最高為100）。使用評量討論指南跟主管溝通的人，覺得對談很有幫助，認同度比沒依照指南討論的人上升14個百分點。有位熱情的Google人寫道：「天啊，這個版本未免太方便了，省下很多時間。謝謝你讓我在9月又能過正常生活！」

這些實驗不但讓我們人力部門更有信心，員工也覺得有公信力，因此我們2014年正式在全公司推廣。執行至今，Google人更快樂了。有80%的人認為花時間提供回饋很值得，比兩年前增加50%。雖然還不完美，但已有大幅改進。

考核後的升遷

在多數企業裡，績效評等夠高就能晉升，通常由主管做決定，或者是調到其他部門，得到更響亮的頭銜。Google卻不是這麼做。就如績效評等的決定一樣，某員工能否升遷，也由委員會決定。委員會審查提名人選，而且為了公平公正，以過去幾年晉升人員和一套明確標準為基準，進行比較。

當然，Google如果不借重群體智慧，就不叫Google了。送交給審查委員會的技術類員工提名資料，絕對少不了同儕回饋。

還有一點跟其他企業不一樣。工程部與產品經理部的員工可以自己提名自己。[xlv]我們發現有個令人玩味的現象，女性員工比較不會提名自己為晉升人選，但如果真的做了，成功晉升的比率略高於男性員工。這個現象似乎跟學生在教室裡的表現有關：老師問大家問題，男生通常先舉手再說，什麼問題都搶著回答；女生其實答對率跟男生差不多，甚至更高，但往往心中確實有答案

才會舉手。[124]

我們還發現，只要一點小小的暗示（例如尤斯塔斯寄給所有技術類員工一封電子郵件，說明上述的研究發現），女性員工提名自己的比例就會與男性並駕齊驅。他最新寫了一封信，分享以性別與職級分類的內部晉升數據，以下是我最喜歡的幾段：

> Google鼓勵女性員工提名自己晉升的努力有目共睹，在此跟各位報告最新進展。這個議題很重要，更是我個人相當在意的事。凡是有晉升實力的Google人，公司都歡迎你提名自己，主管這時扮演重要的角色，務必讓員工知道這是自己的權利……看似微不足道的成見，不管是對己對人，久而久之會根深蒂固，必須費一番苦心才能克服……我們也檢視了過去三輪的升遷資料，希望找出任何長期的落差……我將繼續跟各位分享數據，針對這個議題做到透明開放，讓這股正面動力源源不絕。

> 撇開性別不談，當然不是每個人都能成功升遷。這時審查委員會提供回饋，指導當事人如何改進，提高下次升遷成功的機會。這個做法看似理所當然，但實際做到的企業少之又少。由於Google的規模龐大，審查委員會的工程師多達好幾百人，每一輪的晉升過程很可能要花兩、三天。我們發現，或許是晉升委員會

---

xlv　我有些好友從事業務工作，但我必須老實說，業務人員對晉升的興趣比工程人員高出許多。非工程人員可能會覺得奇怪，但Google大部分的工程師完全不在乎職級與地位，對他們來說，工作有不有趣才是重點。非技術類員工有時很在意能不能往上爬，但技術類員工卻不會。我上次跟幾位業務主管討論到自我提名的機制，大家都擔心這樣會廣開大門，導致員工紛紛提名自己。但我反駁說，經過兩、三輪有建設性的回饋後，員工會知道自己為何最後沒晉升，屆時大家冷靜下來，這個機制就能開始奏效。我現在還沒百分之百說動他們，但會繼續努力！

由眾人組成、決議所耗費的時間、委員會沒有做出不當決定的誘因，工程師比其他員工更覺得晉升過程公平公正。

新希望

跟 Google 一樣投入大量時間在績效管理與升遷評核的組織機構，我只看過大專院校與合夥企業。在學校裡晉升成為終身職教授，在合夥企業裡晉升成為合夥人，就好像正式成為大家庭的一份子。在向當事人做出長期承諾前，審查特別謹慎。

我們對考核過程的嚴謹是出於必要。過去五年，Google 的營收與員工人數每年約成長兩、三成。徵才時，我們竭盡所能網羅肯自發學習的人；等他們進了公司後，更不遺餘力協助他們進步再進步。對我們而言，員工發展並不是奢侈品，而是在市場生存的不二法門。我們一路走來，不斷調整觀念，但核心思想相信值得所有企業參考。

首先，要做好目標設定。勾勒目標時要有雄心，設定好後要讓大家知道。

第二，同儕回饋。有許多相關線上工具可用，例如 Google 試算表能建立調查表與蒐集結果（請上網搜尋「Google 表單」）。員工不喜歡被貼上標籤，除非標籤寫他是優異員工。但大家都喜歡公司提供有用資訊，藉此提高工作成效。多半公司會貼標籤，卻不擅長提供有用資訊。每家企業都有考績制度，主要想分出員工高下，方便發放獎勵，但很少企業能以相同的嚴謹心態，執行員工發展機制。

第三，考核制度應有績效校準的環節。我們的做法是請主管一起審核。這樣做雖然會花更多時間，卻能保障評估與決策的過程更公平公正。而且讓大家有機會互動交流，加深 Google 的信

念，何樂而不為。如果員工人數在一萬人以下，面對面會議是最有效率的溝通方式，超過這個人數，勢必要有很多會議室才行得通。我們雖然人數已經超過五萬人，還是堅持面對面會議的原則，因為這樣對員工有益無害。

第四，薪酬獎勵與員工發展必須分開討論。兩者綁在一起，會扼殺學習心態。無論企業規模是大是小，這個道理都成立。

績效管理的其他環節如績效評級多寡、評等以數字還是文字代表、考績的頻率，是透過網路還是書面進行……都不是重點。經過長時間實驗，我們找到適合自己的評等分級與週期，但能否說是最好的做法，目前還沒有外部證據。因此，我認為不必擔心這些環節，除非各位是想做同樣的實驗，看能否得出不一樣的結果。

真正值得花心思的是：建立一套公平的考核與校準機制，並積極協助員工精進表現。再回到「辛普森家庭」的比喻，每個人心中都有一個花枝，想要做到最好，希望有人幫她的表現打分數。她渴望進步，就差沒人教她。

績效管理要點 @Google

- 做好目標設定。
- 建立同儕回饋制度。
- 透過績效校準完成考核。
- 薪酬獎勵與員工發展分開討論。

第8章

雙尾理論

頂尖員工與墊底員工,都是企業成長的寶藏。

任何團隊都有「雙尾」。凡是能測量的人事物,都會呈現某種形式的分布趨勢,或由低而高,或從小到大,或自近而遠。還記得小時候老師會叫我們照身高排排站嗎?我每次都是最高的那幾個,所以很容易分辨。班上有三十個人,高個子大概三、四個,會自動走到隊伍最右邊。幾個矮個子的同學,會主動排在隊伍左邊。剩下二十幾個同學,身高只差個一、兩吋,擠在中間慢吞吞地按高矮排好。

沒想到早在百年、甚至更久以前,老師就喜歡叫學生排排站了。1914年,康乃狄克學院有位老師叫布萊斯理,請學生自己按身高排隊。就跟各位以前的經驗一樣,大多數學生最後都湊在中間,幾個最高跟最矮的分別站在兩端。大學生身高從4呎10吋到6呎2吋都有,明顯可看出大多數人分布在中間。

所謂「雙尾」是指排在最左跟最右的學生,以右圖來說,左邊是5呎4吋以下,右邊是5呎11吋以上,分別是這群學生的最低10%與最高10%。

Number of individuals in each rank	1	0	0	1	5	7	7	22	25	26	27	17	11	17	4	4	1
Heights in feet and inches to which ranks correspond	4:10	4:11	5.0	5:1	5:2	5:3	5:4	5:5	5:6	5:7	5:8	5:9	5:10	5:11	6:0	6:1	6:2

由175位男大生排出的直方圖。[125]資料來源：Archives & Special Collections at the Thomas J. Dodd Research Center, University of Connecticut Libraries 提供。

4.10" 4.11" 5.0" 5.1" 5.2" 5.3" 5.4" 5.5" 5.6" 5.7" 5.8" 5.9" 5.10" 5.11" 6.0" 6.1" 6.2"

學生身高呈現常態分布，「雙尾」代表最低與最高的身高。資料來源：Archives & Special Collections at the Thomas J. Dodd Research Center, University of Connecticut Libraries 提供。

　　分布是數據排列出來的結果。身高剛好是最能表現常態分布的數據。常態分布因為形狀如鐘，故又稱為鐘形曲線，也因為1809年出現在數學家高斯的論文，所以也稱為高斯分布。[127]

　　學術圈與業界常喜歡引用常態分布，因為它可以說明很多現

請Google人排排站,大家的身高也有雙尾。[xlvi]（Credit to Tessa Pompa）

象,包括身高、體重、內外向、樹幹寬度、雪花大小、公路行車速度、製程中的瑕疵率、客服電話撥打進來的數量,不勝枚舉。更妙的是,凡是符合常態分布的事物,都有一個平均數與標準差,可以用來預測未來趨勢。標準差指的是量測樣本的變異程度。例如,美國女性平均身高為5呎4吋,[128]標準差接近3吋。也就是說,68%的女性身高介於5呎1吋與5呎7吋之間。但這只是一個標準差。95%的人身高都介於上下兩個標準差之間,亦即最低4呎10吋,最高5呎10吋。99.7%的人則距離平均數上下不超過3個標準差,介於4呎6吋與最高6呎2吋之間。看看辦公室同事或街坊鄰居,大概不脫這個趨勢(美國男性平均身高為5呎10吋,上下每個標準差約3吋。布萊斯理的照片裡,大家平均身高約5呎7吋,但過去一百年來,美國人營養愈來愈好,身高也有顯著成長)。

常態分布的優點也是缺點。雖然運用方便,表面上也能用來說明許多不同現象,但有時卻遭人誤用而未能指出實際情況。常態分布嚴重低估的情況包括:重大天災與經濟活動的頻率(如

xlvi 大家比我想像得更樂在其中。[126]

超大強震、超級颶風、股市震盪），收入分配的龐大差距（窮人和收入前1%富人的差距愈來愈大）、少數菁英的超人表現（麥可喬登的表現遠遠超過當時其他球員）、2011年日本大地震（震度9.0級）、比爾蓋茲個人淨值（超過700億美元），甚至是紐約人口（830萬人），都比平均數高出很多，不符合常態分布，但確實存在。[129]從統計學上來說，前述現象應該以「冪次定律」解釋，與常態分布的比較如下圖。

以方程式描述「冪次定律」的曲線，必須使用到指數，A數字成為B數字的乘方。以$y = x^{-1/2}$為例，指數為 1/2，而y等於x的 1/2平方」把這個方程式畫出來，大概就是下方右圖）。

多半企業以常態分布的思維來管理，將大多數員工歸於平均，表現最差與最好的員工形成前後兩條尾巴。企業的雙尾不如身高對稱，因為表現差勁的員工會遭到解僱，更別說連進都進不來的人了，因此左邊尾巴較短。此外，企業也以為員工的實際貢

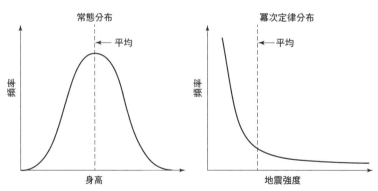

人類身高與地震強度的分布比較。身高方面，約半數的人高於平均，半數低於平均，分布均勻。反觀絕大多數的地震都是低於平均震度。
（Credit to Google）

獻也呈現常態分布，但這是錯誤觀念。

　　其實，大部分工作的績效都呈冪次定律分布。印第安那大學教授艾谷尼斯（Herman Aguinis）與愛荷華大學教授歐波爾（Ernest O'Boyle）研究後發現，「光看數字，表現中等的人占了絕大多數，但如果看工作表現，大多數績效都是由少數菁英創造出來的。」[130] 大多數企業低估了菁英員工的價值，給予的獎勵也不夠，甚至毫不自覺。第10章會解釋原因，並提出更好的管理與薪酬制度。

　　現在先知道每個團隊都有兩條尾巴就好，亦即員工績效有兩個極端。墊底員工做事一直不及格，擔心自己隨時會被炒魷魚，大多數企業最後會開除這些人。頂尖員工人生一片光明，升遷在望，獎金到手，還能享受同儕與管理階層的掌聲。

拉墊底員工一把是最好的投資

　　大多數企業沒發現，表現最差的員工，進步空間最大，有機會大幅提升企業整體績效，而表現最好的員工正好是取經對象。

　　本書一開頭提到的「沒晉升就走人」（up or out）管理模式，因為威爾許在奇異落實而廣為人知。當時奇異每年進行績效評等一次，排名倒數10%的員工會被開除。也就是說，員工不是往上爬，就是捲鋪蓋走人。

　　但這樣不會浪費資源嗎？網羅新人耗時又花錢，薪資常常高於既有員工，而且就職後還得重新學習，最後能不能做出成績還是未知數！哈佛商學院教授葛斯堡（Boris Groysberg）調查逾千位投資銀行分析師後發現：明星分析師跳槽到新公司後，「績效會出現立即而持續的下滑。」[131] 他們之前的優異表現歸功於許多因素，包括：同事、可動用的資源、企業文化的契合度，甚至是

他們建立起來的個人名聲與品牌。

最理想的情況是一開始就找對人才；如果徵聘過程客觀公正，大概都能八九不離十。但召募時錯誤難免，新人日後表現不佳，落於績效曲線的尾端。

Google會定期找出績效落在最低5%左右的員工，亦即在績效分布圖裡吊車尾的人。值得注意的是，這個步驟並不列為Google的正規績效管理。找出這群人不是要開除他們，而是要幫助他們。

有一點我必須承認，Google測量每項工作的績效高低，並沒有單一一套絕對可靠的方式，也不會要求排出評等分布，畢竟每個團隊的能力不一樣，如果某主管旗下都是厲害員工，要他找出一個表現不及格的人，不是毫無意義嗎？這個過程不在於找出冷冰冰的數字，而是讓主管與人力營運部門有機會伸出援手，協助墊底員工。實際運作上，吊車尾除了涵蓋「需要改進」的員工之外，還有績效長期勉強符合預期的人。因為我們只在組織的最高層級追蹤表現最差的5%，因此有些團隊沒有這樣的人，有些團隊的比例超出5%。我們曾經想過，是否該跟其他眾多企業一樣，開除表現最差的人，但這樣等於每年要淘汰20%的員工（每季淘汰5%），也代表我們的召募根本無效。如果一開始就成功找到智商高、適應力強、工作認真的優異人才，有必要定期淘汰員工嗎？

有鑑於此，我們不採取表現差就走人的傳統做法，而是直接告知表現落在倒數5%的員工。誰都不想聽到壞消息，但員工卻能感受到我們的出發點是善意的，因為我們會說：「你的績效排名在全公司最後5%。相信你一定覺得很嘔。讓你知道這件事，是因為我希望能幫助你做得更好。」

換句話說，跟員工明講並不是警告他們要設法改善，而是與他站在同一陣線，給予輔導。有位同事曾說這樣的談話是「搏感情地就事論事」。員工績效低落，很少是因為工作能力不好，或個人品行低劣。通常是專業技能有落差（能否補救很清楚），或無心工作（缺乏動機）。如果是後者，排除個人因素之外，可能表示團隊裡出現重大問題有待解決。

坦白說，正因為我們召募過程不強調專才專用，才會有員工表現不佳的問題。我們喜歡網羅有如白紙的新人，認為大家應該能自我摸索出方法，日後更可能比身經百戰的人發揮新意，想出不同做法。

如果員工還是不得其法，我們會先提供訓練與輔導，協助他們培養所需能力。一般企業培訓的目標是把新人訓練到最好的程度，但Google的角度不一樣，我們是找出少數幾個工作出現狀況的員工，而不是每個人都培訓。培訓輔導完了，如果還不見進步，我們會協助員工轉調到其他部門。工作這麼一換，該員工的績效通常會進步到一般水準。聽起來不多，但不妨換個角度思考：例如，吉姆的績效排在100個員工的倒數第5。經過我們介入後，吉姆的表現提高到第50名左右，[132]雖然算不上是明星員工，但貢獻已經超過49個人，比之前只贏3、4個人進步很多。如果每個墊底員工都能如此進步，試想企業會有何表現？更何況輸他的49人還比競爭對手的員工更厲害呢！

轉調部門後，若績效仍不見改善，有的人會主動離職，有的只好被我們開除。聽起來很無情，但這些人最後反而比較快樂，一來我們以同理心出發，持續提供協助，二來我們也給他們充裕的時間，尋找真正能施展長才的企業。我有次開除我旗下的員工，他離職前跟我說：「你的工作，我絕對做不來。」我說：

「你當然可以，只是需要換個工作要求不一樣的環境罷了。」三年後，他打電話來跟我分享好消息，說他服務於一家財富五百大企業，最近剛升上人力營運長，工作相當順利。他說，現職的工作步調稍微比Google慢，但很適合他。他能成為執行長器重的軍師，正是因為他那股謹慎周到的做事風格。

投入心力協助墊底員工，能大幅拉升整體團隊的表現，因為這些人若非自身有長足的進步，不然就是離開公司，在別處找到更適合的舞台。

值得一提的是，即使是當年在執行長任內大幅裁員解雇、有「終結者」稱號的威爾許，日後回憶那段時期，霸氣已不復見。2006年，他談到「考績定去留」（rank and yank）的制度時說：

大家有個迷思，以為績效倒數10%的員工會立刻被開除，但這種情況很少見。通常的情況是，如果有人長期落在最後的10%，直屬主管會開始懇談，建議對方轉換跑道。當然偶爾有人不想離職，但畢竟在公司已經列入黑名單，大多數人都能接受事實，主動離開，結果常常因禍得福，找到更能展現專長、受到賞識的新公司。[133]

威爾許進一步指出，說清楚講明白，其實對員工才是仁慈的表現：

有些企業的主管因為婦人之仁，長年任由員工、尤其是表現不佳的員工苦撐。但是，等到景氣急轉直下，表現不佳的中年員工，一定是公司開鍘的第一批人。

「老王，公司決定請你走人。」

「什麼！為什麼是我？」

「唉……你的表現一直沒有很好。」

「我都為公司做牛做馬二十年了，你們怎麼不早點跟我說？」

是啊，為什麼呢？如果是好幾年前被開除，他或許還能夠找到有前途的工作，現在都已經45、50歲了，要他在競爭更加白熱化的市場搶工作，那才殘酷。[134]

請容我再次強調，Google找出績效倒數5%的員工，絕對不是要「堆疊排名」（stack ranking），強行依固定的分布比例，將所有人的績效分級。這種制度容易導致企業文化變質，員工彼此明爭暗鬥，誰也不想被擠到後段班。2012年，《浮華世界》特約主編艾成渥（Kurt Eichenwald）曾撰文直批分級排名的做法：[135]

我訪談過的微軟現任或已離職員工，每個人都說分級排名是微軟內部殺傷力最大的制度，被逼走的員工數也數不清。「拿一個十人團隊比喻，你第一天上班心裡就有數，不管大家表現再怎麼優秀，總會有兩個人拿到表現傑出的評鑑，七個人被評為表現中等，剩下的那一個人，自動被歸類表現不佳。」一名前軟體工程師說：「這樣下來，大家忙著彼此比較，忘了其他企業才是競爭對手。」

2013年11月，就在文章發表近一年後，微軟人力營運長布朗茉（Lisa Brummel）發文給全體員工，宣布取消分級排名制度，更一併取消所有評等。[136]

第2章曾說過，如果企業肯定員工人性本善，願意信任員工，就該坦誠以待，凡事公開透明。這也包括跟墊底員工實話實

說。但另一方面，企業如果要齊心協力往願景邁進，以同理心對待員工也是關鍵。如果工作表現不佳，員工多半有自覺，希望能改善，公司必須給他們機會。

把最佳員工放在顯微鏡下檢視

同樣一家企業，績效優等員工的感受，迥異於中等員工。從Google內部數據可看出，這些人工作起來得心應手、覺得自己受重視、認為工作有意義、離職人數是墊底員工的五分之一。為什麼呢？因為他們受惠於良性循環，工作優異，所以得到正面回饋，又因為有正面回饋，工作更加優異，如此循環下去。每天生活在這麼多關愛裡，就算沒有其他額外的員工發展計畫，他們也已經快樂滿表。

更重要的是，要懂得從頂尖員工取經。[xlvii] 企業未來能否交出好成績，關鍵握在頂尖員工手上，但很少有企業仔細研究這群人，實在可惜，因為正如葛斯堡教授的研究指出，優異表現往往需要天時地利人和，在原公司才有機會展現。標竿學習（benchmarking）或最佳實務這些做法，只能學到別家企業的成功之道，未必適合我們自己。

順著葛斯堡的研究邏輯，應該要針對每家企業的獨特環境，找出頂尖員工的成功之道。如果成功取決在具體的局部條件，那

---

xlvii 比較表現最好跟最差的員工，也很重要。人力創新實驗室的笛卡斯（Kathryn Dekas）解釋說：「只分析值得學習的榜樣，可能會得出錯誤的結論，誤以為他們之間的共通行為，就是他們成功的關鍵。這樣的結論看似合理，但墊底員工或許也出現相同的行為模式，只有研究了才能知道。如果不研究這些人，很可能把某些行為誤判為成功因素。套用專有名詞來說，就是『從應變項抽樣（sampling on the dependent variable）』」這又是另一種第6章提及的抽樣偏差，也能說明為何「最佳實務」常常會造成誤導。

麼最好能研究高績效與局部條件的交互作用。

　　各位不難猜到，Google對此依舊本著實驗精神，以頂尖員工為對象深入分析。2008年，寇可絲基（Jennifer Kurkoski）與威爾利（Brian Welle）共同成立內部研究團隊與智庫，名為人力創新實驗室，旨在對工作感受的學問有更進一步了解。實驗室裡有許多人擁有博士學位，專業領域涵蓋心理學、社會學、組織行為學、經濟學等等，而且擔任領導職，因此可將研究專長學以致用，因應棘手的組織問題與挑戰。帕特爾（Neal Patel）與唐娜文是實驗室裡的典型成員：拜唐娜文之賜，Google的績效管理制度得以改善，而帕特爾則是「先進技術與專案」（Advanced Technologies and Programs）實驗室的負責人。分析頂尖員工有何好處，可從他們兩人最初的研究專案略見一二。

- 「活氧專案」的初衷是要證明主管無用論，最後得出「好主管不可或缺」的總結。
- 「青年才俊專案」（Project Gifted Youngsters）以績效長期高人一等的員工為對象，分析他們的行為模式與其他員工有何不同。先拿排名前4%與其他96%的員工做比較，再更進一步，拿排名前0.5%與其他99.5%的員工相比。
- 以「大青蛙劇場」（The Muppets Show）裡的瘋狂發明家香瓜博士命名的「香瓜專案」（Honeydew Enterprise），研究軟體工程師的行為與做事方法，旨在找出哪些有益、哪些又有害研發精神。
- 「米爾格倫專案」（Project Milgram）旨在找出如何有效研究Google內部的社交人脈，將資訊萃取成公司可運用的知識〔專案取名於研究服從行為的米爾格倫。正如寇

可絲基所說的：「最初的『小小世界實驗』（small-world experiment）正是米爾格倫的手筆，他隨機選出美國中部奧馬哈市與威奇塔市的受測者，請他們寄信給一個住在波士頓的某人，但不給他們住址，要靠不斷請人轉寄的方式。結果發現，信件平均轉寄5.5次就會成功送達，成為後來廣為人知的六度分離理論」。〕

上述專案對Google的影響力，屬活氧專案最深遠。取名「活氧」，是因為唐娜文曾拋出一個問題：「如果每個Google人的直屬主管都是管理高手，會發生什麼事？我說的不只是懂得管理而已，而是要能真正了解員工心聲，讓員工每天都想上班。這樣的Google會是怎麼樣的公司？」帕特爾習慣以週期表元素來命名專案，所以唐娜文提議取名「活氧專案」，說：「有個好主管是必要，就像呼吸一樣。如果我們能提升主管的能力，那就好比注入一股新鮮空氣。」

驗證「主管無用論」

活氧專案的目標為何呢？專案的假設是，主管能力對團隊表現絲毫沒有影響。帕特爾說明：「我們知道這個專案要小心求證。有些觀念放在別的地方，或許大家覺得是常理，但Google在求證時採取嚴格標準。兩件事存在單純的關連，我們覺得還不夠，因此最後逆勢操作，企圖證明有沒有主管並不重要。還好結果是錯的。」[137]

主管無用論，Google的工程師對此深信不疑。這個道理乍聽之下很誇張，但請各位了解一點，工程師講到管理階層就頭痛。他們討厭主管，更不想當主管。

主管在工程師眼中，通常只是不得已而設的職位，這也就罷了，但就怕主管處處礙事，助長官僚作風，把團隊搞得烏煙瘴氣。有鑑於大家對主管的排斥如此強烈，佩吉與布林在2002年全面取消 Google 管理職。

Google 當時員工人數超過三百人，所有主管都暫時卸下職位，每個工程師都改為直接向羅辛（Wayne Rosing）報告。這項實驗很短命，因為羅辛時常被一堆雜事淹沒，有人要他審核經費，有人請他幫忙解決同仁之間的衝突。不到六週，Google 全數恢復主管職。[138]

主管顯然有他們的功用在，但到了2009年，工程師天生對主管的戒心又竄出頭來。這是因為在七年間，Google 新增了一萬九千多名員工，多半來自於傳統的企業環境，前主管大多無法提供實質幫助，甚至只會幫倒忙。在網羅主管時，我們也看到這個問題，美國以外的市場尤其明顯。我們召募工程主管時，堅持技術能力至少要能跟團隊成員並駕齊驅，[xlviii] 不具備這項條件的主管，不僅無法受到團隊尊重，還會被人稱為「NOOP」，也就是資工術語裡「no operation performed」的縮寫，意思是「無所作為」。美國企業的薪資雙軌制已有多年歷史，技術職與管理職分開計算。舉例來說，IBM率先採用技術職升遷制，完全以技術成就為考量，工程師的獎金與職銜可以到達主管水準。反觀亞洲與西歐，最常見的做法是把工程人員升到管理職，不再從事日常的工程事項。也因此，常有資深主管來面試卻遭我們拒絕，因為他們雖然會管理，卻對技術問題太陌生。

---

xlviii 雖然說我們偏愛通才型菁英，但有些領域如工程、稅務、法務等等，還是必須要求應有的專業。

主管當得好不好，每個人都有概念，但這只是主觀認定。唐娜文與帕特爾希望制定統一的比較標準，所以採用兩套數據資料，一是主管績效評等，一是Google精神問卷。兩人計算每位主管過去三次的績效評等，得出平均值。至於團隊成員對該主管管理能力的評比，兩人則是分析主管的Google精神問卷結果，因為問卷會問每個人對直屬主管的看法，包括主管的表現、行為與支援程度等。最後分出四種類別的主管，如下圖。

分類固然好，但關鍵在於深入了解最好與最壞的主管，他們的行為究竟有何不同，以致於有如此天差地別的成績。為此，兩人研究主管績效的兩個極端。在千名以上的主管當中，只有140人在個人評等與Google精神問卷中排名前25%。而排在倒數25%的主管更少，只有67人（如下頁圖）。換言之，頂尖主管的人數比墊底主管高出一倍，起碼是個好現象。

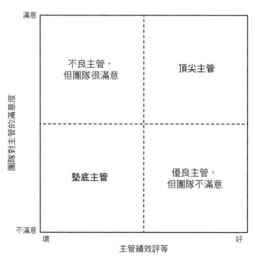

活氧專案初步將主管分類。（Credit to Google）

主管要擠進前25%，團隊成員對他的滿意度只需達86%，跟全公司平均（84%）差不多。主管會吊車尾，則是因為團隊成員的滿意度低於78%，也只是略低於全公司平均。看起來，績效最好與最壞的主管，團隊成員的滿意度並非天壤之別，似乎證實了工程師的「主管無用論」。

主管真的很重要

　　唐娜文與帕特爾進一步深究。把主管分數拆成幾個要素分析後，他們發現有幾處呈現大幅差異。翻開Google精神問卷，主管排名領先的員工在12個方面都比較正面，比主管吊車尾的員工高出5%至18%。幾個比較明顯的地方如下：

- 人事相關決定更公平公正。工作績效的考核公平，升遷

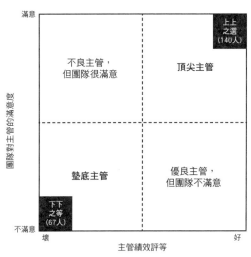

進一步找出排名前25%與倒數25%的主管。（Credit to Google）

名副其實。

- 個人職涯目標有望達成，主管願意提供鼓勵與輔導。
- 工作效率高。決策明快，資源分配得宜，廣納多方見解。
- 團隊成員沒有階級之分，彼此尊重，決策時不耍手段，而以數據為依歸，對於自身的工作與信念公開透明。
- 他們參與決策過程，不會過猶不及，本身也獲得充分授權，能夠推動工作完成。
- 他們有自由運用的空間，能達到工作與生活的平衡。

　頂尖主管的團隊績效更高，流動率更低。事實上，想知道員工會不會離職，最好的預測指標正是主管管理能力，難怪有句老話說：離職不是因為討厭公司，而是討厭主管。

　但有人會說，Google 排名最好跟最壞的主管，算算也只有207人，抽樣太小。我們怎麼確定團隊之間的差別是出自主管呢？說不定有些主管運氣好，團隊成員剛好比較厲害、比較滿意。要找出主管是否真是團隊差別的關鍵，只有一途，那就是把員工隨機調到其他團隊，在不同的主管旗下工作，其他因素維持不變。但是，為了找到答案，就隨機來個團隊大風吹，即使像 Google 這麼有實驗精神的企業，恐怕也會卻步吧？

　還好，我們不必自己動手。Google 人自己平常就會轉調團隊，剛好幫我們做實驗。工程師一年到頭隨時可轉到其他專案，但沒辦法知道新主管排名是領先還是吊車尾。2008年，有65名員工從前段班主管換到後段班主管，另有69名員工剛好相反。這些人都是表現良好、對公司很滿意的一般員工。

　這一換，才真正凸顯出主管的重要性！換到吊車尾主管的65人，在 Google 精神問卷的42道題目中，有34項的給分大幅降

低。隔年，換到頂尖主管的那些員工，有6項的給分大幅增加。分數變化最大的題目包括：留任率、對績效管理的信任程度、職涯發展等等。光是換到吊車尾主管的旗下工作，就足以導致員工對身為Google人的感受大扣分，不但逐漸喪失對公司的信任感，甚至還考慮離職。

所以說，主管很重要，而且卓越的主管絕對很重要。到了這個階段，我們知道主管誰強誰弱，但還是不知道他們的行為有何差別。我們的分析診斷出有問題，但還沒找到解方。如何找出頂尖主管的做事方法？找到後，又如何化知識為力量，持續提升主管的管理能力？

尋找好主管的特質

為此，我們的方法再簡單不過：直接問當事人！誰說研究工作每次非得找一群智商超高的專家呢？我們請一組主管接受Google人的訪談，後者會按照事先拿到的訪談指南進行，但不知道受訪主管的績效排名是好、是壞還是中等。這叫做雙盲訪談法，訪談人對受訪人不會有先入為主的觀念，而受訪人也不知道自己的排名評等。也就是說，雙方都「看不到」實驗條件。訪談結束後，唐娜文與帕特爾再將結果跟三種資料對比，包括：優異主管獎（Great Manager Award）的推薦語（該獎項請員工主動提名，選出表現最好的前二十名主管）；Google精神問卷裡，員工對直屬主管的評論；主管的同儕回饋。兩人希望找出，這些主管既然說他們的成功與掙扎是某些做事方法所致，但是否也因此影響了員工呢？

他們的研究顯示，頂尖主管有八大特質是吊車尾主管所沒有的。得出這八大特質，就等於知道如何培養一流主管，但老實

說，這些特質看起來實在保守、刻板又無趣。要凸顯它們的價值，進而改善公司整體表現，我們必須更具體一點。比方說，一流主管當然是良師，表面上這似乎是明顯的道理，但大多數主管開一對一會議時（有的甚至還不開），只是現個身問道：「你這星期做了什麼？」主管定期開一對一會議時，多半不會跟員工一起判斷問題所在，再依照員工的長處討論出可行構想。大多數主管不知道稱讚與指導要雙管齊下。主管的具體做法應該是，開會前先認真思考員工的優點與處境，利用開會的機會問問題，而不是給答案。我們沒料到，技術專長其實是八大特質中最不重要的一個。但請各位別誤會，技術專長仍舊不可或缺。工程主管如果不會寫軟體，如何在Google領導團隊呢？但綜觀頂尖主管的特質，技術專業對於團隊的貢獻確實最小。

除了找出具體特質外，我們還必須把優異的管理風格自動化。葛文德（Atul Gawande）在《紐約客》與其著作《檢查表：

活氧專案好主管八大特質

1. 扮演良師的角色。
2. 懂得授權，不會凡事一把抓。
3. 關心團隊成員的成功與個人福祉。
4. 高度講究實效，成果導向。
5. 善於溝通。願意傾聽、分享資訊。
6. 協助團隊成員規劃職涯發展。
7. 對團隊有明確願景與策略。
8. 具備技術專業能力，能提供建議給團隊。

不犯錯的祕密武器》（The Checklist Manifesto）中，力陳檢查表的龐大威力。第一次看到他的文章，是他寫於2009年的〈檢查表〉（The Checklist）[139]，文中講到299型轟炸機的試飛過程。這款1935年由波音研發的新一代長程轟炸機，「砲彈裝載是陸軍要求的五倍……速度比前幾代轟炸機更快，飛行距離幾乎是以前的兩倍」。唯一的問題是，它試飛就發生墜機意外。

299型轟炸機的設計比其他機種更複雜，首度試飛時，飛行員雖然經驗豐富，卻「忘了解開升降舵與方向舵的新式舵鎖」，導致墜機，五名機組人員中有兩名身亡。為了避免重蹈覆轍，軍方並非加強飛行員訓練，而是擬出一張檢查表。葛文德指出：「有了檢查表，299型轟炸機日後一共飛行了180萬英哩，完全沒發生意外……取名為B-17……在第二次世界大戰取得空中優勢，把納粹德國轟炸得體無完膚。葛文德進一步指出，醫療界也逐漸面臨同樣的問題，工作的複雜程度已超乎個人能力所及，若能善用檢查表提醒自己，便能拯救更多性命。

看完文章後，我赫然想到，管理不正也是一門極為複雜的學問嗎？主管有時要懂得規劃產品願景，有時要擅長金融財務、有時要精通市場行銷，而且還要當大家的學習榜樣，扮演的角色太多了。但如果能把管理心法濃縮成一張檢查表，就不必砸下數百萬美元重金在主管培訓，也不必窮於向人說服怎麼樣管理最好。我們沒必要改變主管的性格，只要改變他們的行為即可。

向上回饋調查

為此，唐娜文與帕特爾帶領人力營運部門組成的團隊，打造出一套能強化八大特質的系統，進而提升Google主管的管理能力。最明顯的措施是半年一次的「向上回饋調查」，請各工作團

「向上回饋調查」問卷樣本

1. 主管的回饋有建設性，能幫助我改善績效。
2. 主管不會「凡事一把抓」，連屬於員工應該處理的細節，他也想完全掌控。
3. 主管在乎我的感受。
4. 主管帶動團隊專注在最重要的目標。
5. 主管定期分享他從上級與資深管理階層獲得的相關資訊。
6. 過去半年，主管曾與我詳細討論職涯規劃事宜。
7. 主管清楚傳達團隊目標。
8. 主管具備專業知識（例如在技術團隊要懂得編碼，在財務團隊要懂得會計）。
9. 我願意向 Google 人推薦這名主管。

隊針對直屬主管給予匿名回饋。

　　這份調查本身就是一份檢查表。每件事都能做到的就是優異的好主管。

　　調查結果會由以下方式告知各主管。

　　值得注意的是，調查結果交給主管參考，只供個人改善之用，不會直接影響主管的績效評等與報酬。說到這點，我其實跟我的團隊爭辯過，最後還輸了。剛推出「向上回饋調查」時，我覺得應該趁機把吊車尾主管淘汰掉，避免他們害團隊叫苦連天，也拖累整家公司。但蘇莉文反對，說這樣會有人故意操控調查結果，不是向團隊暗中施壓，要他們給高分，就是先下手為強，開除上班不快樂、可能打低分的員工。蘇莉文跟其他持類似意見的

人認為，如果希望大家能坦然面對問題，改變作為，我們必須把這份調查視為博感情的輔助工具，重點放在個人改進，而與獎懲脫鉤。

　　她說得對極了！把用於精進的回饋與用於考績的回饋分開，非常重要。我們事後實驗蘇莉文的看法是否正確，結果讓我鬆了一口氣，大家進行「向上回饋調查」時，都能符合調查的初衷，

即使主管給某些員工的考績打了低分，但員工並不會挾怨報仇，在接下來的「向上回饋調查」給主管難看。

主管如果有某個特定領域需要改進，而有了檢查表的提醒，又沒有進步，可以參加Google多年來發展出的培訓課程，針對八大特質分別練習。例如，上完「主管是良師」課程後，主管在這方面得分平均進步13%。上完「職場溝通」課程，主管在這方面得分增加10%，其中一個原因是主管學到換個方式跟員工溝通，跳脫員工有要求、主管保證設法解決的模式，而是一起解決問題，主管與員工都有責任。

Google大多數主管會將調查結果與團隊分享。我們雖不強制要求，但定期會在調查中詢問員工：主管是否會跟各位分享調查結果。在透明化的企業準則下，加上偶爾暗示提醒，多數主管都會選擇讓員工知道。他們把調查結果發下，跟團隊討論如何改善自己的管理表現，向大家請教，等於顛覆了傳統主管上員工下的關係。改善個人表現最好的方法，就是跟給回饋的人討論，問他們希望你如何改進。

第一次跟大家分享得分時，其實我的分數比團隊還來得低，所以我心裡七上八下，畢竟我是Google的人資長，應該是這方面的高手才對！但從得分可看出，我有眼高手低之嫌。那年問卷問了15題，我得到滿意度是77%，看似勉強過關，殊不知表現最好的主管是92%，排名最後的也有72%。比方說，我得分最低的一項只有50%，是「主管會說明我的考績是怎麼評出來的」，只有八成的直屬員工認為我是優秀主管，願意向其他人推薦。

後來，我向大家保證，未來提供回饋時會更加明確、多花點時間出差與外地團隊成員溝通、全面提升管理能力。大家看得出我的努力，有幾個人還特別鼓勵我：「謝謝你的分享，為其他人

設定正確目標。我是那少數幾個寫評論的，我們下次一對一會議時，可以談談！」久而久之，團隊的滿意度上揚，運作更順暢，雖然我離90%還有一段長路要走，但可喜的是，我在「給予建設性的回饋」這項得分提升到100%，而團隊每個成員也都願意向其他Google人推薦我。

「向上回饋調查」執行以來，主管的管理能力穩健提升，2010年到2012年，主管平均滿意度得分已從83%增加到88%。就連排名倒數的主管也有進步，得分從70%增加到77%，幾乎接近兩年前的平均值。要當個爛主管，反而更難了。再考量管理能力與員工的績效、留任、幸福感息息相關，主管進步了，公司上下亦能更上一層樓。

各位看到這裡，或許會說：這群人根本是自欺欺人，員工哪會老實幫主管打分數。就算回饋是匿名的，就算不會影響報酬或升遷，就算每個人都受過訓練，公司投入大把資源網羅好人才，人天生難免會有偏見，一定會有人公器私用。試想，員工被主管砍了考績評等，他會不想報仇、在「向上回饋調查」時放主管一記冷箭嗎？

我必須坦承，確實有那麼一點點可能。為此，我們請人力創新實驗室的史婷勒（Mary Kate Stimmler）分析。她的博士研究主題是人的選擇行為，為何有些選擇可能增加失敗率，但人還是照做不誤（題外話，她工作之餘還因為餅乾烘焙技術高超，得過三面加州州立獎章）。她分析數據後，發現員工的公正度確實會受影響。在以前的41點考核制度，員工績效若上下出現0.1的變動，在「向上回饋調查」時，給予主管的分數會有0.03的變動，的確有影響，但0到100只有0.03的變化，微乎其微，根本不重要，大多數員工回饋時還是都能秉持公正。

管理雙尾

　　深入說明活氧專案跟排名倒數5%的員工，主要有三個理由。第一，完全點出專注在績效最好跟最差的人，能得到寶貴的課題，也有實際成效。只管表現中等的主管並沒有用，標竿學習也無益。藉由比較績效的兩個極端，我們可以找到這兩類人在行為與工作結果上有何不同，據此持續改善員工的工作感受。

　　第二，說明「動之以情、曉之以理」的概念。由於考績與薪酬或人事決策脫鉤，因此告知排名吊車尾的人表現不佳，不但給對方一個提醒，也能正面鼓勵他們再加油。看到「向上回饋調查」之後，數百名主管才知道自己管理能力不佳，有了實際數據說「團隊說我可以做得更好」，就不會再自以為「我覺得我管理得很好」。由於主管獲知調查結果的方式很客觀，再加上人力營運部門有一組優秀的事業夥伴團隊，不但能提供人力營運支援，在跟主管看調查結果時，靜靜坐在旁邊給予扶持，因此多數主管都能正面反應，詢問改善的方法。

　　第三，每個團隊都能複製。我選擇投入寶貴資源打造出人力創新實驗室，代表教育訓練等其他傳統的人力經費必須降低。各位或許沒有人力創新實驗室這種單位，但有幾個捷徑可以參考：

1. 願意帶領組織機構更上一層樓。每個人都說願意，但採取行動的少之又少。不管你是團隊領導人、主管，還是高階經理人，必須願意為成果負責而採取行動，必要時改變做法，長期把心思放在這些議題上。
2. 蒐集數據。依照考績與員工調查結果將主管分類，找出兩者有無不一致。接著面談主管與他們的團隊，找出原

因。如果你的團隊或組織不大，只要詢問大家認為優
秀主管應有哪些特質。如果這些都做不到，至少參考
Google的好主管八大特質。

3. 每年調查團隊兩次，了解大家對主管的看法。市面上有
許多調查工具可供參考，我們用的當然是自家產品，特
別是Google試算表，不但能寄出調查問卷，更有使用方
便、匯出便利、成本低廉的好處。

4. 請頂尖主管針對特定特質訓練其他人。Google的優異主
管獎的得獎條件之一，就是得主必須訓練其他人。

聚焦兩個極端，最主要的影響是公司資源必須有所取捨。如
果企業大手筆投入資源於召募（這也是本書希望說服各位的一
點），表示用於正式培訓、福利行政等傳統人力營運支援的資源
變少。此外，聚焦兩個極端可以激發最大的進步。把排名40百
分位數的人提升到50百分位數，對企業的好處有限，但讓排名5
百分位數的人進步到50百分位數，卻有天大的影響。

分析表現最好的人有哪些寶貴特質，進而開發出一套測量並
強化這些特質的方案，落實於公司上下，能夠改變企業文化。如
果因此讓吊車尾的人有大幅進步，代表企業已啟動了良性循環，
能夠持續改善。

原任職甲骨文的馬洛特（Sebastien Marotte），最近加入
Google，擔任歐洲區業務副總，遇到了一個特別棘手的問題：

我的第一次「向上回饋調查」得分很低，我不得不自問：
「我適合這家公司嗎？還是應該回甲骨文？」主管在我第一次績
效考核很肯定我，但我的「向上回饋調查」卻很悽慘，兩個搭不

起來。以前在甲骨文，達到業績最重要，現在看到員工給我的分數，我的第一個反應是，問題出在我的團隊，他們不懂如何才能在市場致勝。但後來我退一步想，找我的人資夥伴討論，我們看過所有的員工評論，擬訂出改善計畫。我改正了與團隊的溝通方式，更明確說明長期策略。經過兩次調查之後，我的得分已經從46%進步到86%。過程雖然辛苦，但相當值得。我當初是以資深業務的身分加入Google，但現在感覺就像總經理一樣。[140]

馬洛特如今已是Google最優秀、人氣最高的主管之一。

雙尾管理 @Google

- 拉墊底員工一把。
- 把頂尖員工放在顯微鏡下檢視。
- 善用問卷調查與檢查表，了解真實情況，激勵落後的人改善。
- 以身作則，分享你自己的回饋，並採取行動。

第9章

打造學習型企業

**最好的員工正是最好的老師，
務必向他們取經！**

　　2011年，美國企業總共砸下1,562億美元於培訓課程，[141] 金額驚人，全球有135個國家的GDP還比不上這個數字。

　　這些經費約有半數是企業內部課程，另一半則請外部機構承辦。每位員工平均每年接受31個小時的培訓，相當於每週超過半小時。

　　這麼多金錢與時間，可惜大多都是浪費與徒勞。

　　原因未必是培訓內容不好，而是評估不出究竟學到什麼，事後又造成哪些行為的轉變。這麼舉例好了，如果你每週上半小時的空手道，一年後雖然拿不到黑帶，但基本的擋擊絕對沒問題。如果你每週花半小時試做不同的鬆餅食譜，雖然當不成藍帶主廚，之後卻有辦法做出讓人口水直流的鬆餅，週末早上成為家人與好友的偶像。[xlix]

　　美國員工每週平均接受半小時以上的公司培訓，但似乎是為學而學。回想我過去任職大大小小的企業，我還真想不起來，自己是否曾因為培訓課程的感召而改變做法（唯一的例外是我在麥

肯錫的訓練，因為他們的培訓符合本章所闡述的原則）。

　　換個角度說明。2009年到2010年學年，美國的幼稚園中班到中學的公立學校教育經費，總計達6,380億美元，[142] 約為企業培訓經費的4倍，但公立學校每年的教育時數是企業的10倍以上，另外還有體育與學術社團等輔助養成課程。我敢保證，各位應該都會覺得，工作10年接受的企業培訓，學到的還比不上小時候那10年的學校教育。

　　為什麼企業大手筆投資培訓課程，卻效果不彰呢？

　　這是因為企業培訓多半目標不夠扎實，又選錯人來教，還評量錯誤！

慢工才能出細活

　　原為職業美式足球球員、後來成立房地產公司的鄧恩（Damon Dunn），1990年代中期就讀史丹佛大學，有天晚上去參加兄弟會派對，[143] 那時已是半夜十一點，校園下著大雨。鄧恩在路上看到高爾夫球練習場只剩一個人，有規律地揮著桿，扣……扣……扣。

　　四個小時過去，凌晨三點鐘，鄧恩回到宿舍的路上，還聽得到扣、扣、扣的聲響，那個人竟然還在場上練習揮桿。鄧恩走過

---

xlix　我這可不是玩笑話，自己動手做鬆餅實在太簡單了。在容器放進兩杯麵粉、一大匙泡打粉與糖（糖加倍，更美味）、1/2小匙鹽巴，充分攪拌。備妥另一個碗，打進一顆蛋與兩杯牛奶，將兩份材料攪拌在一起，但在還留有氣泡跟小結塊時就停止攪拌。氣泡會讓鬆餅更膨鬆，結塊在烘焙過程中也會消失。一般人會有攪拌均勻的衝動，但相信我，這樣反而會讓美味打折。也可加入藍莓與香蕉切片，讓材料都沾上麵糊。平底鍋加熱，放進奶油，再倒入麵糊煎熟。製作時間比用速成鬆餅粉或上餐廳更快，但好吃很多倍。這是我參考美食家畢特曼（Mark Bittman）與布朗（Alton Brown）食譜而成的私房配方。

去一探究竟。

「喂，老虎伍茲，半夜三點了還在練球？」

這個日後成為史上高球名人的年輕人說：「北加州這裡很少下雨。現在是我唯一能練習在雨中揮桿的機會。」

各位可能會想，一流運動員練球當然很拚命，但他練習的精細程度才令人大開眼界。四小時下來，他不練推桿，也不練沙坑擊球，只是站在雨中，從同一個地點練同一種擊球法，針對單一技巧練到完美。

事實證明，這樣才是最好的學習方法。佛州大學教授艾立克森（K. Anders Ericsson）研究專家級技能如何練成已有數十年。一般認為，要成為專家必須經過一萬個小時的養成。但他的研究發現，花多少時間學習並不是重點，關鍵是怎麼練習。他的研究證實，不管是頂尖的小提琴家、外科醫生、運動員，[144] 甚至是拼字冠軍，[145] 他們的學習方式跟一般人都不一樣。他們會把學習事項再細分成許多小動作（如連續幾小時在雨中練習同一種擊球法），然後拚命重複練習。每次練習，他們會觀察自己的表現，做外行人看不出的細微調整，進一步改善。艾立克森稱之為「刻意練習」（deliberate practice），亦即刻意重複某個細微動作，做完後立刻得到回饋、修正、嘗試新做法。

練習太簡單，又缺少立即回饋與實驗精神，等於瞎忙。我高中時是游泳校隊，有個參賽項目是累人的兩百碼混合四式項目。我能加入校隊，是因為我游得比周遭朋友都快，加上叔叔以前是羅馬尼亞水球國家代表隊的隊員，所以我猜應該有點遺傳。反觀其他真材實料的隊員，他們從六歲起就參加游泳隊，一年到頭都下水練習，相較之下，我實在游得很爛。高一到高三，我的最快紀錄提升將近三成，但在普通的六人分組預賽中，我游得要死要

活，才只能拿到第五名。

要是我當初知道艾立克森的研究就好了。我那時每天練習兩次，教練教我游什麼，我就游什麼，但我沒辦法自我校正缺點，教練也不覺得我資質非凡，不會特別多花幾分鐘教我改善技巧。我從來沒有達到刻意練習的境界。也難怪，我雖然泳技愈來愈好，卻沒有機會往更高的階段邁進。

麥肯錫的做法恰恰相反。進入公司第二年，所有顧問都必須參加為期一週的「領導力工作坊」（Engagement Leadership Workshop），每次學員約五十人。工作坊一年到頭都有，輪流在瑞士、新加坡、美國舉辦，我當然是參加紐澤西州的場次。學員在課堂上會學到如何因應客戶暴怒的技巧。教練會先給我們處理原則（保持冷靜，讓對方有時間抒發情緒等等），再進行角色扮演，最後會深入討論。結束後，教練會播放角色扮演的影片，讓我們看到自己實際的情況，然後再重複演練整個過程。這樣的訓練方式費時費力，但成效有目共睹。

請各位回想上次參加企業培訓的過程，或許有個課後測驗，也或許學員必須合作解決問題，如此而已。試想，如果結束後你能獲得具體回饋，同一件事又必須再重複三次，技巧是否更能進一步內化呢？

企業培訓要做到反覆且有具體目標的練習，表面上或許成本很高，但實則不然。下文會提到，多數企業在評估企業培訓的成效時，看的是培訓花了多少時間，而不是做事方法有否因此改變。「學習」了這麼多小時，卻很快忘得一乾二淨，還不如教少一點，想辦法讓大家能融會貫通。

刻意練習的概念也與終身學習息息相關。在我家鄉，國中教師連續應聘兩年後就能取得終身職。拿到終生職後，加薪幅度完

全取決於職等，教學品質缺乏實質標準，即使不適任也很難開除。教師沒有互相交換教學心得的動機，而且常常同一科目教好幾十年。教我們美國歷史的老師當時已教了25年，但內容與教法至少有20年沒變。雖然有25年的教學經驗，但有20年卻是一直重複。重複卻沒有回饋，再加上缺乏動力，等於20年來都在原地踏步。

除非你的工作日新月異，否則我們每個人都常掉進這樣的陷阱。前方的路跟背後的路一模一樣，任誰都很難維持積極上進的學習心態。關於如何激勵團隊成員持續學習，在此分享一個簡單卻實用的好習慣。1994年在麥肯錫當顧問時，我有榮幸與華格納（Frank Wagner；現為Google人力營運部門重要主管）共事，每次與客戶開會前，他會花幾分鐘時間把我拉到一旁，問我幾個問題：「你對這場會議有什麼目標？」「你覺得每個客戶會怎麼反應？」「你打算怎麼樣提出棘手的議題？」開完會，開車回到辦公室途中，他又會問我一些問題，讓我在思考中求進步，問題包括：「你剛才的策略成不成功？」「你學到什麼心得？」「你下一次希望有什麼不同的做法？」我也會向華格納發問，例如會議中大家的互動、為什麼他在某個議題窮追猛打，另一個議題又輕輕放下。藉由發問，我也在主動求進步，不把他的傾囊相授視為理所當然。

每次會議結束，我都得到立即回饋，計畫下次哪些事值得保持、哪些事應該修正。雖然現在已褪下顧問身分，但我常常在團隊跟其他Google人開會前後，帶大家進行華格納的練習。效果很神奇，不但有助於持續改善團隊表現，而且只要幾分鐘的時間，事先也不必準備。同時，這個方法還能訓練員工把自己當白老鼠實驗，先問問題，嘗試不同的做法，觀察結果，再試一遍。

自己的員工自己教

　　各位應該教員工什麼，我沒有答案，因為訓練內容取決於目標。哪種教法最好（面對面、遠距、自學、團體課等），我也沒有答案，因為這要看員工適合的學習方式，以及要學習的是工作專業技能（如新的程式語言），還是一般技能（如提升團隊合作的能力）。

　　但我可以跟大家分享，哪裡可以找到最好的老師：他們就在……你自家的辦公室裡！

　　公司事務多如牛毛，我敢跟各位保證，每件事都能在內部找到專家或接近專家水準的人，傳授訣竅給其他同仁。極大值與極小值的觀念，相信大家並不陌生。理論上，找到最厲害、專長到達極大值的人來教課，是最理想的狀況。

　　但數學還有一個更精細的概念，稱為局部極大值（local maximum），亦即在一些限制之中的最大值。數學的最大值是無限大，但如果限制在1到10之間，最大值則為10。在很多人眼中，馬友友是全球最厲害的大提琴家，但如果範圍縮小到南韓，那麼第一名非梁盛苑莫屬，他就是局部極大值。

　　以業績數字來看，公司裡一定有最佳業務，那就請他傳授銷售技巧給其他同仁，不必捨近求遠找外人來教，這麼做的好處是他的業績優於公司其他業務人員，所以有說服力，而且他真正懂得公司與客戶的細節。再提醒各位葛斯堡教授的研究發現，一個人在A公司有大好的成績，換到B公司很少能有同樣表現。派業務參加昂貴的銷售技巧座談會，但台上講師賣的是別家產品，這樣銷售成績很難有大幅改善，因為每家公司的細節與竅門不盡相同，無法一體適用。

但有人會說，怎麼可以讓最佳業務來上課呢？應該讓他專心賣東西才對。我覺得這是看近不看遠。個人表現只能線性成長，如果大家都學會，卻能合力締造幾何級數成長。請看以下說明。

　　假設公司的最佳業務每年為公司進帳100萬美元，另外有10名業務每年進帳50萬美元。再假設最佳業務每年撥出5週（相當於一成的工作時間），訓練其他同仁。這段期間完全從事培訓、跟著大家實作、針對特定問題提供建議，協助大家改善細部事項。

　　還沒落實培訓前，公司總營收為600萬美元（100萬×1＋50萬×10）。最佳業務擔任內部講師第一年，因為占用一成工作時間，所以他個人為公司進帳90萬美元。但如果其他人上完課後，業績增加一成，等於每人業績成長到55萬美元，公司總營收則提高到640萬美元。

　　第2年如果沒有進一步培訓，最佳業務的業績回到100萬

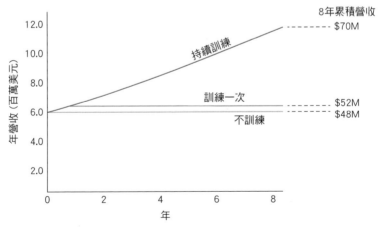

公司總業績的各種情境。（Credit to Google）

美元，但其他人現在多了一成功力，每個人業績為55萬美元，所以公司總營收達650萬美元。最佳業務只有第一年犧牲銷售時間，但公司營收卻有固定增幅。假設他第二年又撥出一成時間訓練同仁，大家業績又增加一成到60.5萬美元，10人總計達605萬美元。短短兩年，公司總營收上揚16%，銷售新人的業績更增加21%。照這個速度，業務新人的業績8年後可以成長一倍。（110%、121%、133%、146%、161%、177%，第8年年初達195%），呈現幾何級數成長。[1]

如上表所示，培訓花不到公司一毛錢。最佳業務雖然業績小跌，但落後業務卻有長足進步，帶動總業績全面成長。

更何況，內部培訓未必需要動用到最佳業務。如果把銷售行為細分成幾個特定技巧，如電話銷售、協商議價、案子成交、維持關係等等，或許能找到各有專精的翹楚，可以請他們來教。

培訓的重要，前英特爾執行長葛洛夫三十年前就已提出：

員工訓練實在是投資報酬率相當高的企業管理術。假設你為部門安排了4場各1小時的培訓課程，再假設有10個新人參加培訓。這些人明年預計共花2萬個小時工作，績效因為受訓而進步1%，等於為公司帶來工作200小時的效益。你當初花12小時備課絕對划得來。[146]

對受訓同仁而言，能向有實戰經驗的老鳥取經，效果遠遠大

---

1 各位或許注意到，每人業績的成長幅度逐年拉大。第2年（110）比第1年（100）增加10個基點，但第8年（195）又比第7年（177）增加18個基點。儘管成長率維持在10%，卻是建立在愈來愈高的基數。若把每年業績製成圖表，可看到成長曲線到最後往上衝。

於跟學者、專業教練或顧問上課。學者與專業教練往往只懂理論，知道該怎麼做，卻沒實際經驗。而顧問常常只有粗淺的第三手知識，常常不是參考另一位顧問的標竿學習報告，就是根據自己只花了幾個月服務客戶的心得，並非切身的長期經驗。

持平而論，慎選專家，向他們學習，將他們的洞見融入公司運作，也極具價值。比方說，活力專案公司（Energy Project）執行長史瓦茲（Tony Schwarz）協助我們提升員工幸福感；在EQ大師高曼（Daniel Goleman）的輔導下，我們成立正念減壓課程（稍後會有討論），但企業最習慣的做法，還是把培訓全部外包給其他公司。

一般而言，能向有實戰經驗的人學習，效果會好很多，因為他們能回答更深入的問題、舉最新、最切身的例證、對工作內容有更深的了解、隨時能提供立即回饋，而且大多數都不花錢。

綽號阿鳴的陳一鳴，是Google第107位員工[147]，2000到2008年間在行動搜尋團隊擔任軟體工程師，後來重新調整工作與生活的平衡，仍在Google工作，但轉而推廣正念減壓的觀念，促進世界和諧。根據麻州大學醫學院榮譽教授卡巴金（Jon Kabat-Zinn）的定義，正念是「以特定的方法專注某件事：刻意、當下、不加評斷。」[148]可以透過一個簡單練習達到正念：在安靜環境中坐定，花兩分鐘時間專注在呼吸。研究也證實，正念能加強認知與決策能力。

2013年我做了個實驗，請來原是工程師、後成為正念大師的Google人杜安（Bill Duane），在每週員工會議前教大家練習正念。我希望先在自己部門試驗，如果有效，再介紹給更多同仁，最後甚至推廣到整家公司。

第一週，我們只練習傾聽自己的呼吸；第二週，一邊呼吸一

邊觀察腦海中浮現的念頭，開始專注當下情緒，身體又有何感受。練習一個月後，我問大家要不要繼續上課，大家非常堅持練習完再開會，因為不但能提高集中力、設想更周到，也比較不會針鋒相對。此外，正念練習雖然占時間，大家反而更有工作效率，提早討論完會議議程。

為了在Google推廣正念原則，阿鳴開了一門「尋找內心關鍵字」課程。大家對阿鳴的課程接受度比較高，因為他曾在美國與新加坡擔任工程師多年，深知在Google工作的壓力，由他現身說法分享正念改變人生的經驗，更具說服力。阿鳴還為此寫了一本書，並成立「搜尋內心關鍵字領導力機構」（Search Inside Yourself Leadership Institute），空檔時還在Google兼職（他開玩笑說，兼職還是每週工作四十小時）。[149] 課程、著作與教學機構三管齊下，阿鳴希望「使用有科學依據的正念練習，搭配情緒智商訓練，培育出講究實效與創新的領導人。」

杜安以前是網站維運工程師，負責維持Google網站的運作，現在則管理Google的正念團隊。杜安形容Google是「由人組成的大機器」，而正念就好比「機器的潤滑劑，幫忙磨合衝勁十足的Google人」。[150] 杜安跟阿鳴一樣，也深受其他工程師的信賴，因為大家每天的工作，他也有親身體驗。

阿鳴與杜安在原本的專業領域有傑出表現，但後來轉換跑道，認為教學才是他們的天職。他們並非例外，Google另外有「Google人互學會」（Googler2Googler，簡稱G2G），大家發揮所長，提供課程給其他同事。2013年，Google共有近3,000位G2G講師，開了2,200堂五花八門的課程，超過21,000人受惠。有些課程已辦過一次以上，有些課程的講師不只一個，大多數員工上過的課程不只一種，出席人次超過11萬人。

G2G雖然占用上班時間，但許多課程才幾個小時，而且一季才一次，因此不會花講師與學員太多時間。課程讓大家能夠轉換心境，工作時更見成果。正如20%自主時間的策略一樣，G2G讓工作環境更有創意、更有樂趣、更有生產力，大家也與公司的運作與文化更契合。小小投資，大大效果。

　　課程內容不一而足，有的高度專業（如演算法設計、七週迷你MBA速成），有的完全興趣導向（走鋼索、吞火、自行車史）。下列介紹幾堂高人氣課程：

- 身心覺察課程（MindBody Awareness）：柯爾雯（Amy Colvin）是Google的按摩治療師，開了一堂半小時的課程，教大家練習12種氣功招式，最後以靜坐結尾。這堂課目前也透過Google Hangouts進行，在全球16個城市都上得到。有位工程師跟柯爾雯說：「腦筋忙著編碼的時候，能夠覺察到我身體的需要，讓我能大幅降低壓力，不像以前那麼疲憊，更可以享受工作的樂趣。」

- 魅力簡報（Presenting with Charisma）：業務主管葛林（Adam Green）開了一堂簡報課，跳脫簡報的基本功，聚焦琢磨細部技巧，例如聲音表情、肢體語言、轉移（displacement）策略等等。舉例來說，「如果你在台上不知道手往哪裡擺，或者喜歡插口袋，不妨站在椅子或講台後方，手擺在上面，因為雙手擺定位能轉換緊張情緒。」再分享一個妙招：「簡報時想避免『嗯嗯啊啊』的語助詞，可以用肢體動作替換。每次嘴巴又想講出贅詞，做一個細微的肢體動作，例如動一下拿筆的那隻手。刻意一個動作，腦筋就會忘了用贅詞。」

- 第一次學程式設計就上手（Intro to Programming for Non-Engineers，簡稱I2P）：黃艾伯（Albert Hwang）是人力營運部門工具團隊主管，擁有經濟學學位的他於2008年加入Google，自學寫程式。「我當初被分派到一份工作，需要彙整員工的姓名、辦公地點與職銜。做了沒多久，我就發現，只要學會幾種簡單的程式語言編碼，便能加快工作速度並降低錯誤，於是開始自學Python程式語言。隊友看到我的新技能能夠節省大家時間，紛紛要我教他們，因此我們就聚在小小的會議室裡，在白板上教學起來，I2P於是誕生。」至今已有超過兩百人上過黃艾伯的課。其中一人上完之後學以致用，協助Google人預約園區免費施打流感疫苗，數千名員工因此受惠。此外，只要員工在園區內施打疫苗，每一人我們都會代捐腦膜炎與肺炎疫苗，給發展中國家的兒童，也就是說，一個Google人的新設計不但讓自己人更加便利，也造福了數千名兒童。[151]

想獲得啟迪，未必要透過像G2G這麼正式或大規模的管道。Google人還有幾百種教學相長的機會，每一種都能輕易複製，只要員工有動力，都能運用在不同的企業裡。比方說，Google有超過三十名技術顧問，個個是經驗豐富的主管，提供機密性高的一對一會議，為技術類員工指點迷津。這些人都是志願服務，因為身經百戰又了解Google生態，所以才被選為顧問，諮詢過程主要以傾聽對方心聲為主。邱志（Chee Chew）如此描述他擔任技術顧問的經驗：

每次都很緊張。諮詢前我一定會很焦躁，因為完全不知道對方會問什麼，有太多可能了，萬一我沒有什麼話好說呢？……但常常只是傾聽對方訴說，就能感覺到兩人隔閡愈來愈小。我不知道對方的背景、對他應該怎麼做沒有強烈意見、他的決定也對我沒有既得利益，因此我能更加專心傾聽，拉近距離。這跟我平常與直屬員工或團隊成員的對談很不一樣，重點是幫協助對方省思，交集點在人不在工作。

對這些求助的人來說，有時只要有人能站在客觀角度聽他們說，並能保障對方的隱私，就已足夠。邱志又說：

「我記得諮詢過一個人……她是高階工程師，覺得工作沒有出路，想要離職。有人勸她跟技術顧問聊一聊，於是找上了我。我們預定聊五十分鐘，結果一談就談了兩個半小時。她提出許多事情討論，我給的意見其實不多，只是聽她說，跟她一起腦力激盪。她最後自己想出如何解決個人問題。她其實並不需要別人告訴她該怎麼做，只希望有人鼓勵與傾聽。她現在還在 Google。

我覺得驚訝的是，求助的人有收穫，顧問自己也受惠。逐漸累積經驗後，技術顧問在傾聽與同理心的功力不斷增加，也更懂得自我覺察。聽起來沒有大不了，但技術顧問獲得的好處有擴散效應，他們都說，這些技能讓他們更懂得領導與管理，甚至對夫妻關係有幫助。值得注意的是，技術顧問雖然由人資部門安排行政事宜，但不屬於人力營運部門措施。正如技術顧問計畫的主管馬虹（Shannon Mahon）所說：「這項措施的成功祕訣在於，它由工程師自己主宰，不隸屬於人力部門。」也就是說，技術顧問

是Google人教學相長的產物。

　　同樣的道理，也有Google人志願擔任「大師」，不以個人議題為焦點，而著眼於提升公司上下的領導力與管理力。時任線上支付團隊的卡頓（Becky Cotton），是Google第一位正式「職涯大師」，需要職場上的建議，都可以請教她。成為職涯大師，不必篩選，也不需訓練，完全是她個人決定。她當時寫信給大家，說會撥出固定時間，提供職涯發展的意見，歡迎大家來找她。後來需求愈來愈多，其他人也跳下來加入職涯大師的陣容，2013年服務超過千人。

　　我們現在有不同領域的大師，例如：領導力大師，其中幾個是優異主管獎得主；銷售大師，提供銷售上的意見，比方說，在義大利負責汽車產業的Google人可向日本業務請益；新手爸媽大師；當然也少不了正念大師。Google人彼此教學相長，不但為公司節省經費（聽說外面有些講師鐘點費高達三百美元以上），還能凝聚大家同舟共濟的精神。卡頓說得真好：「很多事可以自動化，但人與人的感情就是得慢慢培養。」現在每年仍有150人上卡頓的課，她說大家在路上看到她，都會跟她打招呼，說：「要是沒有妳的幫忙，我現在可能就不在Google了。」

　　每家企業都有辦法養成自己的大師陣容，再簡單不過。多年來，卡頓與許多名列財富五百大企業的科技公司合作，協助他們建立大師制度。其中一個例子是金融軟體公司財捷（Intuit），負責人是他們的人力營運專家海德（Sam Haider）與產品經理麥丹妮（Karen McDaniel）。海德回憶說：「我們會知道Google有職涯大師制度，是在他們主辦的職涯發展高峰會（Career Development Summit），心想這個做法簡單、有彈性，或許可以幫我們克服障礙，順利在全球提供一對一職涯建議。我們先在幾個小組測試，

證實可行後，從財務部現有的基層方案為出發點，開始推行。幾個月後，大受員工好評，於是正式推廣到全球據點。」

企業若想汲取員工教學相長的無窮好處，必須協助大家建立正確的心態。企業的員工發展似乎永遠供不應求，Google 也不例外。記得有次開員工發展全球會議時，有位業務教練問我，能不能多分配資源給他們。我說：

沒辦法。員工的需求只會增不會減，各位永遠也趕不上，因為各位是在協助他們學習、成長。各位很貼心、很負責，所以一定會希望能為大家做更多事，但在無法事事圓滿的情況下，你們一定會感到有點力不從心。另外，大家只會愈要愈多，永遠不會滿足。更值得思考的問題是，隨著 Google 規模愈來愈大，你們跟學員可能需要暫時捨棄喜歡做的事，專心在更重要的工作。你們好比稀有資源，無法照顧到每個人，所以我們應該努力的是一起找出方法，讓 Google 人互相學習。

721 法則的辨正

算出培訓的經費與時間很簡單，要衡量培訓的效果不但困難許多，而且很少企業會做這點。四十多年來，人力營運專家測量過培訓時間的運用，宣稱最好的分配是七成在職訓練、二成透過師徒制度、一成上課學習。[152] 許多不同領域的企業如 Gap[153]、顧問公司 PwC[154]、戴爾[155]，在公司網站都提到 721 員工發展制度。[li]

但大多數培訓專家把 721 法則用在訓練上，並沒有效果。

首先，721 法則沒說該怎麼做。所謂的七成時間，是在同一個崗位上邊做邊摸索嗎？還是讓大家輪調職位，學習新專長？或是分配困難的工作讓大家做？這幾個方法有哪個特別好呢？

第二，就算知道該怎麼做，又該如何測量呢？我從沒看過有企業要求主管記下輔導團隊的時間。培訓課程花了多少時間與金錢，企業還算得出來，但其他通常就只能臆測。說難聽一點，說在職訓練應該占員工培訓的七成，只是藉口，方便讓企業人資部門宣稱大家在學習，卻不必提出證明。

第三，沒有確切證據顯示，以721法則分配學習資源經驗會有效果。密西根大學的狄魯（Scott DeRue）與梅爾斯（Christopher Myers）深入研究相關文獻後，指出：「有一點要澄清，這個假設其實並沒有實證研究證實，但卻因為產學界經常引用，而被誤以為真。」[156]

反應、學習、行為、成果

所幸，想測量企業培訓的效果，還有一個更有效的方法，而且跟許多管理法一樣，並非新觀念。1959年，曾任美國訓練與發展協會(American Society for Training and Development）會長的威斯康辛大學教授柯派齊（Donald Kirkpatrick），提出一個系統化模式，將訓練評鑑分成四個層次：反應、學習、行為、成果。柯派齊的評鑑模式跟許多好觀念一樣，都有個共同點：一經說明，道理人人都懂。

層次一是**反應評估**，問學習者對這個訓練有何感受。施教者在課後得到正面回饋，想必都會大受激勵。如果你是顧問或大學

---

li　Google在2005年到2011年之間的人力資源分配，恰巧亦符合721原則。七成工程師與資源部署在核心產品（如Google搜尋與Google廣告）、兩成投入衛星產品（如Google新聞與Google地圖）、最後一成是與產品無關的工程（如無人駕駛車）。這個配置法由布林構思而成，由施密特與羅森負責管理。後兩者與伊果（Alan Eagle）在他們合著的《Google模式》（*How Google Works*）中，對721法則有詳盡討論。

教授，客戶或學生上課有好的經驗，覺得有收穫，自然會幫你推銷課程，未來會有更多人來上課，創造更多財源。

史丹佛商學院教授弗林（Frank Flynn）曾向我透露，教師評鑑要得到高分有個祕訣：「多講笑話和故事。研究所學生最喜歡聽案例。」他進一步解釋說，上課就是一方面吸引學生注意，一方面傳授知識，兩者常常要有取捨。人都渴望透過故事受到啟迪，老祖宗的智慧不都是透過神話與民間故事流傳下來嗎？教學要看到效果，說故事是不可或缺的一環。但光從受教者對於課程的感受，還是看不出他們是否有收穫。

此外，課程到底好不好，受教者自己也常常沒有能力提供回饋。他們在課堂上應該專注學習，而不是評估簡報講解、小組活動、個人演練等活動是否調配得宜。

層次二是**學習評估**，評估受教者知識或態度上有何改變，通常是透過課後考試或調查衡量。上完駕訓班考駕照就是一個例子。學習評估是客觀看課堂的效果，比第一層的反應評估有很大的進展，但缺點是，剛學完的東西不容易扎根，如果原本的環境沒有變動，久了更容易忘光光。想像一下你剛上完陶土課，又拉胚、又燒窯、又上釉，最後做出漂亮的陶壺，但如果日後沒機會練習，別說是精進技巧，恐怕連怎麼做都忘了。

層次三是**行為評估**，也是柯派齊的評鑑模式最有影響力的地方。他調查受教者的行為改變了多少。這個概念雖然簡單，但背後蘊含了幾個深刻的道理。評估行為改變，需要等學習一段時間後才能進行，這樣才能讓學到的事物轉換成長期記憶，而不是只應付考試而強記，考完就忘。外部驗證（external validation）也要能長期成立。要評估行為是否有改變，最理想的方法並非問受教者本人，而是問他身邊的團隊。聽別人怎麼看他，不但能對他的

行為有更全面的了解，更能間接鼓勵他客觀評估自身表現。比方說，問業務自己屬不屬害，大多數人都會說自己是業界翹楚。但如果跟他們說會請教客戶，他們的回答一定會更誠實謙虛。

最後，層次四是**成果評估**。培訓課程上完，銷售業績有沒有成長？領導能力有沒有精進？程式碼有沒有寫得更漂亮？

美國外科醫生學會（American College of Surgeons）採用柯派齊的模型，希望找出「醫生接受培訓課程後，對病患／客戶的健康與福祉有否任何改善」。[157]假設有一名眼科醫生專精LASIK手術，以雷射光將角膜重新塑形，達到矯正視力的目標。醫生學到的新技術能否提高手術結果，是有辦法測量的，例如記錄復原時間、併發症發生率、視力恢復程度等。

但如果是組織性不強的工作或一般型技能，要測量培訓的影響就困難很多。各位可以研發精密的統計模型，找出培訓與成果有否關係，這是Google常用的方式，也不得不然，否則很難讓工程師信服。但有個捷徑可供大多數的企業參考。別管那些統計模型了，只要找到兩個相同的小組，讓一組接受培訓，再比較結果即可。

先決定好培訓的目標。假設是提升業績，將團隊或部門分成兩組，成員組成愈相似愈好。這點在現實中很難做到，但起碼把最明顯的差別減到最低，讓兩組的地理位置、產品組合、性別組成、年資等有比較價值。一組為控制組，保持原狀，不必上課、訓練，也不必關注他們。第二組是實驗組，讓他們接受訓練。

接著，等待結果出爐。

若兩組人確實有比較價值，而培訓是唯一差別，則屆時銷售業績如果不同，代表是培訓所致。[lii]

依照常理，大家一發現有問題，會希望立刻斬草除根，但如

果透過這個實驗法，行動後短期卻無法看到成效。第8章提到，主管上過「主管是良師」課程後，輔導能力的分數進步13%。我們等了一年才能看到課程是否有效，等於這期間有數千名員工無法從中受惠。

我任職於別家公司時，每年都必須接受銷售技巧的培訓課程，上級保證能夠提振銷售業績。企業以為上課有效，要求每個人都得參加，但這不代表就能看到效果。縝密執行一次實驗，耐心等待結果出爐，加以測量，才能得到真相。想知道培訓課程有沒有用。只有一個辦法能確定，那就是找兩組人來比較。

做功課了！

我們從呱呱落地那一刻起，自然就會學習新事物。但我們很少想過怎麼學習最有效。

實務上，如果想加快公司或團隊的學習速度，可以先將技能分解成幾個細項，並提供立即而具體的回饋。有太多企業一心只想教多教快，這樣其實是做白工。培訓結束後，應該評量學習成果，而不是詢問大家的感受，日後才能清楚知道培訓是否有效。

但是人類不但渴望學習，也樂於教人。各位看自己的家人就知道這個道理。爸媽教，小孩學。各位如果是家長，相信一定也會覺得，常常小孩子才是我們的老師，教會我們很多道理。

---

lii 如果兩組人有比較價值，也可以讓他們接受不同的培訓課程。沒有了對照組，所以可以一次嘗試更多變數。但這麼做的缺點是，無法深入了解哪些外在因素可能扭曲實驗結果。舉例來說，如果兩組人的進步幅度一樣，是因為兩種訓練課程都有效果嗎？還是景氣回溫，產品變得比較好賣？兩組人會出現差別，也有可能是受到隨機變異的影響。這可以透過一些統計方法測試出來，但也可採非計量分析法，同一個實驗做一次以上，或加入另一組人來實驗。

據說知名物理學家歐本海默的胞弟法蘭克曾說：「最好的學習方法，就是親自教。」[158]說得真對！要教得好，必須用心思考過內容，精通主題，還要懂得如何深入淺出地講解。

但是，讓員工當老師還有一個更深層的原因。讓員工有為人師表的機會，工作無疑多了一份使命感。日常工作即使找不到意義，也能從傳授知識的過程中受到鼓舞。

學習型企業必須先體認到一點，每個人都渴望成長，也想幫助別人進步。但綜觀許多企業，員工只負責學，教育的工作則交給專家。

何不讓員工身兼兩個角色呢？

打造學習型企業 @Google

- 刻意練習。把技能分解成幾個更容易消化的細項，並提供具體的回饋意見。練習再練習。
- 請最厲害的員工教其他人。
- 沒有實效的培訓課程，寧可不投資。

第10章

不公平待遇

同職不同酬，有何不可？
薪酬不平等，才能真正做到獎賞公正。

　　很可惜，我沒有榮幸跟Google第一任工程副總羅辛共事過。他在我加入前就退休了，但大家還是會聊到他大大小小的事蹟，我最喜歡的一個是，他在Google掛牌上市前幾週，對工程團隊精神喊話。他鼓勵大家莫忘Google的企業使命，以使用者為先，平常心看待公司上市，上市隔天務必收心，繼續為使用者打造令人驚艷的產品。大家會變得更有錢，有些人的身價甚至會飆到無法想像的地步，但不該就此忘了初衷。他怕大家不懂他用心良苦，最後撂下一句：「公司上市後，如果被我看到停車場有BMW，各位最好是多買了一台，因為我會拿球棒把停車場那台的擋風玻璃打得稀巴爛。」

　　Google上市後，雖然讓公司許多員工成為大富翁，但多年來，我們大致沒有染上炫耀性消費的習性。厭惡炫富不只是Google的企業文化內涵，也跟矽谷的發跡歷史息息相關。《紐約時報》記者史崔斐（David Streitfeld）撰文介紹矽谷在1957年「成立」的情景。[159]當時，包括諾伊斯（Robert Noyce）、摩爾

（Gordon Moore）、克萊納（Eugene Kleiner）在內等八人，共同成立快捷半導體（Fairchild Semiconductor），開發出矽電晶體的量產方式。[160]史崔斐形容快捷是「自成一格的新企業……追求開放、敢於冒險，完全沒有美東企業令人動彈不得的階級制度，也不見炫耀性消費的陋習。」諾伊斯後來亦曾跟他父親說：「賺這麼多錢，很不真實。財富只不過是一場數字遊戲。」[161]矽谷長年一向維持著『認真工作不炫富』的風氣。」

當然，這樣的低調心態近年已有改變，即使是Google也不例外。大企業如臉書、LinkedIn、推特等陸續掛牌上市，募資金額動輒天價，再加上未上市股票次級市場的興起，未上市企業的員工得以賣出股票而獲利滿盈，影響所及，矽谷錢淹腳目，要價十萬美元的特斯拉（Tesla）超跑滿街跑，到處也看得到超級豪宅。即便如此，記者畢爾頓（Nick Bilton）對矽谷當前的風氣下了這個結論：

> 紐約人穿著打扮入時，形象至上。反觀舊金山，大家穿帽T、牛仔褲上五星級餐廳，反而覺得是一件值得驕傲的事，才不理會時尚雜誌怎麼說！
>
> 紐約人財大氣粗，炫富成性。
>
> 舊金山呢？當然不缺愛炫富的人，甲骨文執行長艾立森（Lawrence J. Ellison）就是代表人物，他砸重金養帆船隊，還得過美洲盃帆船賽（America's Cup）冠軍。但除了他之外，大多數有錢人選擇低調行事，深怕有損矽谷「致力於打造更美好的世界」的形象。我就認識一位事業成功的公司創辦人，會開二十年的老車去搭他的祕密私人飛機。[162]

單軌列車車廂改裝而成的會議室。澳洲雪梨辦公室。© Google, Inc.
（Credit to Google）

羅辛的那一番話，不僅提醒大家別被財富沖昏頭，也反映出Google當時的企業文化。我們不喜歡鋪張浪費，因此，鋸木架擺上木門就當成辦公桌，也因此，把廢棄的滑雪吊車和單軌車廂回收改裝，就成了蘇黎世和雪梨辦公室的會議間。[163]

　　以產品來看，最能代表Google簡約作風的，莫過於乾淨不囉唆的Google首頁。這樣的設計打破當時傳統：業界普遍認為，使用者希望透過單一入口網站進入網路世界，而網站裡又有幾十個入口網站。但佩吉與布林不以為然，認為如果只要輸入想查的關鍵字，搜尋結果就能魔術般列出，不是很好嗎？後頁是Google與過去兩家搜尋龍頭的首頁比較（2000年2月29日）。[164]

　　Google空蕩蕩的首頁，當年實在太顛覆傳統，一開始反而成

滑雪吊車改裝而成的會議室。蘇黎世辦公室。© Google, Inc.
（Credit to Google）

了障礙，因為使用者進到首頁，只是盯著畫面，什麼字也沒輸入。我們苦思不得其解，後來到附近一家大學，分析學生的實際使用情況，才發現問題所在。時為 Google 人、現任雅虎執行長的梅爾指出，使用者習慣了版面亂糟糟的傳統網頁，「又是蹦出圖樣、又是轉來轉去，有時還會叫你揍一下猴子，」一下子看到 Google 空空的畫面，還以為網頁沒跑完。[165]他們遲遲沒輸入關鍵字，原來是在等網頁開啟完畢。工程副總菲派屈補充說：「我們最後特別在網頁最下方擺了個版權標記，倒不是要標明版權，而是要讓使用者知道網頁已經到底。」問題因此迎刃而解。

布林曾經打趣說，Google 首頁會空蕩蕩的，是因為他不擅長

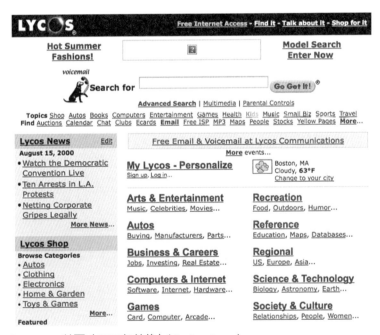

Lycos.com 首頁（2000 年前後）（Credit to Lycos）

Excite.com 首頁（2000 年前後）（Credit to Mindspark/Excite）

Google.com 首頁（2000 年前後）（Credit to Google）

寫網頁的HTML語法。但菲派屈說，其實這是「Google驕傲的地
方，也是設計的出發點，不希望首頁一堆雜七雜八的東西，造成

使用者分心。我們的任務是讓你搜尋到要找的資訊，又快又狠又準。」干擾變少、載入時間變快、找到資訊的路徑變短。[166]

　　然而，羅辛對大家耳提面命，就怕企業文化因為上市案而變質，其實也反映出更深層的議題，因為員工薪酬制度是否公平、符合企業理念，向來是Google非常重視的課題。事實上，Google管理團隊花最多時間討論的人事課題，除了召募之外，就屬員工報酬了。前幾章提過，召募絕對是最根本的一環，如果網羅到比你自己厲害的人才，其他人事議題大多會迎刃而解。

　　Google成立後一、兩年預算吃緊，但就算之後我們想到拍賣網路廣告，營收逐漸成長，我們也一直不願意走高薪路線。Google掛牌上市前，高階主管薪資平均為14萬美元左右，聽起來金額很高，但這已經是最高階才有的水準，而且別忘了，Google員工居住的聖克拉拉（Santa Clara）、聖馬提歐（San Mateo），正好是全美物價最高的地方。Google平均薪資還低於這裡的家庭所得中位數（8萬7千美元）。[167]

　　幾乎每個人都是減薪加入Google。第3章曾提過，我們甚至會看一個人願不願意減薪做為篩選考量，認為只有真正敢冒險、有創業精神的人，才會甘願年薪少拿2萬、5萬，甚至10萬美元。我們甚至也提供減薪5千美元多換5千張認股權的機會（當初答應的員工，現在荷包多了500萬美元）。[liii]

　　隨著營運規模成長，我們不得不調整薪酬制度。想要網羅最好的人才，無法老是採用以股票獎酬來補償低薪的做法。記者杜胥曼（Alan Deutschman）2005年訪談布林時，問到這個話題：

---

liii　Google在2014年進行股票分割，一股拆兩股。當初選擇拿股票的人，現在擁有一萬股。

布林說，公司只有幾百人的時候，股票是激勵大家的強烈誘因，因為每個人拿到的員工認股權夠多，有機會賺大錢。但「員工人數到了幾千人，這個策略就不太管用了」，認股權必須分攤給很多人。「大家都希望能有好報酬。」他說，即使Google現在全球有三千多名員工，「我覺得員工薪酬制度應該向新創企業看齊，薪資水準雖然偏低，但有更多員工認股權。我們現在的營運風險已經大幅降低，所以不必做到百分之百跟新創企業一樣，但仍要維持那份精神。我們的成長空間或許不如新創企業，但仍舊充沛，同時在市場有更高的勝算。」

　　我們也希望員工維持幹勁與企圖心，持續為社會帶來重大貢獻。我們鎖定其他製造出眾多富豪員工的科技企業，研究它們的經驗。杜宵曼指出：「一九九〇年代的微軟，工程師和行銷人員喜歡佩戴「fuifv」字樣的小徽章，前兩個字母代表罵人的fuck you，後三個字母則是I'm fully vested的縮寫，代表「老子可以行使全部認股權了」。
　　我們不希望這種情況發生！
　　接下來十年左右，我們努力打造健全的企業文化與內在報酬制度，例如強調企業使命、追求透明度、讓員工有發聲權、給予大家成長與失敗的空間、提供大家合作互助的設施。但除此之外，我們也針對外在報酬細部微調，主要有四大原則：

　　1. 不公平待遇。
　　2. 獎勵，不以金錢至上。
　　3. 打造鼓勵散播愛的環境。
　　4. 如果立意良好，失敗也有獎。

提醒各位，本章會出現一些重要數字，有些我只概略提整數，避免太過瑣碎，便於計算說明。但有些數字解釋得比較細，藉此說明 Google 不同於業界的待遇制度。Google 創辦人對待員工向來很大方，深信企業創造出價值，應該與員工共享。因此，在 Google 工作確實有機會賺大錢。

跟 Google 規模差不多的科技企業，多半不再發放大筆股票獎勵給所有員工，反而把股票留給高階主管，一般員工什麼都拿不到。我知道有家傳產業者如此分配股票分紅：資深高階主管（企業金字塔頂端 0.3%）拿到幾十萬、幾百萬美元的股票；資淺高階主管（占 1%）拿到 1 萬美元的股票；其他 98.7% 的員工什麼都沒有。也就是說，這家公司不但不獎勵優秀員工，還把更多錢捧到最資深的高階主管面前。我還記得有位高階主管私下跟我說，他要撐到每年有五十萬美元退休金才肯退休（不過他工作上的優異表現，確實沒話說）。

在 Google，不管是哪個層級、哪個國家，每個人都有機會拿到股票獎勵。依照工作性質與在地市場的不同，員工得到的獎勵也會不同，但最關鍵的因素在於工作表現。我們沒必要把獎勵開放給每個員工，卻選擇這麼做，因為從企業利益與員工福祉的角度來看，這是一件值得做的事。

我承認 Google 有它的優勢，要善待員工比較容易。我還記得以前工作時薪 3.35 美元，後來找時薪 4.25 美元的工作時，心裡有多痛快。後來的工作年薪 3 萬 4 千美元，一陣風光得意，覺得人生終於擺脫窮酸的命運。拿到第一個月的薪水時，晚餐特別上餐廳吃好料，第一次覺得自己真有錢，還多點了開胃菜和酒。啊，真是享受！

但即使是在待遇普遍偏低的低毛利產業，企業也發現，員工

	山姆俱樂部	好市多
店家數	551	338
員工人數	110,200	67,600
平均時薪（美元）	10-12*	17

*沃爾瑪並未公布山姆俱樂部的時薪，此為凱希歐預測的金額區間。

待遇高，對業績其實好處多多。好市多與沃爾瑪子公司山姆俱樂部（Sam's Club）同屬大型量飯店。卡羅拉多大學丹佛分校教授凱希歐（Wayne Cascio）在2006年研究中，分析兩者差異。[168]

除了薪資較高之外，好市多當時還幫82%的員工投保健康保險，並支付92%的保費。此外，好市多有91%的員工加入公司退休金計畫，公司為每人平均提撥1,330美元。儘管員工福祉成本高出許多，但受惠於客戶群的口袋較深，且商品單價較高，好市多每名時薪員工帶來的營業利潤高達21,805美元，遠高於山姆俱樂部的11,615美元。換言之，好市多的薪資雖然高55%，但利潤更高出88%。凱希歐解釋說：「好市多因為給員工優渥的待遇與福利，因此員工的忠誠度與生產力在零售業數一數二，離職率也是業界最低……雖然好市多的人力成本較高，但員工具有工作穩定、高生產力的優勢，一消一長，帶來更多利潤。」

員工獎勵屬於企業的敏感話題，在此我會與各位分享一些細節，說明Google的處理方式。我並非要炫耀，而是提供各位參考，因為我們在過程中也犯了不少錯誤，但一路走來，經過持續研究薪酬、公平公正、員工幸福感的關係，我們學到一點心得，漸漸知道如何獎勵優秀員工，卻又不會造成其他員工的嫉妒。我們向其他企業取經，證實了大家以為某種獎勵能帶來快樂，但事實上未必如此。我希望Google能像好市多一樣帶來啟發，可以運用在任何工作環境中，讓工作更自主、更喜樂、更滿足。

不公平待遇：愈優秀，領得愈多

大多數企業為了追求表面上的公平，薪酬制度的設定旨在鼓勵表現最佳的員工，以及最可能跳槽的員工。我們的第一項原則，就要打破傳統做法，企業一開始可能會不放心。

業界薪酬制度所謂的最佳實務，是先蒐集每個職務的市場行情，再訂出薪資可以偏離行情或其他同仁薪資的幅度。企業通常允許的上下限幅度是市場行情的兩成，如果表現特別優異，甚至可以給到行情以上三成。績效一般的員工每年加薪2%到3%，績效傑出的員工則可能加到5%至10%，幅度依公司而定。這種制度會導致奇怪的結果：績效傑出的員工一連拿到大筆加薪後，隨著薪資逼近公司訂出的金額上限，加薪幅度愈來愈小，最後連加薪機會也沒有。

不管你是業務、會計師，還是工程人員，假設你工作表現優異，對公司貢獻良多，第一年公司幫你加薪10%，但第二年加薪7%，第三年只有5%，沒過幾年，幅度不是跟績效平平的員工一樣，就是被人資部門做記號，再也沒有機會加薪！在員工獎金與股票獎勵兩方面，多數企業也有類似的幅度限制。就算及時獲得升遷，爭取到加薪，但不久又會到達這個職級的幅度上限。

這樣的薪酬制度顯然有瑕疵，卻受到多數企業採行，企業一來是想控制成本，二來是認為，同一份工作的績效高低差別不會太誇張。但這麼想就錯了。法蘭克（Robert Frank）與庫克（Philip Cook）1995年的書《贏家通吃》（*The Winner-Take-All Society*），書中預言，薪酬不公平的現象會愈來愈嚴重，而且出現在愈來愈多工作，因為頂尖人才更容易竄出頭，更願意往其他地方發展，為雇主創造價值之餘，更能要求拿到更高比例的報

酬。洋基隊深知這個道理，最佳球員不但薪酬最高，而且表現維持出眾。

　　但問題是，一個人的貢獻很有可能快速累積，成長幅度高於加薪幅度。以一流的顧問公司為例，給剛進公司的MBA畢業生年薪10萬美元，向客戶索取每日2千美元的諮詢費（每年為50萬美元），約是他薪資的5倍。到了第2年，MBA新人年薪可能介於12萬到15萬美元之間，客戶諮詢費每日4千美元（每年1百萬美元），約是他薪資的8倍。暫且不管新人是否為公司或客戶帶進100萬美元的價值，他分到的金額比重逐年下降。這個例子雖然極端，但道理適用於多數專業服務公司。事實上，史丹佛經濟學教授拉吉爾（Edward Lazear）認為，一般人剛進入職場前幾年，貢獻高於報酬，但後來則變成報酬高於貢獻。[169] 也就是說，公司的薪酬調整不是不夠快，就是沒有彈性，無法給予頂尖人才應有的薪酬。

　　面對這樣的窘況，頂尖員工只好選擇離職。在《財富》百大工業企業裡，「長字輩」經理人每五到十年大換血一次。如果你的年紀是三、四十歲，工作表現出眾，大約每十年有機會爬到這些高位。在這些年間，你會拿到幾次大幅加薪，薪酬成長幅度走走停停，最後碰到人資部門規定的薪資上限，一直到你晉升後才又有成長空間。如果你學得很快，表現又是一流，希望薪酬能反映出你在公司的價值，最好的方法就是離開企業內部的壟斷市場，轉進自由市場，也就是找新工作，依照你的真實身價與對方討論薪資，再離開老東家。這正是勞動市場的現象。

　　企業為什麼不挽留表現一流或潛力無窮的員工，反而制訂一套薪酬制度趕走他們呢？這是因為企業誤解了公平的定義，缺乏向員工坦承的勇氣。所謂的待遇公平，並不是指同工同酬或差異

幅度不超過20%。

公平是做到薪酬與貢獻呈正比。[liv]因此，薪酬應該因人而異，差距可以很大。第3章曾提到尤斯塔斯認為，一流工程師的價值起碼是一般工程師的三百倍。比爾蓋茲的看法更激進，據說他認為：「同樣是車床操作員，高手的薪資比功力一般的高出好幾倍，但如果是寫軟體，神人級的價值比一般人可以多出一萬倍。」軟體工程師的價值區間或許比其他工作還大，但厲害的會計師雖然抵不上一百個能力平平的會計師，但絕對可以贏過三、四個以上加起來的價值！

我說的話你可以存疑。但請看以下證據。1979年，美國人事管理局的許彌特（Frank Schmidt）寫下一篇史無前例的研究報告，題名為〈評選過程對工作人員生產力之影響〉（Impact of Valid Selection Procedures on Work-Force Productivity）。[170]許彌特認為，多數召募過程無法找到真正有才華的人（這也是本書第3、4章的著墨重點）。他的邏輯是，如果能證明召募做得好有利實質財務，那麼組織機構會花更多精力做好召募工作。

許彌特以任職於聯邦政府的中階程式設計師為研究對象，探問高手級與一般級員工所創造出的價值差多少，前者定義是第85百分位，後者是第50百分位。高手級每年比一般級多創造出約

---

liv　多數企業把平等（equality）與公平（fairness）混為一談。講到個人權益或公義的議題時，平等的重要性自不待言，但如果假平等之名，給每個人的薪酬都一樣或相差不多，會導致表現最差的員工拿到太多薪酬，表現最好的員工拿太少。人資專家甚至還有字眼形容這個現象，說為了要達到「內部平等」（internal equity），必須限制菁英員工的薪酬，否則造成有些人的薪酬高出太多，何來平等呢？他們理論上沒說錯，薪酬差距大確實不平等，但卻符合公平原則。這章主題說得更精準一點，應該是企業要給予員工「不平等待遇」（pay unequally），但我選了「不公平待遇」（pay unfairly）的說法，一來是希望能凸顯重點，另外也因為拉大薪酬差距後，人資部門與主管一開始會覺得不平等與不公平，但薪酬不平等才能真正做到公平。

11,000美元的價值（以1979年價格計算）。

他接著假設政府在召募時網羅到更多高手級程式設計師，價值又會有多少增幅。他的中點估計值約每年300萬美元。換言之，政府如果把召募工作做得更精實，則根據他的中點估計值，高手級程式設計師可以多創造出4,700萬美元的價值。

他的分析很有道理，但有個環節卻錯了：菁英創造出的價值遠遠高於他的預期。尤斯塔斯與比爾‧蓋茲的想法，反而更接近現實。

許彌特假定工作表現呈現常態分布，但其實不然。

第8章提到歐波爾與艾谷尼斯兩位教授的研究，他們在《人事心理學》（Personnel Psychology）期刊的論文中提到，人的工作績效都呈冪次定律分布[171]（細節請複習第8章）。常態分布與冪次定律分布的最大差別在於，有些現象如果以常態分布解釋，會大幅低估了極端事件的出現機率。以金融業來說，在2008年金融海嘯爆發以前，銀行的預估模型多半採常態分布的趨勢，來預估股市報酬率。歐波爾與艾谷尼斯解釋說：「股市表現若以常態分布曲線來預估，則單日下跌10%的機率，應該是500年才會發生一次……但實際上卻是每5年一次。」塔雷伯（Nassim Nicholas Taleb）的著作《黑天鵝效應》（The Black Swan）正直指這個主題，說明極端事件的機率遠高於多數銀行的預估模型所設定，[172]因此，預測股市動盪與經濟衰退的頻率時，如果用常態分布來分析，出現機率非常低，但如果以冪次定律或類似的分布來分析，機率會高出許多。

人的表現亦呈現冪次定律分布。綜觀許多領域，不難看出有些人異於常人，表現遠遠超過同儕，例如任奇異執行長時的威爾許，以及擔任蘋果與皮克斯執行長的賈伯斯。華德‧迪士尼生

前拿下26座奧斯卡獎，至今無人能敵。[173]比利時推理小說家西默農（Georges Simenon）寫過570本書（多以偵探馬革特（Jules Maigret）為主角），銷售量高達5億到7億本。而英國的羅曼史作家卡特蘭（Barbara Cartland）更是多產，著作超過700本，銷售量高達5億到10億本。[174]（我顯然不該寫商管書才對）。截至2014年初，布魯斯·史賓斯汀（Bruce Springsteen）榮獲葛萊美獎提名49次，碧昂絲46次，U2和桃莉巴頓各45次，但這些都還是小意思，指揮家蕭提（Georg Solti）與昆西瓊斯的提名次數分別高達74次與79次。[175]再望眼體壇，美國職籃波士頓塞爾提克隊（Boston Celtics）的比爾·羅素（Bill Russell），13個球季共得到11次總冠軍[176]；尼克勞斯（Jack Nicklaus）贏過18次大滿貫高爾夫球賽事[177]；比莉金（Billie Jean King）拿過38次網球大滿貫冠軍頭銜。[178]

歐波爾與艾谷尼斯做了五項研究，分析對象涵蓋研究人員、影藝明星、政治人物、運動員等等，人數多達633,263人。下方表格以工作表現排在第99.7百分位的人，比較常態分布與實際情況的結果。

企業制訂員工薪酬制度時，常會付諸直覺，因此犯了許彌特

常態分布無法預估某些表現。

	常態分布人數	實際人數
出版過10篇以上報告的研究人員	35	460
獲得葛萊美獎提名10次以上的藝人*	5	64
擔任13任以上的美國眾議院議員†	13	172

*同樣趨勢也適用於奧斯卡獎、曼布克獎（Man Booker Prize）提名、普立茲獎（Pulitzer Prize）獎提名、《滾石雜誌五百大金曲》（Rolling Stone Top 500 Songs）與另外36個獎項。
†同樣趨勢也適用於美國各州和加拿大各省議會、丹麥國會、愛沙尼亞國會、芬蘭國會、愛爾蘭國會、荷蘭國會、英國國會、紐西蘭議會。

分析政府單位軟體工程師的毛病。我們把平均值與中位數混為一談，以為表現排在正中間，也代表表現落在平均值，但其實大多數人的表現都在平均值之下：

- 以發表報告篇數而言，66%的研究人員都低於平均。
- 以艾美獎提名次數而言，84%的演員都低於平均。
- 以任期而言，68%的美國眾議員都低於平均。
- 以得分數而言，71%的美國職籃球員都低於平均。

但低於平均，並不代表表現差勁，只是統計上的趨勢罷了。如同數據顯示，表現特別優異的人，比多數人超出太多，因此把平均值拉高，遠超過中位數。

大多數企業跟奇異一樣，工作考績呈現常態分布，完全是因為人資部門與管理階層的要求。企業認為應該做出考績分布，各級主管也接受考評訓練，排出分布。影響所及，薪酬也出現同樣的分布趨勢，完全跟每個人的實際貢獻沒有連動關係。

如果以冪次定律分布套在許彌特研究的軟體工程師，排名第85百分位的貢獻不只比平均值高出11,000美元，而是超出23,000美元。而排名第99.7百分位的軟體工程師，貢獻會比平均值整整高出140,000美元。也就是說，經通膨調整後，這位排名前0.3%的軟體工程師貢獻將近50萬美元。[179]看到這裡，各位應該會覺得尤斯塔斯的預估很合理了吧。

歐波爾與艾谷尼斯進一步分析數字：「整體生產力的10%來自於排名前1%的頂尖人士，26%來自於排名前5%的優秀人士。」換句話說，排名前1%的頂尖人士，產出是一般人的10倍，排名前5%的優秀人士，產出是一般人的4倍以上。

當然，這樣的數據無法套用在每件事。如歐波爾與艾谷尼斯所說：「有些產業和組織機構可能強調體力勞動、可能技術有限、可能對最高與最低產出有嚴格標準」，這時就會呈現常態分布，很難看到人有非凡成就。但是，除此之外，冪次定律分布才是王道。

要如何知道企業是屬於冪次定律分布的環境呢？尤斯塔斯教我一個簡單的測試方法，他會自問：「我願意拿多少人來換狄恩或季瑪瓦呢？」前幾章提過，拜這兩位高手的研發之賜，世界上才有Google等建立在大數據技術上的企業。

各位願意拿多少人來換最厲害的員工呢？如果答案是超過5個人，代表你給他的薪資可能偏低；如果答案是超過10個人，那你肯定是太辜負他了。

回到Google，有時候兩名員工做同樣的工作，但貢獻度卻差了100倍，這樣的差距也會反映在薪酬。比方說，甲拿到金額1萬美元的股票獎勵，工作領域一模一樣的乙，股票獎勵卻可能高達100萬美元。這雖然不是常態，但幾乎在每個職級，薪酬差異都在300%到500%之間，而超越區間的薪酬，也所在多有。事實上，Google常會出現有些員工雖然「資淺」，但薪酬遠高於「資深」但表現一般的員工。

若要依貢獻比例獎勵表現異常優秀的員工，必須做到兩件事。第一，要非常了解該職位的貢獻程度，也要知道他的表現有多少是來自環境因素，例如：市場趨勢剛好有利嗎？有多少是團隊努力或品牌效益？是短期成就還是長期成就？評估完貢獻程度後，再看有多少預算，決定薪酬的分布曲線。如果最佳員工的貢獻是一般員工的10倍，他的薪酬未必要高出10倍，但我覺得至少要5倍以上。[180] 在這種制度下，若要不超過預算，只好給予表

現較差、甚至表現一般的員工更少的薪酬。開始落實時一定會不習慣，但往好處看，這樣一來可以留住頂尖員工，也能激勵其他人追求進步。

第二，要讓主管通盤了解這套獎勵制度，向拿到獎勵的最佳員工說明，而當其他員工問起，也能向他們解釋為何獎勵這麼高，績效要做到什麼地步才能拿到。

換句話說，極端獎勵的分配要公平公正。薪酬獎勵的差異區間這麼大，卻無法解釋原因，又沒有明確指示員工應如何具體改善才能達到最佳水準，這樣只會造成嫉妒和怨懟。

多數企業不採這樣的獎勵制度，原因或許正是如此。員工薪酬相差兩倍、甚至十倍，管理起來雖然不容易，但流失最厲害、最有潛力的人才，豈不更教人扼腕。講到這裡，讓人不免思考，哪種企業才是待遇不公平：是給予頂尖員工遠超過平均的獎勵呢？還是一視同仁，每個員工都拿到一樣的薪酬？

獎勵，不以金錢至上

2004年11月，正值Google成立六週年，三個月前甫掛牌上市，我們在這時頒發第一屆「創辦人獎」（Founders' Awards）。[181]布林在2004年創辦人信件中，對股東說明：

> 貢獻愈大、獎勵愈高，向來是Google深信不疑的理念。放眼許多企業，表現傑出的員工常常沒能獲得應有的獎勵。分析箇中原因，有時是企業實行利潤分享制度，大家分得的獎勵差不多，有時是企業根本不重視員工的貢獻。Google希望走出新路線，因此過去一季成立了創辦人獎。
>
> 創辦人獎旨在鼓勵成就卓越的團隊，頒發高額獎金。團隊

成就的評估雖然沒有固定標準，但仍有規則可循，也就是對Google有卓越貢獻的團隊。獎勵為有限制期的「Google股票單位」（Google Stock Unit）。依照參與程度與貢獻程度的不同，每個成員拿到的獎勵多寡各異，甚至有機會得到幾百萬美元。

　　Google有小型新創企業的優點，認同員工的成就，給予鉅額獎勵；但Google沒有新創企業的缺點，因為在我們的平台之下，員工更有機會表現優異，獲得獎勵。

　　有鑑於三個月前公司才剛上市，大家心中會有顧慮，認為有些員工雖然最近幾個月才加入，貢獻不比其他員工低，卻無法獲得同等的獎勵。管理階層也覺得這樣有失公平。我們心中有個問號，擔心公司上市後，大家會失去動力。我們希望獎勵持續為公司創造價值的團隊，藉此鼓舞大家。什麼樣的獎勵最好呢？相信掏出幾百萬美元，大家一定最開心、最有動力！

　　最後有兩組團隊雀屏中選，一組的成就是加強廣告關聯性，另一組則是爭取到一項關鍵的合作案。兩組員工在2004年11月獲得價值1,200萬美元的股票獎勵。[182]隔年有11組團隊得獎，總金額超過4,500萬美元。[183]

　　說來不可思議，但這個獎勵方案讓Google人更不快樂。

　　Google是科技公司，帶給使用者的價值主要來自於技術類員工。多數的非技術類員工雖然同樣表現傑出，但礙於工作性質，工作成果無法每天觸及逾15億名使用者大眾。隨著產品愈出愈多，創辦人獎的得主多是工程師與產品經理。也就是說，公司有一半人從事非技術類工作，知道自己很難得獎，所以覺得這個獎只會扼殺工作士氣。

　　我們事後發現，許多技術類員工也覺得創辦人獎只可遠觀，

因為每個產品對世界的貢獻大小、上市速度快慢、評估的難易度，都各有不同。廣告系統的改善能立刻看到結果，所以容易評估。但它比改善Google地圖解析度更重要、或更有難度嗎？那打造協同線上文字處理工具（本書就是這樣完成的），就比較不重要嗎？很難說。時間一久，許多技術類員工覺得，創辦人獎看得到卻拿不到，只有少數幾個核心產品團隊才有機會。

即使是屢次得獎的產品領域，究竟誰該拿到獎勵，爭論聲依舊沒斷過。以Chrome為例，工作團隊投入多年心力，為求打造出業界最安全快速的瀏覽器，如果有成員從頭到尾參與，由他得獎是天經地義，但如果是只參與一年的成員呢？應該要有獎勵嗎？如果他有，那加入才半年的成員呢？研發過程中，安全團隊有個人針對瀏覽器安全性提供了寶貴意見，應該給他獎勵嗎？把Chrome廣告做得精彩絕倫的行銷人員，又該怎麼辦？（為人父母的讀者，不妨上網搜尋題名為「Dear Sophie」的廣告，如果能忍住不感動掉淚，那比我堅強多了。）每次頒發創辦人獎，管理階層會盡全力評選出最名副其實的得主，但難免有遺珠之憾。因此得主揭曉之後，總是有飲恨者又氣又怨，因為他們的工作雖然是得獎熱門領域，偏偏造化弄人，沒被眷顧到。

沒得獎的人不開心，但得獎的人總該樂翻了吧？

這也未必。創辦人獎辦得風風光光，很多人以為每個得主都能拿到100萬美元，殊不知最高金額是如此沒錯，但多數得主其實拿不到這麼多。金額最低只有5千元，雖然得獎就是肯定，應該欣然接受，但試想，原以為有100萬美元，卻只拿到0.5%，大家的震驚與失望不難想像。

但真正得到100萬美元的人，總該歡天喜地了吧？

這些人確實很開心，試想這麼高的一筆獎金，能為人生帶來

何等的轉折啊！

得獎的技術類員工都是一時之選，憑藉著創新精神與精闢見解，研發出Google幾款最有影響力的產品，但他們意識到，如果再從事同一個領域，恐怕就跟得獎絕緣了，所以會立刻設法轉到新的產品團隊。

原本希望給員工努力的誘因，卻適得其反，造成公司絕大多數人不開心，而少數幾個開心的得主，得獎後卻不願留在同一個重要領域。於是，我們低調減少頒獎次數，原本是一年一度，變成兩年辦一次，現在更是停擺了。我不能說以後就不會再辦，但確實中斷了一段時間。

既然創辦人獎有瑕疵，那不就跟我之前所說的「一流員工應有一流薪酬」互相矛盾嗎？其實不會。超級獎勵絕對有必要，但評選的方式務必公正。

創辦人獎之所以有瑕疵，是因為我們不知不覺以金錢來衡量成功。我們向大家公布，要提供「類似新創企業的獎勵」，金額最高達100萬美元。這樣的獎勵計畫，還不如乾脆讓大家直接玩鈔票抓抓樂。[184]

企業的薪酬制度通常建立在不完整的資訊上，執行的人不是聖賢，難免會有錯誤或不公平之處。Google創辦人獎把重點放在金錢上，自然會引起過程是否公平的問題，結果快樂不起來。

北卡羅來納大學教堂山分校前教授帝伯特與維吉尼亞大學前教授沃克（Laurens Walker），1975年合著《程序正義》（*Procedural Justice*）一書，闡述程序應符合正義（我承認書名可以再修飾得更有力）。[185]之前的研究文獻都說，如果結果是公正的，大家會樂於接受，符合所謂的「分配正義」（distributive justice），亦即物品、獎勵、肯定等的分配是公正的。

所幸，Google 的薪酬制度比這個更公平公正。
（照片提供：Tessa Pompa and Diana Funk）

但現實生活並非如此。如果只重視分配正義，就好比只在乎業務賣出多少產品，不管銷售方式的好壞。我以前的公司有個業務同事，喜歡給同事下馬威，對客戶說謊，卻屢屢有超標業績，因此常拿到優渥獎金。但問題是，績效固然重要，也應該考量他達成業績目標的手段。

帝伯特與沃克稱這個概念為「程序正義」。以分配正義的角度來看，那個豬頭業務拿到大獎是天經地義。但他的同事卻氣得跳腳，因為從程序正義的角度來看，他完全沒資格。更糟糕的是，公司還睜一隻眼閉一隻眼，獎勵他的行為。

人力創新實驗室成員、擁有博士學位的笛卡斯指出，這樣會重挫內部士氣，「員工覺得公不公平，非常重要，會牽動工作心態，尤其是覺得自己受不受重視、對工作滿不滿意、信不信任直屬主管、對企業組織的投入程度等，都會有影響。」

直到開始有同事團結起來，揚言集體辭職，那個豬頭業務才受到公司訓誡，行為開始有點改善。Google 的創辦人獎無形中破壞了兩種正義。得獎人選的決定並不完善，獎勵金額在某些人眼中也不成比例，也就是缺乏分配正義。此外，評選過程不透明，自動淘汰一半以上的員工，等於不符合程序正義。也難怪創辦人獎的效果不佳。

採行極端獎勵的制度，一定要做到分配正義與程序正義。我們嚐到教訓之後，決定改正薪酬獎勵制度，原本號稱公開、由上而下的制度，現在完全開放，全公司都適用。我們不再只請技術團隊的主管提名人選，也把焦點轉向業務、財務、公關等非技術類部門的主管，鼓勵他們提名旗下員工。

此外，我們把獎勵由金錢導向轉為體驗導向，大大改善工作氣氛。如果以活動或物品做為獎勵，大家會有不同的感受。金錢

的衡量屬於認知層面，員工拿到現金獎勵，會與目前的薪水比較，想著可以買什麼。金額跟薪水一樣還是比較少？可以買手機還是買新車？再加上錢花了就沒了，所以大家拿到獎金後，很少會揮霍買名牌高跟鞋，或去做抒壓按摩，反而是把獎金拿來買日常必需品，久了也就沒啥感覺。非金錢獎勵不一樣，無論是體驗（兩人晚餐）還是禮品（Nexus 7平板電腦），都能觸動人的情緒。得主聚焦在體驗的過程，而不是忙著計算價值。[186]

這個概念雖有學術研究的證實，但我們不敢貿然在內部嘗試。調查Google人喜歡哪一種獎勵，大家無異議表示金錢型獎勵優於體驗型獎勵，而且超過15%。大家還認為，金錢比經驗更有意義（高出31%）。講得更直接一點，Google人覺得拿錢最快樂。正如吉伯特（Dan Gilbert）在其著作《快樂為何不幸福》（*Stumbling on Happiness*）精闢指出，人類自以為懂得快樂之道，但事實是我們並不了解什麼才會讓我們快樂。

我們決定做個實驗。以一群員工當控制組，被提名人得獎後還是獲得金錢獎勵。實驗組的得主則是獲得同樣金額的實質大獎，如旅遊、團隊派對、禮品等等。我們不給股票，選擇帶團隊到夏威夷旅行；不給小額現金獎勵，改為安排大家到養生度假飯店、舉辦大型團隊晚宴，或贈送Google電視。

結果令人驚奇。實驗組嘴上雖說現金比體驗好，但實際上卻快樂許多。相較於金錢型獎勵，他們覺得體驗型獎勵的樂趣高出28%、難忘度高出28%、貼心度高出15%。體驗型獎勵可以是安排團隊到迪士尼樂園玩（事實證明，大家果然是童心未泯），也可以是發給個人用禮券，都有為快樂加分的效果。

此外，實驗組的快樂感受也比控制組延續更久。五個月後我們再次調查兩組人，發現得到金錢型獎勵的人，快樂程度下降約

25%，但實驗組反而比剛拿到獎品時更快樂。金錢帶來的喜悅稍縱即逝，但回憶卻是永久的。[187]

對於表現絕佳的員工，我們每年還是會發給絕佳的現金與股票獎勵，而且符合冪次定律分布。但我們過去十年的心得是，獎勵多寡固然重要，但評選得主的方式也不容馬虎。獎勵方案若不符合分配正義與程序正義，就必須檢討改進，不然乾脆汰換。我們特別強調累積人生經驗的重要，不該一味追求金錢利益：得到體驗型獎勵的員工，我們公開表揚；獲得高額獎金或股票獎勵的員工，我們低調發放。這樣做，造就出更快樂的Google人。

打造鼓勵散播愛的環境

上節所講都是管理階層發獎勵，但是員工也應該給獎勵才對。第6章提到，一個人對專案有多少貢獻，他的同儕比主管更清楚。第7章的山姆愛耍心機，但其他同事都看在眼裡。為了杜絕這種現象，應該鼓勵員工彼此獎勵。gThanks正是這個概念下的產物，方便大家肯定同事的卓越貢獻。

gThanks的妙，設計簡單是關鍵。只要輸進對方名字，按一下「讚喔」（kudos）鍵，再打幾句話，就能簡單跟對方道謝。寄「讚喔」比寫電子郵件好，因為這是公開道謝，人人看得到，也能在Google+分享。透過公開讚揚的方式，給的人快樂，收的人也開心。寄「讚喔」所需的筆畫比寫電子郵件還少，使用起來更方便。以前要寄「讚喔」，必須要到專門網頁，但推出gThanks之後，我們發現「讚喔」次數竟然是一年前的4.6倍，每天都有千人以上使用。

不是說老派的稱讚方法不好。我在辦公室外就設置了「快樂牆」（Wall of Happy），上面貼滿團隊成員收到的感謝。

gThanks是Google的同僚獎勵工具。© Google, Inc.（Credit to Google）

據說拿破崙寫過：「我有個天大的發現：勳帶讓人願意赴湯蹈火，甚至不惜一死！」這段話雖非出於善意，卻清楚點出公開讚揚是最有用、卻又最被忽略的管理工具。

gThanks的另一個功能是允許員工發放同僚獎金（peer bonus）。讓員工有權獎勵彼此的成就，是很重要的措施。大部分企業讓員工提名當月最佳員工，有些企業則在人資部門或管理階層的同意下，讓員工發放小額同僚獎金。

Google人可以給同僚175美元的獎金，而且不需管理階層批准。很多企業會覺得這樣的做法太誇張，要是員工私下交易，互給獎金呢？要是有人耍手段，想藉此大賺外快呢？

Google並沒有發生這些現象。

這十幾年來，濫用同僚獎金的情況微乎其微。若真的發生，站出來發難的通常也是Google人自己。舉個例子，2013年夏

To: Annie Robinson
From: A Googler
Date: April 21, 2014

Annie took time out to host my Agency Exec Summit group on a culture and innovation tour around the Mountain View campus. She was brilliantly energetic and bursting with interesting facts and figures and I know the guys really enjoyed listening to what she had to say. We couldn't run these events without the commitment and enthusiasm of Googlers like Annie, so I wanted to say a massive thank you!

我辦公室外的快樂牆。Google總公司。
（Credit to Craig Rubens & Tessa Pompa）

天，有位員工寫了一封信給全體員工，徵求志願者測試新產品，可獲得同儕獎金當作謝禮。但各位別忘了，同儕獎金是要肯定有傑出貢獻的同事，不能當成酬庸或誘因。結果不到一個小時，這位員工又寫了一封信給大家，解釋說有同事好心提醒他同儕獎金的宗旨。他坦承不知道不該拿獎金做條件交換，特別向大家道歉。知錯能改，善莫大焉。

我們發現，只要願意相信大家，大家通常就能朝正確方向邁進。同儕之間彼此獎勵，有助於醞釀出肯定與貢獻的企業文化，也能讓員工知道，應該把自己當老闆經營，不是把自己當苦力。前為高盛副總、現任Google創意實驗室（Creative Lab）行銷主管與退伍軍人交流網（Veterans Network）創辦人的蘿倫諾（Carrie

Laureno），這麼跟我說：「一加入Google，我的心態立刻歸零，凡事以信任為出發點。十之八九都會有好結果。」

說來真妙，「讚喔」的使用次數雖然增加，但同儕獎金的發放次數卻沒有增減。換句話說，讓大家能更方便讚揚彼此，工作環境不但更開心，而且不會帶來額外支出。

如果立意良好，失敗也有獎

最後一點是，獎勵失敗也很重要。員工在誘因的驅使下達成目標，企業固然要獎勵，但如果有件事明知有風險，但員工卻願意放膽去做，就算失敗也不足惜，這樣的膽識也應該給予獎勵才對，否則大家都只肯守成，不敢往前衝。

漢威（Honeywell）執行長高德威（David Cote）接受《紐約時報》專欄作家布藍特（As David Cote）採訪時，曾說：「我23歲那年當過漁夫，學到最寶貴的一課是，埋頭苦幹不一定會有結果。做的事不對，再怎麼拚命也沒有用，因為結果還是差不多。」[188]人生在世，再厲害的人也有失足的時候，如何面對失敗才是致勝關鍵。

2009年3月27日，Google宣布新產品「Google浪」（Google Wave）誕生，於當年9月正式推出。它的幕後團隊均為一時之選，經過多年研發，才打造出這個勝過電子郵件、簡訊、視訊聊天的平台，讓使用者能以全新方式在線上互動。

科技新聞網站Mashable形容，Google浪是「Google近年最驚天動地的新產品。」[189]Google浪的重大特色如下：

- 現場直播。這點就連現在很多產品都做不到。使用者可即時看到對方一字一字打出留言或對話，如果比較慢加

Google 浪的網頁外觀和創新介面，時間為 2009 年前後。© Google, Inc.
（Credit to Google）

入這一波「浪」，還能重新播放整段對話，讓人有身歷其
境的感覺。

- 平台性質。Google 浪與多數電子郵件或線上聊天產品不
  同，它屬於平台，可以加入應用程式，例如媒體摘要
  （feed）、遊戲等等，做到現在多數社群網站的功能。

- 開放源碼。程式碼開放給大眾修正改進。

- 拖曳功能。這樣的功能如今已很常見，但 Google 浪當年
  率社群網站產品之先，讓使用者只要把文件或圖片拖曳
  到畫面，就能彼此分享。

- 自動化功能。使用者可以創造自動化代理程式，照事先
  設定的模式互動。比方說，可以設計即時報價程式，對
  話交流中只要出現公司名稱，就會跑出該公司股價。

儘 管 如 此，Google浪 仍 然 光 榮 陣 亡。2010年8月4日，Google浪推出約屆滿一年，我們宣布服務劃下句點。雖然新功能已在醞釀當中，也累積了不少熱衷粉絲，但普及率苦無進一步突破，管理團隊決定就此打住。Google浪後來交給阿帕契軟體基金會（Apache Software Foundation；研發並散佈開放源碼程式的非營利組織）處理，[190]一些創新功能如現場直播、同時編輯等等，也成為其他產品的重要特色。

　　除了帶頭研發新產品外，Google浪團隊的運作方式也是一項實驗。我們讓工作團隊勾勒出媲美上市的大願景，設定階段性目標，最後更有機會拿到媲美上市的獎勵，想知道這樣能否有更漂亮的成績。換言之，這個團隊選擇放棄一般的獎金與股票獎勵，希望有機會得到金額高出更多的報酬。兩年來，大家投入無數時間研發，一心想翻轉線上互動的方式。他們評估過風險，放膽去闖，結果卻慘遭滑鐵盧。

　　怎麼辦呢？我們決定獎勵這些人。

　　因為甘冒風險而被處罰，絕非Google所樂見，所以我們當然要獎勵這些人的努力。大家最後拿到的獎勵，當然比不上如果產品空前成功的夢幻金額，但我們也不願看到他們已經放棄領一般薪酬，現在產品不成功，荷包也變得空虛。我們給的獎金雖然不夢幻，但比大家預期的多。

　　這樣的安排還是未能盡如人意。團隊主管與幾名成員選擇離職，對他們而言，夢想與現實的差距實在太大。雖然公司提供資助，但無法撫平每個人的傷口。所幸許多人還是留下在其他領域為Google效力。這段插曲教我們最寶貴的一課是，獎勵失敗，才能鼓勵大家放膽做大事。

　　哈佛商學院榮譽教授阿吉瑞斯（Chris Argyris）1977年曾寫過

一篇文章，[191] 精闢分析哈佛商學院學生畢業十年後的職場表現。這群天之驕子無不以當上企業執行長或產業大師為目標，但多半升到中階主管後就停滯不前。為什麼呢？阿吉瑞斯發現，這是因為他們的人生不斷過關斬將，最後碰到一個難以跨越的障礙，學習能力頓時關機。他說：

此外，這些公認是最懂得學習的人，其實學習能力並不好。這些人可是受過高等教育、有熱誠、有使命的企業人士，而且還高居重要管理職。**簡單來說，許多企業人士因為成長過程中無往不利，所以很少有失敗經驗，而因為很少失敗，一直沒學會如何從失敗中學習**……他們變得有防衛心、不理會批評聲音、把錯都怪在別人身上。也就是說，最需要學習的時候，他們反而不肯學。[192]（粗體字為作者標註）

Google 浪事件經過一、兩年後，胡波掌管廣告工程團隊，要求大家發現程式有重大錯誤時，一定要提出在團隊裡討論，進行所謂的「記取教訓」時間。他希望大家除了分享好消息之外，也不怕把壞消息拿出來共同商議，這樣他與他的主管才不會被蒙在鼓裡，也才能再三強調從錯誤中學習的重要。有個工程師在開會時驚恐地據實以告：「胡波，我有一條程式碼寫錯了，害公司損失一百萬美元營收。」胡波帶著團隊分析問題、修正程式碼後，最後說了一句：「大家學到的教訓有沒有價值超過一百萬美元？」「有！」「那就請大家繼續加油。」[193]

「失敗有獎」的精神，其他組織機構也適用。位於舊金山灣區、洛沙托斯市的布查公立中學（Bullis Charter School），鼓勵學生數學算錯也沒關係，錯一題，再算一次就能得到一半分數。校

長賀希（Wanny Hersey）這麼跟我說：「學生都很聰明，但人生偶爾會遇到挫折。幾何、代數學好雖然重要，但願意面對失敗、再接再厲的能力，也應該培養。2012年到2013年學年，布查中學在加州中學學校評鑑高居第三。[194]

落實獎勵四大原則，拚了！

本章提到的薪酬金額高得嚇人，我知道對大部分的領域遙不可及。[lv]但老實說，即使科技業在全球搶人才搶得兇，紛紛祭出高價網羅，但天價薪酬在Google內部並不常見。

撇開科技業不談，就只談我個人的工作經驗，不管是在公立學校、慈善機構、餐廳，還是顧問公司，員工的表現幾乎都是冪次定律分布。在這些工作當中，高手的實際人數一定比常態分布得出的數字高，表現也大幅超越其他人。有的是年年獲獎的老師，有的是籌資金額比第二名高出兩倍的募款高手，有些是一天晚上小費就比我多一倍的服務生。但他們卻拿到「公平」的薪酬，不能比表現一般的同事高出太多，就怕引起眾怒。這些高

---

lv　法蘭克和庫克所謂的「贏家通吃」市場是例外，例如職業體育、樂壇、演藝圈等等，A咖的酬勞明顯高於B咖，動輒幾千萬美元。此外，這些市場的酬勞亦呈現冪次定律分布。以美國演員工會（Screen Actors Guild）為例，雖然會員酬勞數字只公布到2008年，但匯集多方報導的資料後，還是能一窺端倪，得出粗略的分布趨勢。排名倒數三分之一的演員完全沒有酬勞，中間三分之一的演員拿到1千元以下；排名第68到95百分位的人，酬勞落在1千美元到10萬美元之間；排名第94到99百分位的演員，酬勞在10萬美元到25萬美元。排名前1%的人，酬勞超過25萬美元；而從這1%再挑出最前面的1%，可謂是萬中選一的A咖演員，酬勞更是直比天價：威爾史密斯（Will Smith）身價最高，收入超過8,000萬美元，第2名是強尼戴普（Johnny Depp），7,200萬美元；艾迪莫菲與麥克邁爾斯（Mike Myers）並列第三，5,500萬美元；李奧納多狄卡皮歐（Leonardo DiCaprio）的收入則達4,500萬美元。〔資料來源：〈A Middle-Class Drama〉，洛杉磯時報，2008年5月28日；〈SAG Focuses Hollywood Pitch〉，《紐約時報》，2008年7月1日；〈Dues for Middle-Class Actors〉，《好萊塢報導》（Hollywood Reporter），2012年3月3日；〈Hollywood's Best-Paid Actors〉，《富比士》，2008年7月22日。〕

手的表現有目共睹，也應該有更好的待遇才對。放諸一般企業，如果有一個菁英員工可以抵過十個中等員工，請務必給予「不公平」的待遇，否則就別怪他選擇離職。

獎勵員工不必金錢至上，也應該提供體驗型獎勵。很少人回顧一生時只會想到賺多少錢，大家回憶的多是與同事、朋友的對話、餐聚、活動等等。獎勵員工時，體驗更勝金錢。

信任員工，給予大家肯定彼此的機會，形式可以是按個讚、說好話，也可以是小獎。看到同事最近加班加到很晚，不妨到附近咖啡店買張禮物卡，或買瓶葡萄酒送給他的另一半，謝謝對方的體諒。請讓員工有關心彼此的機會。

最後，如果大家目標放眼星星，卻只射中月亮，沒有必要苛責，應該讓他們有從錯誤中學習的空間。正如佩吉常說的：「目標夠大夠瘋狂，就算失敗了，也是一次值得嘉許的成就。」

平等、公平與公正 @Google

- 勇於給予員工不公平的薪酬。拉大薪酬區間，才能反映出工作表現的冪次定律分布。
- 獎勵，不以金錢至上
- 打造散播鼓勵散播愛的環境。
- 如果立意良好，失敗也有獎。

第11章

最美好的事物都是免費

Google 的福利方案多半不花錢，歡迎採用！

　　人類在沒有企業這類組織的環境下，存活了幾千幾萬年，現在不靠當上班族過活的人，也所在多有。然而企業少了人，卻萬萬不可能存在。這個道理再簡單不過，但遇到景氣低迷時，卻常常被企業拋在腦後。公司毛利維持得很辛苦，甚至走在倒閉邊緣，於是乎大砍員工的工作時數與福利。員工沒辦法，為了養家活口只好認栽，工作愈來愈痛苦。等到景氣回春，企業還搞不懂員工流失率為何大幅提高。

　　Google 的做法不一樣，請看 2004 年提交上市報告裡的創辦人信件：

　　我們提供許多特別的員工福利，包括免費供餐、安排醫生進駐、設置洗衣機等。我們深信這些福利對公司有長遠的益處。**員工福利在未來只會有增無減**。我們認為吝於給予員工福利，只是省小錢花大錢。照顧好員工，可以幫他們省下一大筆時間，亦能改善健康、增加生產力。（粗體字為作者標註）

隨著員工福利愈來愈多，我發現Google人受惠最多的幾項其實不花大錢。一來是，員工真的需要雇主出面協助的場合不多（請容我稍後說明），另外是因為，新增福利不過就是採納員工的構想。

外界看Google的員工福利這麼好，多半認為是砸下重金的結果。

除了員工餐廳跟接駁公車之外，其實我們的福利支出跟其他企業沒兩樣。[lvi]Google的員工福利大多免費，即使不是免費，成本也不高，而且多數方便執行，幾乎所有企業都能複製。只要發揮想像力，用心去做，企業都能提供屬於自己的福利措施，偏偏願意這麼做的企業還是有限。

Google的福利措施旨在提高做事效率、凝聚社群意識、激發創新思維。每項措施希望能達到一個以上的目標。

讓生活與工作更有效率

凡是企業都希望員工做事有效率，Google也不例外。Google之所以為Google，是因為我們精密計算任何一個工作環節，例如資料中心使用效率、軟體程式碼品質、銷售業績、差旅費等等，務求工作效率。同時，我們也希望大家能過有效率的生活。Google人工作認真，白天已經忙得暈頭轉向，回到家還得花時間

---

lvi 我們提供免費餐點讓員工與賓客享用，希望藉此凝聚社群意識、創造互動機會、激盪出新構想。2013年，每日供餐量超過7.5萬份。接駁車的停靠點遍布舊金山半島，可達舊金山分公司與山景總公司。這些裝有Wi-Fi的接駁車，2013年共行駛5,312,156哩，使得Google成為大眾運輸運量稱霸灣區的民間企業。接駁車服務縮短了通勤時間，也能在車上做其他事，讓Google人生活更有效率。同時每天也少了幾萬輛車上路，省下公路塞車之苦。

處理雜七雜八的家事，說有多煩就有多煩。為了讓大家無後顧之憂，Google 提供各式各樣的園區服務，包括：

- 自動提款機。
- 自行車維修。
- 洗車、換機油。
- 乾洗服務。把髒衣服丟進衣簍裡，幾天後再來拿就行了。
- 新鮮有機農產品與肉品配送。
- 假日市集。攤販進駐園區銷售各類產品。
- 移動髮廊。改裝成理髮廳與美容院的大型巴士，進駐園區服務。
- 行動圖書館。Google 許多分公司的城鎮都有這項服務，會進入園區服務。

這些都不需要 Google 掏腰包。店家希望提供服務，只需取得 Google 許可就能進駐園區，採使用者付費的原則（但有些情況會由公司出面爭取團購折扣）。而像日常雜貨送貨等情況，Google 人會自行張羅安排。

安排店家來園區並不難。以芝加哥分公司為例，有位員工請當地一家美甲店老闆每週來 Google，在會議室設立臨時美甲服務站，讓員工能就近享受。從這點可看出，員工福利可由 Google 人自行管理，公司的成本頂多只是美甲師需要喝杯咖啡罷了。Google 唯一必須提供的是開放的企業文化，讓大家知道可以提出福利建議，打造自己的工作環境。

有些福利確實需要成本，但金額相對不大，而且能大大造福 Google 人。比方說，有些人騎自行車或乘坐大眾運輸上班，偶爾

需要開車買日常用品或到機場接朋友時,公司提供了幾台電動車以應不時之需。Google另外有一組五人服務團隊,協助全公司逾五萬名員工張羅日常瑣事,如旅遊規劃、尋找水電工、訂購鮮花和禮物,幫Google人省下一、兩個小時。Google能負擔得起這些成本,確實是因為營運規模較大,多增加幾名員工或添置幾輛公司配車,只占整體成本的一小部分,何況這些成本可分多年折舊攤提。但是我們的線上看板,任何企業都能複製。員工可以建議在地有哪些好商家(如水電工)、有哪些好家教、分享自己看到的優惠活動。人數累積到五十人、一百人,表示需求龐大,公司即可跟在地店家協商提供團購折扣。

愛屋及烏的社群意識

讓員工省掉生活瑣事的麻煩,可以提高效率,而凝聚公司內部的社群意識,亦有助於大家把工作做到最好。隨著營運規模逐年成長,Google竭盡全力維護社群意識,就跟早年只有幾個人的感覺一樣,並將社群意識延伸到Google人之外,把他們的子女、配偶、伴侶、父母,甚至祖父母,都當成是我們的家人。許多企業已在落實的「帶小孩上班日」,Google也執行了多年。2012年,我們更首度舉行年度「帶爸媽上班日」,超過兩千名員工家長光臨山景城總公司、逾五百名家長光顧紐約分公司。帶爸媽上班日一開始有個歡迎儀式,接著向大家介紹正在醞釀中的產品,或是請專家分享Google歷史。有一年,我們請到Google第一位業務主管寇斯坦尼(Omid Kordestani)演講,介紹公司從十人成長到兩萬人的心路歷程。有一年則由搜尋團隊資深副總辛格分享,談到他小時候還在印度時,看電視影集「星際迷航」(*Star Trek*)的寇克艦長以口令指揮電腦,心中嚮往不已,而現在他透

過Google即時資訊（Google Now），做到同樣的事，讓他大感科技的神奇。專家分享完之後，是產品展示時間，家長可以親自體驗無人駕駛車；站在20呎高體驗室裡，感受被Google地圖360度環繞的感覺；到園區裡隨處走走。最後還能參加由佩吉和其他資深主管主持的全員大會。Google目前超過19處分公司都有舉辦帶爸媽上班日，包括北京、哥倫比亞、海法、東京、倫敦、紐約等，每年有更多分公司加入。

帶爸媽上班日的用意，不是讓希望子女成龍成鳳的父母來辦公室，繼續幫小孩加油打氣，而是Google想藉這個機會表達謝意，讓大家也成為Google大家庭的一份子。家長對於小孩在Google上班，當然感到驕傲，但大部分人卻不知道Google到底在搞什麼名堂。能幫助這些家長了解兒女對世界的貢獻，哪怕兒女已經是50歲的人，都是一件溫馨的美事。每到這一天，我常被家長攔下不下十幾次，他們泛著淚光，說很高興有機會看到孩子的這一面，Google願意肯定他們這些做父母的人，心中無限感激。Google人自己也很喜歡。強森（Tom Johnson）寫道：「帶老媽來參觀我引以為傲的公司，看她跟我在一起這麼快樂。每次想到這點，我都不禁微笑起來。」

我超喜歡那一天！

我們在內部也努力凝聚社群意識。第2章曾說過，問答時間是全員大會的關鍵時刻，員工可以自由發問，小至「為什麼我的椅子坐起來很不舒服？」大至「使用者的個人隱私顧慮，我們是否給予適當的關注？」一些員工活動安排起來很方便，也能讓大家更親密，例如gTalent達人秀，大家可能發現有個業務是馬術特技冠軍，又或者有工程師是在美國比賽得名的國標舞者。另一個例子是「誰來午餐」（Random Lunches），彼此互不認識的

Google人經安排共進午餐，進一步了解彼此。這些活動除了需要花時間規劃，偶爾必須提供零食飲料之外，幾乎花不到什麼錢。

Google有超過兩千種電子郵件清單[lvii]、小組、社團，主題應有盡有，包括單輪車社團、雜耍社團（這兩個似乎是科技企業的必要社團）、讀書會、理財社，甚至還有搞笑取名「鬥陣俱樂部」的社團，社團活動當然不是像同名電影的內容一樣，以鬥陣打架為主，純粹是有人覺得既然要成立社團，名稱愈響亮愈好。但就跟電影內容一樣，鬥陣俱樂部的頭號規定就是不能對外討論，所以我還是閉嘴為妙。在五花八門的社團中，員工資源社（Employee Resource Group）特別值得一提。Google目前共有二十多個員工資源社，許多更擁有全球社員，這些團體如下：

- 美國印第安人社
- 亞裔Google人社
- 非裔Google人社
- 同志Google人社（關注同志、雙性戀、變性人議題）
- Google女性工程師社
- 銀髮Google人社
- 拉美裔Google人社
- 身心障礙者社
- 特殊需要社（例如自閉症、過動症，視障等）

---

lvii 大家提出的問題與討論的事項千百種，包括：有位爸爸臨時請大家幫他做出要給女兒穿的綿羊戲服；有位員工自製牛肉乾，要請大家試吃；有員工希望向其他人借東西（婚禮蛋糕架、禦寒手套，甚至還有人借過一把劍）；失物招領；幫忙介紹法律諮詢與幼兒園；高階主管詢問可否搭便車到機場；提醒同仁辦公室附近有山獅出沒。

- 退伍軍人社
- 女性員工社

　　我在十年前就注意到《時代》雜誌有類似的公司社團，其中一個是亞裔美國人社，因為舉辦風水課程製作宣傳傳單，邀請其他員工一起共襄盛舉。我的印象很深刻，因為就我以前的經驗，社團都只管照顧好自己人，很少強調跟其他社團互動交流。

　　Google所有社團樂於彼此互動。每個人都能加入任何一個員工資源社。我們有許多「馬賽克社團」（Mosaic）分會，串連各分公司的員工資源社，這樣即使分公司規模太小，員工亦能參與退役軍人或銀髮Google人的社團。還有一系列「Google大會串」（Sum of Google）會議與活動，輕鬆的例如由同事各帶一道菜聚餐、電影之夜等，正經的例如有職涯講座、志工活動等，背後理念建立在許多社團有共通經驗。

　　其他一些值得關注的團體還有企業文化社團，共52個，除了在各分公司扮演Google企業文化的掌門人，還安排不同活動，不但讓大家有機會交流，也讓Google人與外界人士有更深一層的互動。以下舉幾個志工群、員工資源社、企業文化社團最近舉辦的活動為例：

- 2014年，近兩千名Google人參加美國各地的同志大遊行，其他國家的同志遊行亦有數百名員工參加，包括海德拉巴、聖保羅、首爾、東京、墨西哥城、巴黎、漢堡等等。
- 拉美裔Google人社在總公司舉辦家庭健康日，邀請逾三百戶當地低收入家庭到園區，與他們分享科技、健

康、營養等資訊。現場還有醫生和營養學家團隊駐守，提供醫療諮詢與轉介建議。

- 非裔Google人社舉辦年度對外推廣之旅。2014年，來自七個分公司的三十五名Google人在芝加哥聚會，進行三天對外推廣活動，包括教育少數族群經營的小企業、職涯發展、社群夥伴關係。他們舉辦了名為「小企業閃電戰」（small business blitz）的諮詢時間，輔導了三十名少數族群業主，讓對方可以在六個服務站向Google人請益，詢問大至社群行銷、小至如何設立網站等問題。此外，非裔Google人社還邀請四十多位中小學學生到芝加哥分公司，其中包括幾個邊緣青少年。大家除了參觀辦公室，還能從簡報得知資工領域的機會與種族多元化趨勢，更可以親手玩名為「積木力」（Blockly）的初階程式語言編寫遊戲。

- 新加坡分公司的員工每個月會撥出兩天下午，協助亞洲各國家失業或需要自力更生的人。這些人有男有女，透過Google人的幫助學會使用網路和Google產品，習得技能，建立信心，在自己的國家找到新工作或創業。

- 退伍軍人社輔導退伍士官兵學習新技能，找到新工作。社團近期推動「英雄再出發」（Help a Hero Get Hired）工作坊，協助退伍士官兵撰寫履歷，為投入職場作準備。配合2013年Google服務週（GoogleServe）的社區服務，退伍軍人社在美國12個城市舉辦了15場工作坊。

- 阿姆斯特丹分公司有位員工是腎臟移植等候病人，同事為了幫他加油打氣，舉辦了「廁所付費日」（Pay to Pee Day），活動人員請大家上洗手間小額捐款，募得金額最

後捐給荷蘭腎臟基金會（Dutch Kidney Foundation）。

- 2011年日本海嘯大地震之後，東京分公司舉辦「出賣靈魂」（Sell Your Soul）賑災拍賣會，由員工提供最獨到的個人專長，有的人分享烹飪訣竅和編碼建議，有的人則志願當自行車導遊，帶得標者騎七百公里到日本北部。活動最後籌得兩萬美元善款。

- 加州總公司員工配合「教育與對話」（Through Education And Dialogue）活動，為內部清潔人員上電腦課與英文課。

- 在西班牙失業率創新高的背景下，馬德里分公司決定分40天，捐出總重1公噸的食物，相當於提供7千頓熱菜熱飯給有需要的民眾。活動團隊最終募集到4公噸食物，公司更捐出等量食物，一起捐給當地慈善機構明愛（Cáritas）。

看到這裡，各位可能會覺得Google是給員工無形壓力，或聯想到艾格斯（Dave Eggers）在反烏托邦小說《揭密風暴》（The Circle）描寫的企業[195]。但事實上，Google人會做這些事完全出於自願。小時候上學時，大家不都各有所好嗎？Google人也是如此，有人加入社團，有人玩心比較重，有些人只想把工作做好。

上述自主活動雖以伸出援手為主要目標，卻常出乎我們意料，帶來潛移默化的學習效果，與第9章談到的培訓機制大異其趣。2007年，我們成立進階領導力實驗室，活動為期三天，特別找來背景多元化的資深主管參與，大家的工作據點，職能、性別、社會背景、族裔背景、任期等，都很不一樣。時任業務主管的布朗菲帕（Stacy Brown-Philpot）參與了第一屆活動，她後來成為Google創投的駐點創業家（entrepreneur-in-residence），離開

Google後，她轉而到勞務外包網站跑腿兔（TaskRabbit）擔任營運長。多年後，我們兩人分享當初草創進階領導力實驗室的特殊經驗。

「我遇到很多好人。不參加，我還不知道公司臥虎藏龍，做的事這麼五花八門呢！」她說。

「那妳還有跟誰聯絡？」我問。

「都沒有。」

「可是妳不是說……」

「很奇怪吧，我沒有什麼事情需要向他們求助，但光是知道這些人的存在，我心裡就踏實許多。」

她的這番話，讓我想到小時候讀米恩（A. A. Milne）的《小熊維尼》（Winnie-the-Pooh），故事裡有一段維尼跟好朋友小豬的對話：

小豬從維尼身後走到他身邊。「維尼？」他小聲說。

「小豬，什麼事啊？」

「沒事啦，」小豬邊說邊牽起維尼的手：「我只是很高興有你在。」

Google的社團與團體之所以重要，或許也是單純因為它們的存在讓大家多了踏實感。

創意起飛

上述努力不但有助於打造更美好的世界，對Google本身也有幫助。讓大家有機會跳脫工作而交流，往往能激盪出創新的火花，達到Google員工福利的第三個目標。

打開亞馬遜網站，以創新為主題的書籍多達54,950本，公說公有理，婆說婆有理。Google當然有許多自己的做法，但最顯而易見的是，我們運用員工福利與辦公室環境的配置，增加大家「巧遇」的次數，進而激發創意。Google不動產與工作場所服務副總雷克理夫（David Radcliffe）負責規劃員工餐廳空間，並精心設計排隊動線，故意讓彼此不認識的員工「不期而遇」，兩人說不定因此聊出新點子來。

各樓辦公室隔一段距離就有迷你廚房，提供咖啡、有機水果、零食等，讓人可以放下工作，放鬆個幾分鐘。迷你廚房裡經常可以看到Google人吃餅乾、下棋或打撞球，邊放鬆邊聊天交流。布林曾說：「人與食物的距離不應該超過兩百呎。」迷你廚房的目的，其實跟星巴克執行長蕭茲（Howard Schultz）對旗下店面的期許一樣，他認為有必要為消費者創造出住家與辦公室以外的「第三空間」，讓大家放鬆、充電、彼此溝通交流。Google的理念也是如此，要提供員工可以聚在一起、卻又不像辦公空間的地方。迷你廚房的地點經過特別規劃，希望能讓不同團隊的人有機會交流。

迷你廚房通常位於兩個不同團隊的中間地帶，讓彼此陌生的同仁有機會碰面，聊得很愉快固然是好事，但說不定這麼一聊，更能激發對使用者有幫助的絕佳點子。

根據芝加哥大學社會學教授伯特（Ronald Burt）的研究顯示，不同社群之間的結構性缺口，往往是創意湧現的地方。這些缺口可能來自於職能的差距、不常互動的團隊，甚至開會時常常沈默如金的那個同事。伯特對創意的形容很妙：「站在社群結構缺口附近的人，屬於迸發出好點子的高危險群。」[196]

同屬一個社交圈、業務單位或團隊，常常想法類似，看問題

迷你廚房散布辦公室各處。這一個特別精緻。© Google, Inc.
（Credit to Google）

的角度也雷同。久了，創意也慢慢枯萎。但在這些不同團體的交
集處，總有少數幾個人跟兩方面都有接觸，好構想往往都是來自
於他們。好構想甚至不必原創，而是把這個團體的點子運用到那
個團體。

伯特解釋說：「一般人想到創意，覺得它要靠天分，彷彿
是神蹟……但創意其實是有進有出的過程，不是從零到有……
追溯構想的起源，是有趣的學術活動，但對實務並無太大幫
助……重點是，你能否把一個平庸又人人皆知的構想，拿到另
一處應用，展現它的價值。」

除了透過迷你廚房的設計讓Google人巧遇之外，我們也安
排不同的場合，為公司注入新思維、新構想。我們鼓勵員工擔
任科技講座的講者，與大家分享最新的工作成果。我們也從外部

請來重量級思想家來演講。這些講座的幕後功臣除了沃絲琪，還有時任Google業務副總、現為臉書營運長的桑德伯格（Sheryl Sandberg）。兩人結合自身人脈與興趣，邀請到許多大咖人物到公司演講，主題涵蓋領導力、女性議題、政治等等。這些講座原本由Google人自行籌辦，到了2006年才漸漸轉為公司正式活動。當時，籌辦人員注意到有愈來愈多作者到Google跟書籍掃描團隊分享心得，於是主動邀請他們也來跟大家聊聊，才有「作家在Google」（Authors@Google）講座的誕生，第一位正式講者是暢銷作家葛拉威爾（Malcolm Gladwell）。

　　經過不斷演變之後，慢慢形成今天的Google講座（Talks at Google）系列，邀請作家、科學家、企業領袖、表演者、政治人物等等，到園區分享寶貴心得。在法茉（Ann Farmer）與瑞德克（Cliff Redeker）等逾80位志工的安排下，至今已有超過兩千名講者現身說法，包括美國總統歐巴馬、前總統柯林頓、諧星蒂娜菲（Tina Fey）、《冰與火之歌》（*Game of Thrones*）作者馬丁（George R. R. Martin）、女神卡卡（Lady Gaga）、經濟學家麥基爾（Burton Malkiel）、演員吉娜・戴維斯（Geena Davis）、諾貝爾文學獎得主摩里森（Toni Morrison）、金融巨鱷索羅斯（George Soros）、微型貸款發起人尤努斯（Muhammad Yunus）、音樂人奎斯特拉夫（Questlove）、小說家安萊絲（Anne Rice）、語言學大師喬姆斯基（Noam Chomsky）、足球金童貝克漢（David Beckham）、名主持人奧茲醫生（Dr. Oz）等。超過1,800場講座上傳到網路，YouTube瀏覽人次逾3,600萬次，[lviii] 追蹤人數有15

---

lviii　欲觀賞講座內容，請上 http://www.youtube.com/user/AtGoogleTalk。

萬4千人。以一個員工拿20%自主時間籌辦的活動，成效顯然有目共睹。法茉說，講座的最終目標是「從外界專家吸取創意，讓熱情的Google人互相激盪，與全球數十億的YouTube粉絲分享。換成是葛拉威爾，他可能會說，Google希望當大家的橋樑。」

如果再加上每週有幾十場內部的科技講座，這些活動時時營造出熱絡的氣氛，讓大家腦力激盪、發揮創意，同時把公事暫時擱下，為想像力增添柴火。

講座規模這麼大，對小公司似乎遙不可及，但Google也是從零到有慢慢執行，其他人也能做得到。不是每家企業都請得到喬姆斯基，但相信大家都能打電話聯絡在地大學，請到文學博士到公司演講，探討作家華萊士（David Foster Wallace）的作品；請絃樂四重奏團在午餐時間彈奏一曲；請專家示範亞歷山大技巧（Alexander Technique），減緩在辦公室久坐引起的背痛。這些不但都不花錢，還有意料不到的好處。法茉說：

我有次邀請卡巴金主講正念冥想，影片後來累積了180萬次瀏覽人數。有個人看完之後寫信給我，說這段影片是他的救命恩人。原本打算自殺的他，偶然看到影片⋯⋯跟著練習正念。長期練習下來，他的憂鬱症沒了、毒癮消失了、找到一份喜愛的工作、看完影片那6年連續晉升6次，現在的感情生活也充實美滿。事過境遷6年，他寫信給我跟我分享這段心路歷程。

替員工着想等於為公司留才

Google舉辦這麼多活動，難免有人要問：大家都不必工作嗎？如果所有活動都要參加，整天當然就沒時間工作，但事實上，沒有人所有服務都使用、所有講座都參與，道理正如沒有人

一直動用20%自主時間一樣。我自己從沒用過公司的乾洗服務，但有人卻週週報到。話說回來，我會到公司理髮巴士剪頭髮，經過阿麥或小官的高超髮藝，[197]25分鐘後我就能重回工作崗位。

從某種程度來看，這就好比到購物中心閒逛，很多商店你永遠也不會光顧，但每個人都能各取所需。

Google的員工福利要不免費，要不就是成本很低，宗旨都是要提高做事效率、凝聚社群意識、激發創新思維。或許有人會說，這麼做好比是一個鍍金的牢籠，表面上把員工照顧得無微不至，實則要大家多花時間工作，或更捨不得離職。這樣不但徹底誤解我們的動機，也完全不懂我們這類科技企業的工作方式。

在辦公室擺上幾台免費洗衣機，能創造多少經濟效益，我提不出數據，因為我才不在乎！還記得剛進職場那幾年，為了到公寓地下室使用公共洗衣機，平常要特別把硬幣留下來，準備洗衣時，還得拿著幾盒洗衣精上上下下樓梯，洗衣當中還不敢離開，就怕襯衫有人偷走。各位說煩不煩人！能讓大家生活輕鬆一點，有什麼道理不在公司找個空房間，放幾台洗衣機跟免費洗衣精呢？有什麼道理不找專家來演講呢？畢竟我自己也能受惠。電視名醫奧茲醫生（Dr. Oz）來演講時，我和施密特（當時的執行長）請他一起來開管理會議……但他還得先幫三百多名Google人粉絲簽完書後，才能抽身跟我們開會。

更重要的一點是，Google的員工福利並不是包著糖衣的陷阱，只想要大家留在公司一直工作。如果大家的工作成果好，我們何必在乎工作時數呢？追根究柢，在哪裡工作並不重要。團隊聚在一起是很必要，彼此因為交流而激發出絕佳的產品構想、產生合作綜效，也是事實，但企業一定得明文規定朝九晚五的工作時間嗎？要員工早到遲退，有什麼道理嗎？大家應該能隨意決

員工福利	對 Google 的成本	對員工的成本	對 Google 或員工的好處
自動提款機	無	無	效率
官僚剋星	無	無	效率
gTalent 達人秀	無	無	社群
假日園遊會	無	無	效率
行動圖書館	無	無	效率
誰來午餐	無	無	社群；創新
全員大會	無	無	社群
自行車修理	無	有	效率
洗車與換油	無	有	效率
乾洗	無	有	效率
髮廊	無	有	效率
有機農產品配送	無	有	效率
日常生活服務	很低	無	效率
企業文化俱樂部	很低	無	社群
員工資源社	很低	無	值得做的事；社群；創新
福利平等	很低	無	值得做的事
gCareer （協助重回職場）	很低	無	值得做的事；效率
按摩椅	很低	無	效率
打盹艙	很低	無	效率
洗衣機	很低	無	效率
帶小孩上班日	很低	無	社群
帶爸媽上班日	很低	無	社群
Google 講座	很低	無	創新
電動車租借	有，但不高	無	效率
按摩服務	有，但不高	有	效率
免費供餐	高	無	社群；創新
接駁車	高	無	效率
育幼補助	高	有	效率

Google 員工福利一覽表。© Google, Inc.（Credit to Google）

定上下班才對。許多工程師都是早上10點後才上班，下班回家後，可能又上網工作起來。員工什麼時候有工作靈感，不該由管理階層決定。

我們這麼把Google人捧在手心，是想讓他們捨不得離職嗎？倒也不至於。我們做過出口民調，發現沒人說員工福利是他們留在Google的原因，也沒人說是因為員工福利才加入Google。我們這麼推廣員工福利，並沒有天大的祕密，完全是因為執行方便、看得到成果，而且值得去做。

話說回來，真的每家企業都能如法炮製嗎？

別忘了，Google的員工福利多半不必花錢，其他公司若想如法炮製，只需要有人採取行動，或找到合作店家、或籌辦午餐會、或邀請專家來演講，一點也不難。這樣每一方都是贏家！

有些原本外界覺得嘩眾取寵的員工措施，如今也日益普遍。雅虎現在有名為PB&J的營運效率精進措施（PB&J分別代表流程、官僚、阻塞），跟Google的「官僚剋星」頗有異曲同工之妙。推特、臉書、雅虎如今也舉辦員工大會，這種全員集合的構想當然不是Google首創，但能看到大企業也採行百無禁忌的問答時間，實在令人振奮。每週一來Google的髮廊巴士，週二會去雅虎。Dropbox在2013年首度舉辦「帶爸媽上班日」，LinkedIn也在當年11月7日宣布辦理，有六十多名員工帶父母親參觀他們的紐約辦公室。[199] 科技業的產假規定也愈見改善。駐點咖啡館目前也成了矽谷各公司的標準設施。

破除「福利要花大錢」迷思

但採行這些員工福利的企業，似乎仍然集中在美國矽谷。為什麼其他產業不常見呢？我個人認為有幾個原因。首先，大家以

為這些福利要花大錢。這其實是誤解。有些情況確實有機會成本（參加員工資源社，等於工作時間減少了），但其實得到的報酬更高，因為除了員工流動率降低，大家工作起來也更快樂。第二、公司可能怕員工習慣後，會覺得這是應得的權利。「現在請美甲沙龍來公司服務，要是之後取消，員工不會生氣嗎？」是有這個風險沒錯，但我們會在一開始就告訴員工，這項措施是實驗性質，看得出效果才會繼續實行。第三、公司可能擔心養大員工的胃口。今天做這個，員工明天就會要求那個。跟第二點的道理一樣，事前跟大家開誠布公，就能避免員工不切實際的預期。舉例來說，當初在開發「Google購物快遞」（Google Shopping Express；使用者能向在地商店線上購物，當天送達）的時候，我們發給大家25美元試試這項服務。隨著服務愈來愈成熟，我們也定期發放25美元購物金，但每次都會說明這是實驗性質，所以沒有人認定每個月都會拿到購物金。我們後來中斷服務時，也不見有人抱怨。

第四點可說是最關鍵的一點：企業放心不下，不敢說YES。試想，如果員工要求找人來公司演講，管理階層心中想到的風險有多少！講者可能失言；演講可能浪費大家時間；公司沒有地方可以舉辦；管理階層太忙了；最討人厭的說法是：「要是我答應了，結果出包，我不就是自找麻煩？」要找到拒絕的理由很容易，但是說NO等於閉耳不聽員工的心聲，也放棄了學習新事物的機會。

員工受惠之後，連帶工作環境會更有活力、更有樂趣，也更有成效，所以請務必想辦法說YES。

Google有位名叫卡拉伊（Gopi Kallayil）的業務，本身也創作梵唱（Kirtan）音樂，亦即印度某些宗教傳統中一唱一和的音樂

類型。他送我一張他創作的音樂CD，我向他道謝，他後來寫信給我說：

> 不客氣。聽完之後讓我知道音樂是否有打動你。它適合練習的時候聆聽。上週一，我們邀請一支名為Kirtaniyas的國際巡迴樂團到園區現場演出。他們在查爾斯頓公園（Charleston Park）進行不插電演唱，我的週一瑜珈課團體就在旁邊瀑布附近，跟著練習瑜珈。大家都很享受。這又是「優化人生」（Optimize Your Life）計畫的完美例子，由Google人自行舉辦，又完全不花錢。這是Google文化的祕訣所在，活動絕大多數由員工推動，自己的公司自己做主！

「Google人死也瞑目！」

我必須承認，Google並非所有員工福利都跟效率、社群、創新有關。有些福利完全是以照顧員工生活為出發點，因為我們覺得這是值得做的事。

舉例來說，人生最無常、卻又最必然的事，是我們有一半的人終究會面臨伴侶過世。如果事情發生得突然，更是有如晴天霹靂，生活陷入黑暗。雖然幾乎每家企業都為員工投保壽險，但感覺總是不夠。每次遇到有員工過世，我們哀痛之餘，也會設法協助他的另一半。

2011年，我們決定，如果員工不幸過世，應將他的限制型股票立即發給他的另一半。他死後10年，另一半能收到他半數薪水；若兩人育有小孩，則能在小孩19歲前每個月多收到1千美元養育金；若小孩是全時學生，則可以領到他們23歲時。

沒有人知道這項福利變動，我們連自己人也沒講。畢竟，宣

傳這種事感覺像是觸人霉頭，我們也沒把它當成是吸引或留住員工的手段。這項福利對事業完全沒有幫助，但我們深信對的事值得堅持。

事情經過一年半，我發現我錯了。有次接受《富比士》雜誌記者凱薩莉（Meghan Casserly）採訪時，我不小心透露Google有這項死亡撫卹。她當下意識到這項措施非同小可，出刊時更取了一個吸睛的文章標題：「Google人死也瞑目」（Here's What Happens to Google Employees When They Die）[200]。沒想到文章引起廣泛迴響，沒多久就有近五十萬人看過。

消息走漏之後，其他企業的管理階層立刻跟我聯絡，大家最常問的問題是：「這樣不是得花很多錢嗎？」

其實並不會。死亡撫卹目前占Google薪酬預算約0.1%。換個角度來看，美國一般企業每年的加薪金額占總預算的4%，其中約3%為每年固定增幅，1%為晉升調薪。如果問員工願不願意犧牲加薪幅度，從3.0%降到2.9%，但由公司提供死亡撫卹金，我敢打賭，幾乎每個人都會答應。

2012年，員工福利團隊收到一封匿名Google人的電子郵件：

我是抗癌成功的患者，每半年必須做一次斷層掃描，檢查癌細胞是否復發。結果到底是好是壞，總是未知數，但檢查時人難免會胡思亂想，如果是壞消息，生活該怎麼辦。那天，我躺在斷層掃描椅上，腦海中反覆模擬著要寫給佩吉的信，想請公司考量我的處境，如果我不幸過世，把我的股票留給我家人。

後來看到你們的信，說明公司修正了壽險福利，我不爭氣地掉下眼淚。公司為我做了這麼多貼心而又重大的事，我沒有一天不心存感恩。壽險福利就是眾多例子之一。能在Google工作，

我深感驕傲。

　　你們公布這項福利兩週後，又是我做斷層掃描的時間。這次我不必再反覆推敲怎麼寫信給佩吉了。

　　我不知道這項政策是誰負責的，但請幫我傳達我最深的謝意。Google人的生活因為你們而更美滿。

　　我錯就錯在沒有早跟Google人公布這項撫卹措施。我以前從沒想過，像匿名信這樣的Google人，心中一直會有壓力與恐懼的陰影；我也沒想過，其他企業會受到我們的影響，現在也開始探討推出類似措施的可能性。

體貼新手爸媽

　　此外，我們在2011年也調整了產假政策。當時美國業界一般產假是三個月，我們決定延長到五個月，但做得更徹底，新手父母在產假期間依舊能領全薪、獎金，也計入員工股票的限制期間（vesting period）。公司還會發放五百美元生活津貼，讓新手父母的生活輕鬆一點，例如忙不過來時，也捨得叫外食。

　　各位可能猜得到，產假福利也是以數字為依據，是我們分析Google人的幸福感、留任率、福利成本後得出的決定，畢竟我一直鼓勵各位，公司政策務必要有數據支撐。但跟死亡撫卹措施一樣，產假福利的決定也是來自於直覺。我有天開車上班途中，邊開邊想著3歲小孩跟5月大嬰兒的發展差異。我絕對稱不是專家，但我記得家裡小孩的成長過程。小孩要等到幾個月大後，才會開始跟人有真正互動，新手爸媽才不會一聽到寶寶咳嗽、打噴嚏就嚇得要命，照顧小朋友也愈來愈順手。到了公司，我決定調整產假規定。

接著，我才開始真的研究數據。

這一研究才發現，女性員工產後的離職率是平均值的兩倍。許多媽媽休息三個月後回來工作，常覺得壓力大又容易疲倦，有時還有愧疚感。改進產假措施後，新手媽媽的離職率跟平均值已沒有兩樣，媽媽們還跟我們說，多了兩個月產假，他們慢慢做好重回職場的心理準備，工作更有成效，心情也更開朗。

最後分析成本，我們發現新的產假福利根本不花錢。多兩個月產假，雖然等於公司少了一名員工，但卻能留住人才，免了另外再找人、找完還要培訓的麻煩，從成本考量是利大於弊。

臉書與雅虎後來起而效尤，開始提供類似的產假福利，我樂見之餘，也希望更多企業能跟進。第2章討論到工作要有使命感，找到屬於自己的天職。能有卡拉伊、法茉那樣的真情流露，或收到Google人的匿名感謝信，不正是工作使命感的真諦嗎？試想，員工找上人資部門不是因為發生事情，心情焦躁絕望，而是想表達感激之情，說他們受惠於員工福利，生活更加自在，需要幫助時也有公司當後盾，這是多麼棒的感覺！

小舉動產生大能量

位於加州聖塔克拉利塔市（Santa Clarita）的拉米薩國中（La Mesa Junior High School），可以充分說明，不必花大錢，也能讓工作環境洋溢正面能量。校長柯蘭芝（Michele Krantz）每週一早上固定站在校門口，迎接學生上學，一一直呼名字握手。在校園走動時，她「口袋裡會備妥午餐快捷通行證，發給表現優異的學生，午餐排隊時可以排在前頭。」每月的教職員會議上，大家會互給穀麥棒，「有機會肯定彼此的表現。」每逢教職員生日時，她也會親手寫生日賀卡。

如此以教職員與學生為重，影響所及，學生在午餐時會跑來跟她談天、教職員樂於彼此合作、大家更有使命感。學校有位服務十幾年的工友，收到她寫的卡片後深受感動，特別回信謝謝她。校長跟我說起這段插曲：「他說他很感激，還承諾只要在學校一天，就會為我更加把勁工作。」[201]這當然不是她的原意，卻讓人溫馨在心頭，在在證明，即使是投入一丁點的關懷與資源，也能收穫滿滿。

免費！@Google

- 讓員工生活更輕鬆，工作更有效率。
- 廣設員工福利不難，有沒有心而已。
- 視員工如親，度過非常時期。

第12章

暗示的力量

小小推力，大大改變，多多益善。
讓員工更健康、更富有的小祕訣。

　　古希臘地理學家保塞尼亞斯（Pausanias；西元110年到180年）造訪德爾斐阿波羅神廟時，看到前院有塊石頭刻著神殿箴言：gnothi seauton，「知己者明」之意。

阿波羅神殿，希臘德爾斐聖地。
（Credit to Photo Sphere image courtesy of Noam Ben-Haim）

這句話講得真有智慧，但知易行難。我們都認為對自己很了解，但就是這樣自以為是，才會誤事。普林斯頓大學榮譽教授、諾貝爾得主康納曼（Daniel Kahneman）著有《快思慢想》（*Thinking, Fast and Slow*），解釋人有兩個大腦，一個喜歡深思熟慮，講究數據，另一個偏愛憑直覺反應，衝動導向。後者是我們最仰賴的思考模式，即使我們覺得自己訴諸理性，恐怕也是情緒化的表現。

舉個例，各位覺得5美元有多少價值呢？為了省下這筆錢，你會願意開20分鐘的車，到別家店買嗎？1981年，康納曼和同事塔伏斯基（Amos Tversky）[202]想知道人的金錢觀與時間觀是否固定不變，請181名受測者回答以下問題的一題：

1. 假設你要買125美元的夾克與15美元的計算機。店員說，同樣的計算機在另一家店賣10美元，離這裡20分鐘車程。你會特地開車去買嗎？
2. 假設你要買15美元的夾克與125美元的計算機。店員說，同樣的計算機在另一家店賣120美元，離這裡20分鐘的車程。你會特地開車去買嗎？

請注意這是1981年的價格，經通膨調整後[203]的金額逼近現在的3倍。（當然也必須考慮產品因素，現在有哪個不到20歲的年輕人知道計算機為何物，他們可能會說：「開什麼玩笑！這東西比我的手機又大又重，連憤怒鳥都不能玩，竟要花我360美元！」）

實驗發現，有68%的人「為了省5美元，不買原本的15美元計算機，選擇開車到別家店買；但如果計算機價格是125美元，

只有29%的人願意為了省錢，開車到別家買。」[204]兩個情境都能省下5美元，但只有跟原價相比，顯現出5美元的相對價值較高後，大家才會採取行動。換言之，比較框架（framing）不同，大家對價值的看法也會改變。

撇開價值不價值，再請教各位一個更簡單的問題。東西擺在你眼前，你覺得自己能看得多清楚？貝洛神經醫學中心（Barrow Neurological Institute）實驗室主任邁克尼克（Stephen L. Macknik）與蒂內茲康德（Susana Martinez-Conde）的《別睜大眼睛看魔術》（*In Sleights of Mind*），討論到人類視力其實很糟糕，卻因大腦自動填補空白之故，才會自覺有好視力（書中還說明魔術師就是利用這點騙過觀眾）。他們建議讀者做以下測試：

挑出一副撲克牌的人頭牌，洗牌。視線集中在房間正對面的物品，完全不能移動。隨便抽出一張人頭牌，伸長手臂拿著，擺在周邊視力的最邊緣處，再慢慢把手臂移到前方，讓人頭牌落在視線正中心。假設你從一開始就成功抗拒偷看的慾望，這時會發現，人頭牌要擺到十分接近視線中心的地方，才能知道你拿到的是哪張撲克牌。

兩人解釋說：「人的眼睛能清楚辨識出細節的範圍，只有針孔大小，落於視線的正中心處，對照到眼球，占視網膜面積的0.1%……我們的視力有99.9%都是亂看一通。」但因為我們習慣掃視，視線從這一點迅速跳到下一點，大腦「把模糊的地方自動剪輯」，創造出視野持續清晰的錯覺。[205]

各位如果還不相信，不妨到YouTube鍵入「selective attention test」（選擇性注意力測試）關鍵字，跑出來的第一個影片應該是

伊利諾大學教授西蒙斯（Daniel Simons）上傳的。我等大家看完再繼續說下去。

影片有一分鐘長，就算我已經暗示影片有應該注意的東西，但我相信應該絕大多數人還是視若無睹。生活周遭發生什麼事，我們自以為看在眼裡，但其實不然。思維運作缺陷的相關著作多不勝數，但都是在說思維上的瑕疵導致決策偏差，但我們渾然不知，還自我感覺良好。不知不覺下，我們常常受到環境、他人，甚至潛意識或多或少的影響。野鹿會找阻礙最少的小路穿越森林，人類也常常仰賴潛意識的暗示過生活。開車在高速公路上，各位會依照限速標誌來決定車速，路上一直盯著時速表嗎？還是會順其自然？到服飾店買完衣服要結帳時，多數店員會隔著櫃臺把衣服交給你。但精品時尚百貨公司諾斯崇（Nordstrom）卻不同，要求店員從櫃臺後走出來，親手把商品交到你手上，這個舉動讓顧客覺得更窩心，也更願意回流。以前當服務生幫客人點餐時，我習慣一腳跪在客人座位旁，視線在同一個水平，這樣他們比較沒有壓迫感，我也更容易拿到更多小費。

2012年秋，由「隨機國際」（rAndom International）設計的裝置藝術「雨屋」（Rain Room），在倫敦巴比肯中心（Barbican Centre）的曲線藝廊（Curve）展出，隔年夏天又移師紐約現代藝術博物館（Modern Art）。雨屋占地一百平方公尺，水由天花板飄灑而下，彷彿室內下起大雨。雨屋裝有感測器，所以人走到哪裡，周遭的雨水也會頓時停止。

雨屋在兩個城市展出時，吸引大批民眾慕名而來，不惜等上12個小時。倫敦民眾一個人平均待在雨屋裡7分鐘，但紐約就怪了，即使館方請民眾把時間限制在10分鐘內，遇到有民眾待太久時，甚至還會禮貌地拍拍肩膀提醒，但很多人還是待了45分

鐘以上。倫敦與紐約都是國際大都會;藝術、陰雨對倫敦人是家
常便飯,但似乎也不減他們對雨屋的興趣;兩地的排隊時間也差
不多。那究竟為什麼參觀時間會差這麼多呢?

這次展覽在倫敦是免費入場,在紐約卻收費25美元。[206]第7
章提到戴希與萊恩兩位教授的研究,一旦付錢叫人做事,內在動
機和生產力就會降低,同樣的道理,一旦跟人收費,大家的心態
就會出現轉變,希望「錢花得值得」。雖然要求民眾限制參觀時
間,但現代藝術博物館卻在無形中,給了大家久留的誘因,達到
反效果。[lix]

即使是空間設計,也會產生潛移默化的效果。還記得2011
年拜會惠普總公司時,我一眼望去,都是灰褐色的辦公室高隔
間。連隔壁同事都看不見了,又怎麼方便互相請教呢?彭博社創
辦人、也是紐約前市長的彭博(Mike Bloomberg),做法恰恰相
反,辦公室採開放空間,設計以傳統的新聞編輯室為藍本,有利
於立刻交流溝通。

彭博的座位在正中間。雖然也有隔間,但效果天差地別。前
員工接受《紐約》雜誌的史密斯(Chris Smith)訪談時說:「在
這個空間裡工作,一般人可能覺得怎麼會習慣,可是市長主持高
層會議時,大家都能看得一清二楚,這時你就會開始明白,他強
調開放溝通的工作模式不是唱高調,而且看得出效果。」[208]

從這幾個例子可以得出共同的心得,那就是,我們生活在
世,說自己有始有終、客觀公正、洞察內心,往往都是自我感覺

---

lix　我假設現代藝術博物館限制10分鐘參觀時間,是希望吸引愈多人參觀愈好。但從倫敦
　　的經驗可看出,免費入場就能達到同樣結果。如果現代藝術博物館是想增加收入,其實
　　這招還不賴,47天展期共吸引5千5萬人次參觀,光門票就進帳137萬5千美元。

雨屋（照片提供：rAndom International）

良好。正因為如此，企業可以暗暗施以推力，協助員工做出更好的決定。

芝加哥大學教授塞勒（Richard Thaler）與哈佛法學院教授蘇斯坦（Cass Sunstein）合著的《推力》（*Nudge*）以大篇幅指出，若能察覺思維運作的缺陷，就能改善生活。他們對「推力」的定義是「選擇架構（choice architecture）的任何一個環節，能以可預期的方式改變人的行為，卻不限制其他選項或大幅改變經濟誘因……單純的推力，是一種不必費力、不花大錢的暗示，而不是硬性規定。把水果擺在跟視線同水平，是暗示；禁止吃垃圾食品，不是暗示。」[209]。

換句話說，暗示是希望影響人的決定，而不是幫他做決定。有些人會說，這是強迫人做出原本不會或不想做的決定，所以不

紐約前市長彭博（站在正中間）的辦公室。[207]
（Photo by Hiroko Masuike, The New York Times, 3/22/13）

道德。但反對者卻忽略了一個事實：蘋果沒放在跟視線水平，不也正是某人最初的決定嗎？這個議題在哲學上稱為「實然／應然」（is-ought）謬論，蘇格蘭哲學家休謨（David Hume）多有著墨，因為他認為實然導不出應然，兩者應該一刀拆開，所以後人又稱此謬論為「休謨的斷頭台」（Hume's Guillotine）。正因為今天大家的做法是這樣（實然），並不代表就必須如此（應然）。事實上，許多現況都是因為選擇不善，而使得健康、財富或快樂打折扣，卻能經過好意暗示而有所改善。

以超市業者為例，牛奶這類易腐壞的民生必需品，一定會放在店面最裡頭，消費者每次行經其他貨架才拿得到，故意讓大家先看到琳瑯滿目的商品。巧克力棒等高毛利、高誘惑型產品，雖然其他貨架也有，但還是會特別放在結帳櫃台旁，因為這樣才能刺激我們的購買慾。如果結帳櫃台放的是水果，能說超商業者不道德嗎？會少賺一點錢沒錯，但相信絕對有益消費者的健康。只可惜，超市的營運目標並非提升消費者福祉，利潤才是目的。這麼說或許太直接，但沒有了利潤，超市就不可能存在。就算是在地的全有機產銷合作社，也得賺錢才能付這個月的薪水和房租，採購下個月庫存。所以說，看到我家在地產銷合作社在結帳櫃台擺出三美元的花生醬，標榜天然有機、手工碾製、添加蜂蜜，我不能怪他們。但說真的，要是能在結帳時順便買個蘋果，本人確實會比較健康一點。

即使各位都認同暗示能改善員工福祉，也認清現狀並非神聖不可侵犯，但一發現公司以暗示的手段影響員工，難免會覺得沒有人性。我們寧願相信辦公室空間設計得這麼爛，是公司沒有概念或規劃不當的結果。要是發現彭博把辦公室設計成開放空間，是故意加強員工的溝通合作，我們恐怕會想：公司／老闆／政府

竟然這樣設計我！

　　但反過來說，暗示不也算是一種管理方式嗎？有人說，管理的最終目標無非就是要提高員工產能，也確實，並非每家企業都以員工幸福感為目標，但我覺得這樣很可惜，因為有幸福員工，才有幸福企業！從管理以提高生產力為目標的角度來看，公司以績效獎金刺激業務拚業績，難道不是暗示嗎？[210] 讓辦公室多點自然光，藉此增加工作效率呢？但如果有人說，辦公室的隔間設計是故意讓員工彼此疏離，大家為什麼會覺得不自在？[211]

　　大家對公司搞暗示為何會緊張兮兮，我猜有兩個理由。首先，想到可能有身穿實驗室白袍的絕頂天才偷偷在操縱我們心智，就讓人毛骨悚然。

　　但誰說暗示就得搞神祕。Google視營運透明化為企業文化的基石，雖然進行實驗時不會先告知員工，怕大家會因此改變行為模式，但實驗過後，我們會把結果跟後續規劃跟大家分享。

　　第二，每個人自認有百分之百的自由意志，不願發現其實有限制。暗示所牽涉到的問題一籮筐，例如：渴望（想買新的凱迪拉克豪華休旅車，是因為我有需要，還是因為通用2012年砸下31億美元做廣告？）[lx]；選擇（可口可樂2012年的美國市占率為17%，百事可樂則是9%[213]，但有項研究以磁共振掃描消費者反應，發現大家其實分不出兩者差別。）[214]；甚至是個人認同（如果我的選擇都是受到環境與歷史的影響，那我還有什麼選擇是出自於自由意志？）這些都是很深入的問題，遠超過本書想探討的範疇。但大家遇到自我認同受威脅的情況，會有防衛心，是很自

---

lx　廣告是Google的主要營收來源，我身為Google股東，感謝所有業主願意做廣告！

然的反應。[215]

　　為了影響員工做出更好的決定，Google會安排各種不同的暗示，多數是學術研究的根據，但經過實際測試。擁有博士學位的人力創新實驗室成員寇可絲基打趣說：「有太多太多的學術研究都只以大二生當研究對象。很多都是教授找大學生來做實驗，每人意思一下花個五美元。」我們則是以可信度高的學術成果為基礎，融入自己的構想，再實驗在幾千名每天照常工作的員工，看看有何結果。透過本書，我希望跟各位分享Google的實戰心得，希望大大小小的企業都能受惠。

　　我們秉持著人性關懷的精神，佈局暗示時力求設身處地，更以透明化為最高原則。目的並非要幫員工做決定，而是希望取代未經規劃或設計不當的環境，在提升大家的健康與財富的同時，又不會限制大家的自由。

　　我們的指導原則是：暗示是輕輕點一下，不是重重推一把。再小的提醒，也能發揮作用。暗示，不必昂貴，也沒必要嘔心瀝血，只要符合及時、相關、簡單的原則，就值得實踐。

　　Google的暗示管理主要來自「優化人生」制度，由艾格耶領軍，合作夥伴包括人力資源部門的賽堤、不動產與工作場所服務部門的雷克理夫（他統籌的接駁車與員工餐廳，就是一例），以及他們的團隊。當然，Google人也提供了許多構想與靈感。

暗示一下，員工更開竅

　　我們使用暗示，讓員工心情更開朗，工作更有成效。前幾章提過，簡單的一封信，就能增加女性員工提名自己為晉升人選的比例。我們也常常找適當時機提供建議與資訊，希望改善員工的共事模式。

有時候，光是把事實擺在大家眼前，就能奏效。舉例來說，有個領導團隊是出了名的不合，有些成員說什麼也不肯合作，甚至勾心鬥角，故意不分享資源或資訊。「績效管理」對他們無效，因為他們雖然彼此看不順眼，但個人業績卻相當出色。「輔導」也沒有用，不但花太多時間，而且其中有兩個人就是不肯承認自己是罪魁禍首。「問題不在我，」其中一人跟我說：「是他不願意協助我！」

但有個方法奏效了！我們擬出一份只有兩個問題的季度問卷，題目為「我上季向他求援時，他伸出援手」以及「他上季在個人工作上，有我能協助的地方，或是會影響到我時，會請我參與。」每個人必須互評，最後得出的排名與結果會匿名與大家分享。每個人可以看出自己的排名，但看不到別人的。那兩個意見最多的員工，排名當然在後段班，因此很洩氣。在管理階層沒有進一步干預之下，兩人自立自強，努力改善合作關係。凡努力必留下痕跡，兩年後，該團隊的滿意度從70%提升到90%。

嚴格來說，上述做法並不算暗示，卻符合社會比較（social comparison）研究的結果。[216]說來奇妙，也很感動，竟然只要和大家分享資訊，加上人類好勝而利他的天性，就能打通團隊的死結。向上回饋調查對主管也能產生這樣的效應，但將類似問卷用於團隊同儕之間，這是頭一遭。

但如果一開始就建立正確心態，避免團隊運作不彰，不是更好嗎？這樣連善後的必要都沒有。我們希望測試這個想法，於是鎖定剛加入公司、又剛進入團隊的Google菜鳥。

仔細算算，新人只會拖累公司業績。假設有個業務新人叫小王，年薪6萬美元，相當於他還沒貢獻任何業績之前，每個月就先讓公司損失5千美元；就算之後開始有銷售成績，還得等上一

段時間，才能損益兩平。這段期間的他，還會耗費培訓資源，占用其他人回答他問題、教導他的時間。

這個問題不是Google才有。《頂級評級法速查手冊》（*Topgrading*）[217]作者史馬特（Brad Smart）發現，老鳥轉戰新公司一年半後，半數都交不出合格的成績單。再看領時薪的工作，顧問專家柯蘿絲（Autumn Krauss）研究後發現，這些人有一半會在上班三個月後離職。[218]

更棘手的是，Google主管平常已忙得昏頭轉向，協助新人融入團隊的方法各有不同，對於什麼方法最有效並沒有共識。以前經常被我們拿來當楷模的人，是2006年加入Google的沃克（Kent Walker），職位是資深副總與法務長，身為高階主管級的菜鳥，他卻能迅速上手，全盤掌握公司狀況，只花了半年的時間，換成是其他高階主管，可能得花上一年。但儘管如此，沃克卻很謙虛，上進心旺盛，自認還有不足之處。[lxi]

我們決定給各主管一個小提醒，讓他們知道，小小一個舉動，就能讓團隊裡的新人收穫良多，讓自己投入的寶貴時間產生最高報酬率。

初期測試時，我們會在新人報到當週前的星期天，寄電子郵件給該新人的主管。正如活氧專案的好主管八大特質一樣，我們提醒主管記得迎接新人必做的五件事。其實說穿了也沒什麼：

---

lxi 沃克說他的祕訣是：「我大部分時間都在傾聽。」新人一進入公司，只想趕快做出成績，但如果不先了解Google的運作方式，常常會碰得一鼻子灰。我以前常說這是「Google危機」，新主管加入Google三到六個月後赫然發現，在以員工至上、講究合作的企業文化之下，沒辦法靠發號施令要求員工乖乖聽話。我們現在已將這個心得融入第一週的新人訓練課程。

1. 與新人討論工作職責。

2. 指派同仁擔任新人的輔導員夥伴。

3. 協助新人建立社交圈。

4. 前半年每個月與新人討論一次適應狀況。

5. 鼓勵新人有話直說。

　　就跟活氧專案一樣，這個小提醒也很有效。主管看到郵件後若能照實做到，旗下新人的上手時間比同儕快25%，學習時間整整省了一個月。效果這麼好，我看了也目瞪口呆。簡單一封信，怎麼能有如此威力？

　　原來，這就是檢查清單的厲害，哪怕內容真的很小兒科。我們都是人，有時難免連最基本的事物也會忘記。第8章提到作家葛文德擬出一份手術安全檢查表，開頭列出「病患身分、手術部位、手術步驟、病患同意」[219]，檢查表共有19個項目。2007到2008年期間，接受測試的8個國家中[lxii]，每國各有一家醫院採行檢查表制度，影響7,728名手術病患。事後發現，併發症比例由11%降至7%，死亡率更從1.5%下滑到0.8%，幾乎減半。[220]這全是檢查表的功勞。

　　當然，檢查表在Google裡不會危及生死，沒有人會因為企業管理不良而一命嗚呼，頂多是對公司死心。但光是把迎新五要點的檢查表寄給主管還不夠，還得給對時間、給得有意義，而且要能容易落實。這封信寄得及時，因為是在新人報到前夕寄出；這封信寄得有意義，因為主管可能還不知道怎麼應對新人。如何

---

lxii　這些醫院位於約旦安曼、紐西蘭奧克蘭、坦尚尼亞伊法卡拉、英國倫敦、菲律賓馬尼拉、印度新德里、美國西雅圖、加拿大多倫多。

做到容易落實，就得花點腦筋了。

　　我們首先要建立起數據的公信力，因此隨信附上學術文獻、內部研究結果、數據意涵等——Google人畢竟是數據導向。我們接著擬出清楚明確的步驟，讓主管照著做即可。Google人很聰明，但很忙，與其要他們自己擬定做法或養成新習慣，倒不如給他們清楚的指示，這樣不但能減輕認知負荷（cognitive load），他們也比較不會因為嫌麻煩而不採取行動。就連美國總統歐巴馬也會減少需要花心思的生活事項，把精神放在重要議題上。《浮華世界》（*Vanity Fair*）的路易斯有篇訪談說：「『我的西裝不是灰色就是深藍色。』歐巴馬說：『以減少選擇的時間。我不希望花時間決定要吃什麼、穿什麼，因為其他等著我決定的事情重要太多。』總統提到，有研究指出，做決定雖然是個簡單動作，卻會磨損一個人繼續做其他決定的能力。所以逛街購物才會那麼累人。『你必須保留精力，才能做出重大決定，其他時候要養成一套例行公事，不能因枝微末節的事分心。』」[221]

　　有鑑於此，我們建議主管在新人報到後做到若干事項，如下頁。我保留了註解與超連結的標記，呈現內容的原汁原味。

　　訂得這麼細，乍看似乎把主管當小孩對待，但其實主管都說他們壓力因此頓減。並非人人是當主管的料，提醒他們應該怎麼做，等於幫他們劃掉一項惱人的待辦事項，讓他們少一件事要思考，而能專心執行。最近有位主管因為受益良多，寫信感謝新人訓練團隊：「你們團隊建立起的制度實在太棒了！那封提醒信……再加上新人訓練資訊，讓整個過程就像你們的提示一樣簡單明瞭。我們真的很感激。」

　　再仔細看看那封提醒郵件。「職掌」這項就包含很多學問。首先提到波特蘭州立大學（Portland State University）教授鮑爾

I. 與新人討論工作職責

研究指出，員工若對工作執掌有清楚認識，工作滿意度也會跟著提高。[1]Google 內部研究發現，同樣是剛加入的畢業生，有的人不知道公司對他的期許，有些人知道，前者第一年離職的人數是後者的五倍。[2]**怎麼辦呢？**建議您在新人報到的第一週跟他開會討論，若能把議程寫下更好（請參考<u>範本</u>）。不妨跟新人討論這些問題：1）什麼是目標與關鍵成果（OKR），他第一季應該設定什麼樣的OKR？2）新人的職責跟Google營運目標有何關係？跟團隊目標又有何關係？3）日後會如何跟他討論績效管理，他的績效又是如何評比？

（Talya Bauer）的研究。[222]她研究有哪些因素讓員工心情愉快、工作有成效，而這些因素為何又跟你我的第一份工作經驗有關，立論精闢。接下來則指出，Google 內部也有同樣效應。因為很重要，所以值得再講一次：「同樣是剛加入的畢業生，有的人不知道公司對他的期許，有些人知道，前者第一年離職的人數是後者的五倍。」

接著，我們訂出明確的行動步驟（檢查表中又有檢查表！）然後附上範本連結。如果無暇或懶得點進連結，信裡還列出幾個問題，供主管參考。

檢查表的其他四個項目，也採類似格式。最值得一提的是，

這五個事項的重點都在於協助新人建立支援網，訂出明確的溝通標準。寫下所有細節後，這封提醒郵件的長度是一頁半，是我們認為大家願意看完的長度，效果很好。

主管講完了，但新人呢？專家研究一般人加入團隊或企業的初期行為後，發現有些員工並不會被動地等別人教他們，反而會主動請教同事、尋求資源、不懂就問、與大家共進午餐建立人脈。企圖心旺盛、積極主動的新人，工作能更快上手，也能容易融入企業文化裡。[223]

我們在新人訓練時做了一項實驗，多花了十五分鐘向實驗組解釋態度積極有哪些好處，提供五個具體步驟教他們取得資源，重申這樣才符合Google所追求的積極進取心態，亦即：

1. 勤於發問，愈多愈好！
2. 固定找時間與主管開一對一會議。
3. 認識其他團隊成員。
4. 主動請人回饋，別空等！
5. 接受挑戰（勇於冒險，別怕失敗……其他Google人都為你加油）。

報到兩週後，新人會再收到一封信，提醒他們別忘了做到這五件事。

跟發給主管的提醒郵件一樣，新人收到的小叮嚀看起來也不是什麼大學問吧？這就跟產品設計的道理一樣，重點在於簡練，才能達到預期效果。希望員工改變行為模式，拿厚厚的學術報告或磚頭書要他們看，當然沒有用。

那麼，這封信的學問在哪裡？可從幾方面來看：它明確列

出哪類特質能促進優越的工作表現（例如主動是新人的重要特質），而這又是我們深入分析頂尖員工與墊底員工行為有何差異後的成果；它找出哪些具體的主動行為，可供所有 Google 人效法；它設法讓生性較被動的人能主動出擊；它能評估成果。

第5章提到，我們自以為是面試別人、評估別人的高手，但真正厲害的人少之又少，大部分人的功力都只是一般而已。不管是管理實務還是人群關係的哪個面向，我們常覺得自己是高手。正因為如此，我們不斷仰賴直覺設計員工管理方法，結果就是管理制度一般，成效也一般。

我們都可以做得更好。不難，只要多用心即可。

講了這麼多，這項實驗的結果如何呢？

經過提示的新人，比控制組更會尋求他人回饋、工作更快上手、對自己的工作表現也有更正確的認識。但最需要提示的人

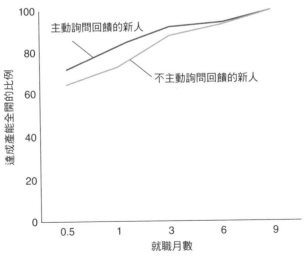

Google 新人產能全開的比例。（Credit to Google）

（也就是天生比較不主動的人），在第一個月的主動性評量標準中，得分比其他人高出15分。

累積起來，實驗組為全公司增加了2%的生產力，相當於每新增50個新人，免費多了一位新員工，每增加5千個新人，免費得到100名員工。只要15分鐘的演講和一封電子郵件，就能有如此效果，投資報酬率真不錯！[224]

給Google菜鳥暗示還有一個好處，要是主管忘了做到檢查表上的某個步驟，新人會發現並提出，發揮互補效用。這就是「防呆法」（poka-yoke），源於一九六○年代新鄉重夫在豐田發展出的生產概念，[225]如今在許多現代產品都看得到。現在一坐上汽車，不繫安全帶便會響起警示聲；聽iPod Shuffle，拔掉耳機就會立刻關閉，避免浪費電力；美膳雅（Cuisinart）食物調理機必須蓋好蓋子，才有辦法開機使用，以免發生意外。同樣的道理，在引導新人上手的過程中，我們希望將錯誤降到最低，最好的辦法就是雙方都給貼心小叮嚀。

除了給新人與主管暗示之外，再加上新人就職過程的其他調整，上手時間成功從幾個月縮短到幾週。

以前，在職訓練也讓Google大傷腦筋。Google人常常報名了某些課程，卻沒出席。2012年上半年，缺席率高達三成，除了害候補名單的員工無法參加，課堂上也出現很多空位。我們試過以電子郵件提醒大家：有的信以請勿犧牲他人權益為訴求，還附上候補員工的照片，讓正取員工看到自己不出席會造成哪些同事扼腕；有的信訴諸Google人的顏面，提醒正取員工維持「Google風格」，做對的事。這些提醒有兩種效果，一是可降低缺席率，二是提高提前取消率，讓我們有時間把缺額讓給別人。但兩種提醒的效果不同。附上候補員工的照片，出席率雖然增加一成，但

未出席者還是不會提前取消。若是打面子牌，對提前取消率的效果最大，幅度達7%。我們日後便在課程提醒信件中加入這兩種叮嚀，出席率增加，候補員工也變少。

貼心小暗示也有助於調整Google的常規做法。Google內部流通的資訊何其多，進出辦公大樓的控管尤其重要。矽谷圈偶爾也會傳出，有不肖人士偷闖到企業偷筆電或電子產品，甚至還想駭入公司的電腦系統。為了避免這類憾事，所有對外門口都必須刷卡才能進入。但Google畢竟是個友善好禮的公司，大家從小家教好，會主動幫其他人開門。我們寫信請大家記得先察看對方識別證（通常掛在腰上），再幫忙開門，但這麼做似乎有點沒禮貌，雙方也尷尬，所以真正做到的人不多。後來安檢團隊突發奇想，在每個對外大門貼上一張貼紙，如下頁圖。

或許是因為圖案太搞笑，而且每個門都有，幫大家化解了彆扭，不會不好意思請對方出示識別證。於是乎，失竊率降低，外人擅闖的情況也減少。現在只要有人幫你開門，你會發現他一定會瞄一眼你的屁股。不要擔心，他只是在看你的識別證而已。

暗示一下，員工更富裕

達特茅斯學院的教授萬堤（Steven Venti）與哈佛大學甘迺迪學院（Kennedy School of Government）教授懷茲（David Wise）合作，研究退休後財富水平大不同的原因，並於2000年發表研究報告。[226]

想當然，所得是很大的因素。一個家庭如果三十年來的收入較多，照理說積蓄也會比較多。比方說，醫生退休時的積蓄通常比咖啡師多。

兩位教授以美國社會安全局的1992年終生所得資料為依

每個大門貼有這張標示，提醒Google人注意園區安全（圖中上文：嚴防「鱷」人出沒。下文：請對方出示識別證）。（照片提供：Manu Cornet）

據，將所有家庭分成10等。終生所得最低的10%為第1個十分位數，第2低的10%為第2個十分位數，以此類推，終生所得最高

的10%是第10個十分位數。終生所得排名第5個十分位數的家庭，平均收入達741,587美元，是第1個十分數（35,848美元）的20倍，不及第10個十分位數（1,637,428美元）的一半。[227, lxiii]

但兩人分析各個分位數裡的所得差距時，發現一個驚人的現象。[228] 排名第5個十分位數的家庭終身所得是741,587美元沒錯，但看他們的累積財富（積蓄、投資、房地產等等），從1萬5千美元到45萬美元不等。也就是說，如果把收入的因素維持不變，只看終身所得收入類似的家庭，則最富裕者的累積財富高達最不富裕者的30倍。其他收入水平也都呈現類似趨勢。請看每個十分位數中最富裕與最不富裕的差距。即便是收入大多來自政府救濟的第1個十分位數，亦即收入最少的族群，有些家庭還是有辦法累積15萬美元的財富，實在驚人，這表示他們在財務上非常自律。

同一個十分位數，怎麼會差這麼多呢？難道是有些家庭比較會投資？還是家庭人數比較少？或是他們拿到大筆遺產？是因為有些家庭比較願意承擔投資風險，報酬率更高，所以比較有錢嗎？還是有些家庭因為有醫療需求，所以比較存不到錢？還是有些家庭愛吃魚子醬，嘴很挑？

都不是。這些因素的影響都不大。

萬堤與懷茲教授指出：「財富累積的差別如此大，大多可歸

lxiii　值得注意的是，有幾個理由造成這些所得數據偏低。首先，採樣對象為51歲到61歲人士，還有許多年的收入可以期待（同時也會累積更多的財富）。第二，數據納入同期無收入者（例如主夫主婦）。第三，政府發放的移轉性支付未納入數據中。舉例來說，約有一成美國人口當年收到政府食物津貼，這些不算入所得。第四，排名金字塔頂端的終生所得被低估，因為所得只有55,500美元需要課社會安全稅。最後，數據是1992年資料，雖然研究結果不會改變，但換算成2014年水平，數據要調高約69%。

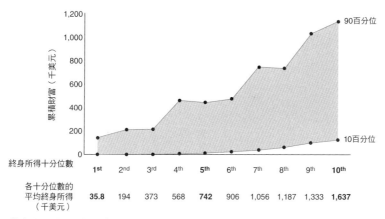

終身所得十分位數	1st	2nd	3rd	4th	5th	6th	7th	8th	9th	10th
各十分位數的平均終身所得（千美元）	35.8	194	373	568	742	906	1,056	1,187	1,333	1,637

終身所得與財富累積的關係。（Credit to Hachette/Publisher）

因於選擇。有些人年輕時就懂得存錢，有些人則選擇花錢。[229]」史丹佛大學教授柏恩罕（Douglas Bernheim）等學者研究後發現，家庭「面對花費經常性收入的衝動時，自律程度各有不同」。[230]

看到這篇研究時，我本來還半信半疑，覺得未免太簡單，成為有錢人的祕訣竟然只是年輕時多存錢？但研究人員剔除橫財或橫禍的隨機事件後，可看出就連家庭收入最低的水平當中，還是有人硬是能累積出比其他人多出好幾倍的財富。

柏納給了我們線索：「舉例而言，若家庭在退休前的儲蓄行為已自動化，不假思索……則預計會出現本研究報告的財富趨勢。」換句話說，每個家庭的儲蓄觀根深柢固，不易改變。[lxiv]

退休生活能否富裕無憂，最大關鍵是年輕時就開始儲蓄。因此，為了提高儲蓄率，必須改善目前的習慣。耶魯大學教授崔詹姆（James Choi；音譯）、賓州大學教授馬西（Cade Massey）、Google的寇可絲基、巴克萊銀行的荷胥莉（Emily Haisley）等人，在即將發表的研究報告中指出：[231]「綜觀各個家庭的財富累

積差距，或許與個人長期接觸到的儲蓄提示相當有關。」言下之意，平常吸收的資訊出現小小不同，可能造成行為天壤之別。

為了測試這個概念，寇可絲基與崔詹姆、馬西兩位教授合作，進行一項實驗，希望以溫馨小叮嚀的方式，協助Google人增加退休後的財富。

Google在美國提供401(k)退休金制度。根據美國國稅法規定，員工薪資提撥上限在2013年為17,500美元，這筆金額在退休前不必繳稅。Google依照員工提撥金額再加碼50%，亦即最高再提撥8,750美元。

但並非每個人都加入退休金計畫。畢竟，並不是人人都有17,500元可提撥，但即使是財務有餘裕的員工，參與率離百分之百也還有一段距離。

參與率之所以不高，一般認為可能是大家生活開支多，可能是大家寧可把錢花在消費用品，也可能單純是大家覺得離退休還很遠。但如果研究發現屬實，這些都不是原因，而是有沒有選對時間提醒大家提撥。

2009年，Google有五千多名員工尚未提撥到上限，且暫時沒有打算，他們收到電子郵件，知會他們從年初以來的提撥金額是多少，並附上以下其中一則訊息：

lxiv 這點可以寫的太多了，但在此先寫個註解就好。說愈早儲蓄日後愈有機會當有錢人，大家可能覺得怪怪的，不敢相信。假設你從25歲起開始存錢，打算55歲退休，且投資每年都有8%的報酬率。這30年要存到15萬美元，每個月只需要省下110美元。但如果儲蓄金額增加到180美元，則只要10年就能存到相同數字。反過來說，如果等到45歲才開始存錢，每個月得存460美元才有辦法累積15萬美元。由此可知，儲蓄不嫌早，能存多少就存多少，存了就不要碰。複利的力量不容小覷。退休生活好不好，全都靠它了。

1. 簡單提醒401（k）退休金制度（這組為控制組）。

2. 同（1），但說明多提撥1%的結果。

3. 同（1），但說明多提撥10%的結果。

4. 同（1），但提醒他們最高可提撥到任一付薪期間所得的60%，協助他們補提。

　　結果令我們大感意外，Google人無論是收到哪封信，都採取了行動，其中有27%上調提撥率，而平均儲蓄率也從8.7%提高到11.5%。假設年報酬率為8%，則當年總共為Google退休金總額增加了3,200萬美元。再假設這些人持續待在Google，每年提撥率不變，則他們退休時每人可多拿26.2萬美元。儲蓄率最低的員工，受惠最大，退休金增幅平均比控制組高出6成。如同一位Google人信中所寫：「太感謝你們了！我以前都不知道自己提撥那麼少！」

　　之後每一年，我們都會寄出郵件提醒大家，也常常微調提醒內容，進一步提高Google人的退休儲蓄。Google人很捧場，每年也愈提愈多。

　　這個提醒不花錢，公司卻必須照比例提撥，所以是一筆龐大支出。但話說回來，人力部門很樂意花這筆錢。

　　芝加哥大學教授塞勒與加州大學洛杉磯分校教授波拿茲（Shlomo Benartzi）合作，進行一連串更細微的實驗。[232]他們以三家企業為實驗對象，一為匿名的中型製造商，一為位於中西部的鋼鐵廠Ispat Inland，一為飛利浦電子旗下兩個部門，讓員工把日後的加薪幅度事先提撥一部分到退休金。這項計畫稱為「明天多儲蓄」（Save More Tomorrow），[233]有以下四個特點：

1. 早在員工預定加薪日之前，詢問是否願意提高退休金提撥率。
2. 正式加薪後，新提撥率立即生效。
3. 每次加薪，提撥率也會提高，直到達預設上限。
4. 員工隨時可退出這項計畫。

接下來的四次加薪期間，有78%的員工選擇參與計畫，加入的員工當中亦有8成一直撐到最後。在這40個月裡，平均儲蓄率從3.5%大幅成長到13.6%。

這樣的效果相當驚人，若再考量受測對象是屬於傳統企業的傳統勞動人口，跟Google大不相同，這樣的成果更讓人稱許，見賢思齊。從這些作為可看出，提高員工的儲蓄、為退休做好準備，大部分企業都能做到，只要稍微推一下就好。

暗示一下，員工更健康、更有智慧^{lxv}

2013年，人力營運主管卡萊爾出席位於舊金山的聯邦俱樂部（Commonwealth Club）演講，提到希望Google最終的召募標語是「加入Google，延年益壽」。

各位，他這句話可不是開玩笑。[234]

多年來，我們為了推動「優化人生」計畫的宗旨，不斷想辦法提升Google人的壽命與生活品質。由於我們提供免費餐點與零食，所以正好握有難能可貴的機會，能測試學術研究放到現實生活是否成立。Google人要吃東西有兩個去處，一個是員工餐

---

lxv （原文）Mens Sana In Corpore Sano，意為「健全的頭腦寓於健全的身體」，出自古羅馬詩人尤維諾（Juvenal）的諷刺詩第十篇（Satire X）

廳，通常供應兩餐（有的是早餐與午餐，有的是午餐與晚餐），另一個則是自助式的迷你廚房，供應飲料（汽水、果汁、茶、咖啡等）與零食（新鮮水果、水果乾、餅乾、洋芋片、黑巧克力、糖果等等）。

如果分公司空間夠，我們還設有各種設施與服務，如健身房、醫生看診、整脊師治療、物理治療、個人訓練、運動場、運動／瑜珈／舞蹈課程，甚至還有保齡球球道。看診與私人教練的費用跟外面一樣，但課程與場地免費。我們針對許多福利都實驗過，在此我只就跟食物相關的實驗結果分享。

吃，當然是人人每天少不了的活動，但從吃東西這個簡單卻又原始的行為，就能看出人的衝動往往會戰勝理智。我們從食物實驗中獲得的心得，多數跟幾個大問題息息相關，包括：空間如何影響行為；人的決定有多少是在無意識之下做出；小提醒如何產生大影響。

我以食物為重點還有一個原因，因為飲食是影響美國民眾健康與壽命的最大可控制因素之一。依照美國疾病管制局的定義，身體質量指數（BMI）超過30為肥胖症，亦即美國民眾逾三分之一成人屬於肥胖[235]，每年動用到的醫療金額逼近1,500億美元。[236]如果再加上BMI介於25到29.9之間的體重過重人士，則共有69%的美國人並不健康。BMI計算一個人身高與體重比例，並不是最完美的測量工具，比方說，肌肉發展高於平均的人，光看BMI會以為過重，但其實是他們的肌肉比其他身體組織更結實。BMI雖不完美，但使用簡便，不失為初階工具，上網就能找到。

健康管理，尤其是控制體重，可說是集所有困難挑戰之大成。短期難以看到成果，因此得到的正面回饋很少；健康管理需要維持鬥志，一般人常常後繼無力；[237]我們經常礙於面子問題或

受到社會風氣的影響，覺得能吃就是福。我以前服務於麥肯錫康乃狄克州斯坦福分公司時，資深董事羅錫洛（Rob Rosiello）曾說，英文裡最賺錢的一句話是「請問您的主餐要加點薯條嗎？」

這本書不是減重寶典，我也絕對稱不上是健康營養專家，但拜Google實行的一些小訣竅，我的體重兩年減輕30磅，而且沒有復胖。就算各位的公司沒有員工餐廳，但應該也有茶水室、自動販賣機、迷你冰箱等。即使不是在公司，每個人家裡總該有廚房吧！Google的一點心得或許對各位的健康管理有幫助。

我們決定採取三類行動來測試：[lxvi]提供飲食健康資訊；只供應有益健康的食品；貼心暗示。其中以暗示最有效。

我們從加拿大滑鐵盧（University of Waterloo）大學漢莫德（David Hammond）教授的研究得到靈感[238]，祭出聳動標示，測試這樣是否能降低大家喝含糖飲料的量。自2000年12月起，加拿大規定香菸盒必須出示健康警語與警告圖示，提醒民眾抽煙有害健康（如圖所示）。漢莫德以3個月為調查時間，詢問432名吸煙者的抽煙習慣是否受到香菸盒標示影響。其中19%的人都說煙癮降低。受測對象看到香菸盒標示後，有44%覺得恐懼，有58%覺得噁心，這些人更容易減少抽煙數量，更願意戒煙。

我們想看同樣方法是否也有嚇阻作用，減少大家的含糖飲料飲用量。當然，飲料跟香菸不能完全劃上等號。

我們在一家分公司的幾個迷你廚房擺上這些標示，前後各觀察兩週Google人的飲料用量。可惜標示的成效不大，原因或許

---

lxvi　請注意，我們的實驗絕非零瑕疵。吃東西不必花錢，往往會造成員工吃太多，可能一直到新鮮感沒了才會恢復正常。食物隨時隨地拿得到，也容易導致飲食過量。此外，Google員工也不能代表各分公司據點的當地人口。但我們實驗時的嚴謹度與統計效度測試，比照學術界同儕審查制的標準。

加拿大香菸包裝上的「聳動警示」，意指香菸會造成肺癌、牙齦疾病和牙齒脫落等口腔疾病。
（圖片提供：Prof. David Hammond, PhD, University of Waterloo）

是標示不夠聳動；或是汽水的品牌力太強，讓大家管不了一年增加10磅的風險；也可能是因為飲料的風險不如抽煙高。

　　我們也試過在員工餐廳幫食物標註顏色，紅標代表垃圾食物，綠標表示健康食物。Google人嘴巴上感激，但不健康食物的消耗量依舊沒有明顯改變。這個結果正好呼應道恩絲（Julie Downs）與韋絲頓（Jessica Wisdom）的研究發現。前者是卡內基美隆大學（Carnegie Mellon）研究副教授，後者則是Google員工分析團隊的博士級成員，兩人在曼哈頓與布魯克林區的兩家麥當勞擺設食物熱量資訊，希望知道能否改變民眾的攝取量。答案是

如果你週一到週五每天一罐汽水，一年下來：

1 罐汽水 140 卡
×260 天
＝ 364,000 卡

3,500 卡
＝ 1 磅體重

請自己算算！

＊如果你懶得算，答案是每年 10 磅。

汽水實驗的「聳動警示」之一。（Credit to Google）

否定的。[239] 光是提供資訊無法改變飲食行為。顧客的點餐習慣一點都沒變，就算看到 10 隻香雞翅含 960 卡，幾乎是兩份大薯的熱量，大家還是照點不誤。[240]

如果光是提供資訊還不夠，那只供應有益健康的食品總可以了吧？我猜這也是有人會反對暗示法的原因吧。縮小選擇，也跟 Google 的民主精神相違背，但我們希望同時照顧到鼓吹健康意識的 Google 人，所以做了實驗。

效果也不理想。

我們選定一個月試行「週一無肉日」（Meatless Monday），兩處員工餐廳不供應魚肉以外的肉類。其中一家的員工來店數因此下滑，大家都說不肯光顧是因為不喜歡別人幫他們做決定。他們甚至還激烈反彈，下一章會再提到。

Google 人還說，有選擇權很重要。我們調查內部六處迷你廚房後發現，員工意見表中有 58% 都贊成供應有益健康的食物，

但前提是不該取代原有選項。也就是說，Google人願意吃得更健康，但不願選擇受限。

實驗做到這個階段，我們知道大家希望有更多選擇和資訊，但這樣還是無法改變大家的飲食習慣。因此我們改採暗示路線，調整空間配置，不限制食物的選項。

會有這個構想，是看到哈佛大學經濟系教授賴柏森（David Laibson）的研究報告〈消費的暗示理論〉（A Cue-Theory of Consumption），[241] 文中以數據指出，生活周遭的種種暗示會影響消費行為。我們吃東西當然是因為肚子餓，但也是因為午餐時間到了，或身旁的人都在吃。要是把一些誘因排除掉，會發生什麼情況呢？

我們不把糖果拿走，只把健康零食放在開放式檯面、容易看到、又好拿的高度，加強「賣相」。高熱量零食則擺在櫃子下方，放在不透明容器裡。

我們以卡羅拉多州波爾德市分公司為實驗對象，測量迷你廚房零食的消耗量達兩週，當作衡量基準，接著把所有糖果改放在不透明容器。容器雖然仍標示內容物，但看不出裡面是包裝鮮豔的糖果。Google人跟大家都一樣，有糖果吃就不會選水果，但故意讓糖果更不容易看到、拿到之後，他們會有何反應呢？

結果讓我們大吃一驚。糖果的卡路里攝取量降低3成，脂肪攝取量降低4成，因為大家都選擇眼前容易看到、又好拿的穀麥棒、洋芋片、水果等。受到這個結果的激勵，我們在員工超過兩千人的紐約分公司如法炮製，把水果乾、堅果等健康零食放在玻璃容器，糖果則擺在不透明容器裡。7週後，紐約分公司的卡路里攝取量降低310萬卡，等於減掉了885磅的肥肉。

迷你廚房有效，我們接著轉戰員工餐廳，看類似的小暗示是

否能改變飲食行為。康乃爾大學教授萬辛克（Brian Wansink）與喬治亞理工學院教授伊特森（Koert van Ittersum）做了一連串研究，證實飲食量深受餐盤大小的影響。[242] 為了證明這點，他們引用1860年代晚期比利時哲學家與數學家戴勃夫（Joseph Delboeuf）發明的戴氏錯覺（Delboeuf illusion），如下圖所示：[243]

圖1裡的兩個黑圈圈一樣大嗎？還是一大一小？那圖2呢？

圖1左邊黑圓圈看起來較大，但其實跟右邊同樣大。圖2的兩個黑圓圈雖然看起來一樣大，但其實右邊那個比左邊大兩成。現在再想像白圓圈是餐盤，黑圓圈是食物。

原來，「眼見為憑」這個道理也適用於飲食。我們的飲食量和飽足感深受餐盤大小所影響，餐盤愈大，我們吃得愈多，更不容易有飽足感。

兩位教授共提出了六份相關研究，其中一項分析一個健康管理營的早餐攝取量。實驗對象都是過重的青少年，在營隊裡學會份量控制，監督自己的飲食，所以想必個個都是專家等級了吧？

那才怪！拿到小碗的人，穀片攝取量不但比拿到大碗的人

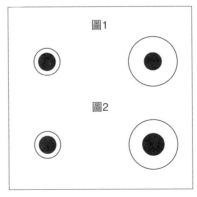

戴氏錯覺（Delboeuf illusion）圖示

少16%，還以為自己多吃了8%的份量。他們吃得份量較少，又更有飽足感，效果比學會測量攝取量與控制飲食速度好多了。另一項研究以一家吃到飽中式餐廳為測試對象。萬辛克與南伊利諾州立大學教授清水滿（Mitsuru Shimizu）將用餐者分成大餐盤與小餐盤兩組，其他因素如性別組成、預測年齡組成、預測BMI組成、到這家餐館次數等都類似，所以可茲比較。各位應該不難猜到，拿大餐盤的人吃得比較多，足足多吃了52%。不只如此，他們的浪費量還多出135%，一來是大餐盤能放更多食物，一來是因為他們吃不完的食物也比較多。

我們覺得這些研究結果很值得參考，於是在公司內部也做了類似實驗。我們的主要目標是提升Google人的健康，但考量員工餐廳也是吃到飽，能夠減少食物浪費何樂而不為？

問題是，萬辛克的研究對象是健康營139名青少年，以及吃到飽餐廳的43名客人，樣本數少，也跟Google人很不同，研究結果也適用於Google嗎？

我們選定一家餐廳，將12吋餐盤換成9吋餐盤。跟其他實驗一樣沒給選擇，果然大家脾氣就來了。有人哀嚎說：「害我現在還得站起來兩次去拿食物！」

我們於是改為提供大餐盤與小餐盤，讓大家可以選擇後，抱怨聲也跟著消失，而且有21%的Google人開始使用小餐盤。總算有進展了！

這時我們再提供相關資訊。除了貼海報之外，我們也在餐桌上擺放說明DM，說根據研究指出，使用小餐盤吃飯會更健康，平均卡路里攝取量降低，也容易有飽足感。影響所及，拿小餐盤的Google人比例提高到32%，只有少數人說還要吃第二輪。

最後再看到樣本數。這家員工餐廳當週供應超過3,500份午

餐，飲食量與食物浪費量分別降低5%與18%，添購幾個新餐盤就能有這等成績，投資報酬率不錯吧！

從心出發，刻意設計

暗示，是讓團隊與企業更上一層樓的絕佳機制，用來做實驗也很理想，可以先測試在少數人，再慢慢微調。英國首相卡麥隆2010年成立「行為洞察團隊」，別號「推一把小組」。他們的成績包括：在汽車稅逾期未繳通知單寫上「不繳稅就繳車」字樣，還附上該車照片，使得汽車稅稅收增加30%；寄發簡訊通知繳交法院罰金，不以信件通知，結果繳款人數增加33%；2011年，以閣樓清理津貼取代閣樓絕緣津貼，住戶若同意進行絕緣處理，則可享清理優惠價，這樣住戶雖然更花錢，但閣樓絕緣處裡的家庭因此成長三倍。[244]

根據春田學院（Springfield College）教授布魯爾（Britton Brewer）的研究，經醫生開單復健的病人，不完成療程或未完全按規定進行的人最高達60%。[245]但位於舊金山灣區的復建中心PhysioFit，病人復健率高出許多，這是為什麼呢？原來是院方會寄簡訊給所有新病患，內容說：「PhysioFit復健中心提供簡訊提醒服務，按Y鍵即可訂閱。」訂閱後，病人可收到復健時間的提醒通知，每天還會收到簡訊，提醒在家可進行的復健運動。簡單，免費，又有效！

塞勒提到伊利諾州變更了器官捐贈登記的一個流程。[246]美國大多數州跟2006年前的伊利諾州一樣，民眾辦理汽車駕照更新時，可以在欄位打勾或填寫表格，指示若發生意外是否願意捐贈器官。約有38%民眾特別打勾或填表登記。伊利諾州把步驟稍微簡化，辦理更新換照時，承辦人員會直接問：「您願意成為器官

捐贈人嗎？」而不必費心登記。推行三年後，伊利諾州的器捐登記率達60%。奧地利的做法是預設駕駛人願意器捐，若不願意則必須提出，因此器捐參與率高達99.98%。法國、匈牙利、波蘭、葡萄牙也是同樣的現象。[247] 正如休謨所言，實然未必是應然。有時為了做好應該做的事，只需要小小的暗示就可以。

人啊，就是無法百分之百理性，也無法百分之百始終如一。生活中有無數的小訊號，影響我們做事的方法，但這些訊號背後常常不具深層意涵。不管是空間配置、編列團隊、制訂流程，企業都要做決定，而每個決定都間接暗示我們要開放還是封閉、要健康還是不健康、要快樂還是悲傷。

不管各位服務於大企業還是小公司，既然都在做決定，不妨多花點心思打造出有益員工的工作環境。Google的目標是以員工能認同的方式推他們一把，不限制選項，而讓大家更方便做出好選擇，提升生活品質。

善用暗示的力量 @Google

- 現實如此，不表示理應如此。
- 小實驗多多益善。
- 輕輕推一把，不必大喇喇。

第13章

我們並不完美

**Google的人力政策也曾犯過嚴重錯誤，
請各位別重蹈覆轍。**

多年來，有不少其他企業的主管都抱持懷疑態度跟我說，
Google的理念好得太不切實際：怎麼有可能對員工完全開誠布
公，這樣難保有人把營運計畫洩密給競爭對手；要是給員工提出
營運意見的機會，他們最後會騎到管理階層頭上，恣意而為；員
工從公司拿到好處，從來不會感激；這樣成本太高。

這些說法都不算錯。

點子衝過頭，是謂愚蠢。將近一百年前，律師查菲二世
（Zechariah Chafee Jr.）寫道：「你揮拳的權利範圍僅止於別人鼻頭
前。」[248]查菲在評估美國二戰時期言論自由的限制時，說：「世
界上有個人利益與社會利益，兩者若出現衝突，必須求取平衡，
才能決定在現實中應該犧牲何者、捍衛何者。」

在「拳頭與鼻頭之間的適當距離是多少」達成共識，是
Google、乃至於每家價值導向的企業在管理上的一大考驗。價值
觀愈鮮明的企業，忠於信念就更形重要。麥肯錫網站把「盡反對
之義務」視為核心價值，[249]鮑爾在1950年當上麥肯錫董事總經

理，公認是形塑麥肯錫價值觀的功臣，奠定了誠信至上的顧問服務原則，長達五十幾年而不衰。[250] 有好幾年的時間，新顧問都會拿到由他所著、只在內部發行的《麥肯錫觀點》（*Perspective on McKinsey*）。我 1999 年加入麥肯錫時，公司已不再發給新人，還好我在別人的辦公室裡發現一本。書中詳細記載了麥肯錫的初期歷史，以及公司的核心價值觀。每位顧問都有敢於反對的義務，覺得某個構想有錯，有愧於客戶或公司本身，就應該直言無諱。

加入麥肯錫約一年後，我有次輔導一家媒體客戶，對方有意與別人整併，渾然不知這麼做是自掘墳墓。他們請我們建議成立創投公司最好的方式。數字會說話，除了英特爾投資（Intel Capital）等幾個成功案例之外，想跨足創投事業的企業多數以失敗收場，因為它們缺乏專業知識、目標不夠明確，而且距離最有利潤潛力的交易案太遠。我向資深董事報告此事不宜，並提出數據，說明成功案例不但是極少數，而且位置一定不會離矽谷太遠，主事者也都具有工程背景。

他回我說，客戶只問怎麼成立，不是該不該成立，我應該把重點放在回答客戶的問題。或許他是對的；或許他對這個專案比我有更精闢的了解，我的數據並不適用；也或許他已經向客戶提出同樣說法，遭對方拒絕。

但我還是覺得我這個顧問做得很失敗。我認為公司既然以「敢於反對」為理念，我就應該大膽說出己見，結果卻遭到否定，讓我覺得很糾結。麥肯錫愈大聲疾呼企業價值觀，我與同儕愈深刻體認到理想與現實的差距。這不是說麥肯錫不好，它是一家非常傑出的企業，我當時也親身體驗，顧問群秉持誠信至上的精神，全心全力輔導客戶，公司給予各層級員工的尊重與共治空間，令我至今難忘。麥肯錫是一家傑出企業，也是訓練人才的好

地方，但那段插曲我始終忘不了，因為在一家強調價值觀的企業裡，只要出現絲毫妥協，大家都能深刻感受到。

Google也是如此。

我們開口閉口都是企業價值觀，每天也會冒出新狀況，在在都考驗著Google的企業使命。Google的員工、使用者、商業夥伴都在看我們怎麼做。我們每次都盡全力做正確的決定，但員工畢竟有五萬人，有時難免會有人犯錯，主管也不例外。Google，並不完美。

對Google、乃至於本書鼓吹的管理風格而言，重點並非做到一百分，而是能否忠於企業價值觀，即使難關當頭，也能堅持做對的事。還有，能否在度過難關後，在Google人之間凝聚更深的向心力，堅守企業理念。

透明化的代價

轉戰Google不久，我便有機會目睹管理階層對企業價值觀的堅持是真是假。我第一次參加全員大會時，施密特站在台上，背後是投影在牆上、高達十呎的產品規劃藍圖。他指著投影片說：「這些是Google迷你（Google Mini）的規劃藍圖。」這是Google最早的硬體產品之一，只要一插用，企業用戶的內部網路立即能擁有Google搜尋功能。

現場除了擠滿了幾百名Google人，還有三、四十名剛報到一週的菜鳥，我也是其中之一。每個人都被他接下來說的話嚇了一跳。

「這些產品藍圖被洩露出去了。我們已經抓出洩密員工，將他開除。」施密特進一步說明，我們相信Google人如果知道彼此的工作內容，公司才會成長茁壯，因此才會在產品對外公布之

前，先在內部分享這麼多資訊。也因此，他才會選在那一天跟大家分享產品藍圖。他語重心長地說，他有信心大家能保護商業機密。若是有員工破壞了這層信任感，就必須立刻走人。

所以一開頭那些對Google有質疑的主管，原則上雖然沒說錯，但Google並非完全放任不管。我們每年都會有一起重大洩密事件，每次都會啟動調查工作，不管是有意無意、善意惡意，當事人一定遭到開除。我們不會公布當事人的名字，但會向全體員工公布哪項商業機密被洩漏，又有何後果。這麼多員工分享這麼多資訊，難免有少數人會犯錯。但資訊共享是值得的，因為機密固然重要，Google的開放文化更珍貴。

福利是福氣，不是權利

我們的管理哲學還有另一項風險，那就是應得權利（entitlement）的心態，員工不知不覺把公司福利視為理所當然。這個問題或許難免，畢竟，人類在生理上、心理上對新的經驗自然會慢慢習慣。接收到新事物後，我們很快學會適應，更以它為衡量日後其他事物的基準，忘了它的美好。如此一來，期望值愈來愈高，幸福感愈來愈低。這也是我喜歡帶人來Google參觀的原因，尤其是小孩子。我們每天吃到免費美食，雖然大家知道這是很特別的福利，久了還是很容易變得無感。但是，當小朋友發現每種甜點都能來一份時，眼睛卻頓時發亮起來：那畫面教人百看不厭。

剛加入Google時，我負責員工餐廳的營運，有幸跟幾位出色的主廚共事，包括塔平（Quentin Topping）、拉席克（Marc Rasic）、吉安巴坦尼（Scott Giambastiani）、曼廷利（Brian Mattingly）、傅利伯（Jeff Freburg）。與我攜手管理的有烏莉奇

（Sue Wuthrich），她除了主管餐廳團隊之外，還負責員工福利事項。但到了2010年，有一小群員工濫用福利，把員工餐廳視為應得的權利。他們用餐完畢，還把食物打包回家。我有天下午就撞見員工把四個餐盒放進後車廂（不禁讓我想問，後車廂這麼悶熱，食物在裡頭放了六個小時，還能吃嗎？）還有一次發生在週五下午，有名員工把礦泉水和穀麥棒塞進背包裡被抓到。原來他週六要跟朋友去爬山，想帶免費的食物跟飲料給大家。餐廳換成小尺寸餐盤時，有個員工覺得忍無可忍，寫信說她開始以丟叉子表示抗議。還有主廚說，有些員工朝餐廳服務人員丟食物。

但壓倒駱駝的最後一根稻草是「週一無肉日」措施。

上一章提到的「週一無肉日」，是由「週一大作戰」組織（Monday Campaigns）與約翰霍普金斯大學彭博公共衛生學院合作的健康活動，鼓勵民眾禮拜一不要吃肉，藉此增進健康，多吃一些養殖時較不浪費資源的食物。2010年9月，我們從二十多個員工餐廳選定兩處，開始暫停供應魚肉以外的肉類。我們追蹤9月的餐廳人數，與8月數據相比，並到兩家實驗組餐廳、兩家控制組餐廳，以及網路上詢問大家意見。結果有正面有反面。

總公司裡有一小群Google人怒氣特別高張，彼此熱烈討論起來，還舉辦烤肉活動以示抗議。會氣成這樣，一方面是他們覺得餐廳的食物選擇減少，一方面也認為Google想強迫員工接受「吃肉不健康」的觀念。

以烤肉做為抗議方式，好玩、諷刺，又有巧思，本身並不是問題。令人哭笑不得的是，不只一名抗議員工向主廚借烤肉架，還問有沒有肉可以借用。此外，我們總公司位於山景城，隔一條公路就有連鎖漢堡店，餐廳也一大堆，如果員工願意自掏腰包，不怕吃不到肉。

「週一無肉日」推行到9月底，我們詢問大家的意見，少數不滿員工的反對聲浪在此時到達高點。我決定在全體大會時跟分享所見所聞：有人濫用迷你廚房、有人對辛勞的廚房人員極不尊重，甚至有人亂丟叉子抗議。我也分享了一則匿名意見：

> 我要過怎麼樣的生活，公司管不著。公司要是不想提供傳統食物，乾脆把所有餐廳關掉。他X的，要是你們不恢復正常，老子就投效微軟、推特、臉書那些公司，它們才不會他X的這樣惡整我們。

語畢，全場鴉雀無聲。

多半員工完全不知道發生這些事，聽完後無不義憤填膺，沒多久紛紛表態，幾千幾百人透過郵件、全體大會發表意見，也有人私下寫信感謝、支持餐廳人員。其中也有人提醒我們要假設那些員工是出於善意，避免造成大家想找代罪羔羊。就連要用丟叉子抗議的那個員工也澄清，她當然不是真的要丟叉子。

沒有人因此被開除，但濫用情況少了，理所當然的心態也有改善。大家不再把福利當做應得的權利。

Google制度的出發點是相信人性本善，相信大家沒有惡意，只是偶爾會有惡劣員工擾亂。我站出來公開說明，公布一名員工的惡言，讓公司上下知道這段插曲，大家也更願意彼此提醒。發現有人一次外帶四個餐盒，同事會委婉地說：「你好像很餓，對不對？」發現有人禮拜五拿一大堆零食回家，同事也會投以不以為然的眼神。[lxvii]

想避免員工把福利視為權利還有一招：福利的初衷如果已經不再，不要怕取消。舉例來說，Google自2005年開始提供油電

車補助，員工如果買油電混合車，公司補助五千美元。當時豐田Prius才剛問世，雖然被市場視為實驗車種，但我們希望鼓勵員工節能減碳，也因為油電車可以開上公路的高乘載車道，加上我們的員工人數日增，所以多開油電車，我們也能降低對當地交通的衝擊。Prius當時售價比一般車款高出約五千美元。

三年後，我們在10月公佈油電車補助計畫將於年底告終。油電車這時已是市場主流，價格跟一般車種不相上下（我們當時只補助豐田車款）。此外，這項福利能否吸引或留住人才，我們並沒有證據。消息一出，Google人都很火大，因為短短幾年時間，大家都把這項補助視為理所當然。取消補助的決定提醒了我們，提供哪些福利與津貼是有特定理由的，如果理由已經不存在，我們就會改變措施。話說回來，大家聽我說公司同時提高退休金提撥金額，怒氣也消了一點。

但我還記得在地車商說過，Prius買氣在年底成長兩倍，大家都趕在補助截止前搶購。

lxvii 應得權利心態不只是Google或科技業的獨有現象。我在矽谷碰到的人大多很好、很善體人意，但王八蛋也不少，他們正是羅辛想把擋風玻璃打爛的人，自視甚高，不願融入氣氛熱絡的在地社區。尤其是舊金山，科技公司大量湧入，房租節節高漲，有些人更認為，因為科技公司習慣提供員工免費的餐飲與交通，使得在地生意少了客源。在這種氣氛下，有家新創企業的創辦人因為部落格發文而成為眾矢之的，這篇文章題名〈舊金山的十大惡形惡狀〉（10 Things I Hate About You: San Francisco Edition），讓人更加深了對科技業的負面印象。Google不見得每次都做得對，但敦親睦鄰向來是我們努力的方向和措施，或擔任志工，或資助在地學校與非營利組織，或盡可能向在地農家採購餐廳食材等等。過去幾年來，Google捐贈灣區非營利組織的金額高達六千萬美元，員工擔任志工的時間總計多達幾十萬個小時。我們在鎂光燈以外的地方默默耕耘。比方說，我們從2013年以來便與南卡羅來納州的伯克利學區合作，藉資料中心就在附近的地利之便，網羅資工與數學專業的大學助教，為學生授課，點燃大家對這些領域的熱誠，受惠學生超過1,200人。

為堅持而堅持，是謂小器[251]

Google每次調整績效管理制度，有兩件事總是不證自明：

1. 大家都不喜歡現有制度。
2. 大家都不喜歡調整現有制度。

我們以前選在12月進行績效考核，過程面面俱到，每個員工會收到同儕與主管的回饋，得出績效評等，再由不同的主管群進行績效校準，最後決定年終獎金。

業務團隊不喜歡這樣的時間安排。12月是每年最後一季的最後一個月，正是業務忙著結案的時候。其他Google人也討厭如此，畢竟任誰也不想在聖誕假期時寫評等報告。

我們自問，真的有等到年底才進行績效評等的必要嗎？12月似乎對大家都不方便，也很「老派」，無怪乎Google人看到就反對。既然如此，我們決定把年度考核往後挪到3月，避開年終忙碌時間。我向管理團隊提出這個構想，經過一番討論後，大家都很支持。人力營運部門接著跟其他各部門主管協調，大家也願意配合。

2007年6月21日，下午5點4分，我寄了一封信給郵寄名單裡的幾千名主管，預告這項調整。信中寫道，我週五將寫信給全公司員工，正式宣布延後考核時間。

萬萬沒想到，回覆的信件超過百封。

我寄出那封信前，我們已經問過包括高層在內的幾十名主管意見，大家都有共識。如今幾千名主管看到，卻完全不贊同。

讀著這些回覆，我挑選出四十個反對理由充分、且屬於意見

領袖的人，6點前把名單交給助理，請她找出這些人的電話。我一個一個打電話聯絡，跟他們交換意見，傾聽他們的顧慮，討論替代方案的可能性。主管不喜歡這個變動的原因各有不同，有人喜歡提早把工作做完，放假時才能好好放鬆；有人的業務忙季不是12月，所以沒關係；有人則是喜歡傳統做法，縝密考核後再決定績效獎金怎麼給，即使比較麻煩也沒關係。

我一邊打電話，一邊不斷收到回覆信件，一直到半夜11點55分，突然看到有則回覆的語氣特別不快。來信者說他覺得這個調整完全沒顧慮工程師的需求。

當時已經半夜，我寫信問他是否可以通個電話。結果電話一討論就半個小時。

經過那晚多方思辯，我赫然發現原本的提案有問題。雖然有管理階層的認可，我從各方得到的資訊，也是大家都同意延後考核，但這樣做卻有問題。

隔天，我又寄了一封信給各主管，說考核時間不延至3月了，而是提前到10月，一來可避開年尾的工作壓力，又可以在決定績效獎金之前，仔細做好考核。也因為中間空出這段時間，主管旗下若出現員工績效大起或大落的極端情況，就有機會調整考核評等。

光看表面，似乎是因為一群Google人敢嗆聲，而改變了影響全公司的政策，但正是大家勇於發表意見，最後才有更好的解決之道。要在幾千人面前改弦易轍，雖然不好受，但對的事就值得去做。

從那次經驗可看出，傾聽大家的聲音何其重要，同時有必要建立表達意見的通暢管道，廣納各方看法後，再下決定也不遲。後來，我們篩選出幾個年資各異的工程師，組成意見小組，稱他

們是「Google金絲雀」，借重他們足以代表各工程團隊心聲的地位，也因為他們受同儕敬重，更能有效傳達公司政策的決定過程與原因。這組人馬之所以叫金絲雀，起源於十九世紀採礦業的傳統，工人會將金絲雀帶入煤礦坑裡，測試有毒氣體的濃度。金絲雀對甲烷與二氧化碳等氣體遠比人類敏感，稍微過量就會窒息。礦工一見到金絲雀死去，就知道得撤離了。同樣的道理，這些作用有如金絲雀的資深工程師，讓我們能事先知道工程師的反應，是我們制訂員工措施時的好夥伴與好顧問。

然而，最出乎我意料的是，接到電話的人都對我的舉動表示肯定與謝意。羅森伯曾跟我說：「危機正是做大事的機會，應該先拋下一切，全力處理危機。」調整績效考核時間或許只能算小危機，但我選擇暫時拋下一切，花了八小時到處打電話，一直處理到半夜。彙整最相關人員的意見後，得出更好的結果。過程中，我也認識到更多重量級人員，能向他們請益。

怪咖員工也是貴人

每回開全體員工大會，總是會有幾個熟面孔的工程師報到，固定坐在第一排，問的問題又臭又長。每個禮拜絕無例外。資淺員工看到又是同一批人舉手發問，有時不禁翻白眼。

愈資深，懂愈多，問題也愈多。

在這個長青發問團當中，有個淺棕色頭髮的人，舉止溫和，每次問問題必定東扯西扯。他開頭會這麼說：「佩吉，你好，我最近聽人說起一件事，很有趣〔開扯了五分鐘〕……所以我在想，Google是不是〔問題又問了五分鐘〕……？」他的問題有時候很怪，有時候卻又彷彿預言，例如，雙重認證（two-factor authentication）[lxviii] 的機制還沒出現前，他就已經問過相關問題。

這樣過了十年，他突然有一天退休了。換人坐在他的座位。後來才發現，他其實是元老級 Google 人，我把這件事告訴施密特時，他不禁拋出一個問題，流失這些開疆闢土的怪咖員工，Google 是不是也少了寶貴資產。

答案是肯定的。

集中柴火才能燒得旺

還記得 Google 有 Google Lively 這個產品嗎？使用者可以創造虛擬分身，在虛擬建築和室內空間跟其他玩家碰面。

那「Google 語音廣告」（Google Audio Ads）總該還記得吧？企業主可以透過 Google 播放電台廣告。「Google 問答」（Google Answers）呢？上網提出問題，如果其他人的答案合你心意，可以給對方虛擬獎品。

這些服務在 2006 年到 2009 年陸續終止，只是我們產品陣容的一小部分，Google 這 15 年來推出的產品超過 250 種，大多數連我也沒聽過。

工作環境自由自在的一個好處，就是能產生五花八門、千奇百怪的點子。除了幾百種產品之外，我們還有個人工程的資料庫，供大家記載花 20% 自主時間的工作進度，共有好幾千個。我們有構思板，大家發表討論的點子超過兩萬個。

儘管創意源源不絕，但大家也感覺到似乎沒有時間面面俱

---

lxviii　雙重認證是一種提高資訊安全的機制，除了密碼之外，還必須提供第二道驗證身分的資訊。比方說，各位加油時必須刷信用卡，還得輸入住家的郵遞區號。同理，如果開啟 Gmail 的雙重驗證功能，登入帳戶時，便需輸入密碼與發送到手機或其他裝置的驗證碼。

到。同時進行的有趣專案這麼多，幾乎沒有一項投入充足的資源，把它做到盡善盡美。

2011年7月，時任研究與系統基礎建設部門資深副總的科朗（Bill Coughran），在部落格寫了一篇題名為〈集中柴火才能燒得旺〉的文章，說我們要取消讓使用者登記測試部分原型產品的「Google實驗室」（Google Labs）。[252]

其他聚焦措施也在默默進行。佩吉找來公司前兩百大主管，解釋說我們同時間想做太多事情，卻淪為沒有一件做到完美。他於是帶領眾人展開年度「春季大掃除」，終止符合下列現象的產品：低人氣的，例如能儲存個人健康資訊的Google健康（Google Health）；被競爭對手趕上的，例如線上百科全書Knol；已經沒用的，例如，Google桌面下載到電腦桌面後，使用者可更精準找到儲存在電腦裡的內容，但後來多數作業系統已有類似功能，所以Google桌面的重要性也大幅降低。

這些產品都有粉絲、有負責人、有背後的研發人員，很難說停就停。有些人不禁會想，這樣的新做法等於是「由上而下」決定產品生死，是否代表Google的價值觀變質了。

其實不然，而是我們重新體認到Google創立初期的一項原則：創新來自於突發奇想與實驗精神，但也需要去蕪存菁。Google員工幾萬人，用戶幾十億人，創新的機會無窮無盡。我們受到人才青睞的正是這點。但自由不能無限上綱，既然加入團隊或企業，某個程度上代表同意放棄一小部分的個人自由，選擇與他人合作，追求更大的成就。

Google搜尋絕非一人之力所能研發成功。即使是一開始，也得靠布林和佩吉聯手合作。對於Google搜尋的運作方式，我們內部也激辯過。回顧Google的歷史，搜尋模式變更過好幾次，

推翻大家投入無數時間發揮創意、辛苦研發的系統，換成更好的版本。

　　想在個人自由與整體方向之間取得平衡，關鍵在於透明度。企業有些新做法看在員工眼裡，可能是往後退一步，偏離了公司價值觀，因此需要向他們解釋背後的動機。企業的營運愈把價值觀奉為圭臬，就愈有必要說明清楚。

　　解釋每個決定的動機很重要，但也需要說明公司的大方向。2013年10月，有名Google人問我，公司每年定期決定哪些產品該放棄，是否表示不像以前重視個人創意。我回說，我們原本只顧著讓百花齊放，每個點子都極力施肥，但這麼做其實也是擺過了頭[253]，導致產品未盡理想，辜負使用者。Google的產品組合有如一座花園，需要定期花心思修剪，公司才能更健康蓬勃。

做人無法面面俱到

　　每位Google人都能登記加入郵寄名單，針對某議題加入討論，稱為討論串（thread）。有些議題牽動敏感神經，有時會引來上百封回覆。第一次爆出上千則回覆的討論串，導火線竟然是個甜派。

　　時間回到2008年，有位主廚在午餐菜單上供應這份甜點：

　　令人心情釋放的西藏枸杞巧克力奶油派。派皮結合巧克力、夏威夷豆、椰棗的多層次風味。食材：夏威夷豆醬、可可粉、香草豆、龍舌蘭、椰粉、枸杞、椰子醬、浸漬於藍色龍舌蘭糖漿的草莓、蜜棗、海鹽。

　　菜單公布不久後，有位員工寫信給施密特，大意是說：「這

是今日菜單的甜點，如果公司沒提出合理解釋，好好處理，我會離職抗議！」

這名Google人把信轉寄到幾個人數較少的郵寄名單，又被一名工程師轉寄到全公司其他事務類的郵寄名單。

一傳十、十傳百，這封信立刻有超過一百則回覆，創下Google最快紀錄，更成為第一個突破千則回覆的議題。有Google人特別算過回覆數，總共超過1,300則！

到底發生了什麼事？

枸杞，又稱紅耳墜，原產地在歐洲東南部與中國，如今在美加等其他國家都有種植，[254]枸杞樹高度3到9呎不等，花呈紫色，果實紅中帶橘，僅一、兩公分長，富含抗氧化物，味道酸甜濃郁。我自己不是很愛吃，但搭配其他食物後，味道還不錯。

那年四月的那一天，有位主廚決定採用來自西藏的枸杞做甜派。Google的餐點都不用錢，這個甜派當然也是免費（free，另有自由、釋放之意），只是食材有來自西藏的枸杞而已。

但是，對許多Google人而言，此「free」非指「免費」，而是「自由」！

Google營運據點遍布全球，在中國也有幾處分公司。許多中國人認為西藏是中國領土，現在如此，未來也不容改變；但同時也有很多人認為，西藏是獨立國家，過去如此，現在也應該這樣。若說全世界有一半人支持、一半人反對，應該不算過份。

有些Google人，如寫信給施密特的那位員工，以及幾千名跟他站在同陣營的人，覺得甜派名稱竟然暗指追求西藏獨立，實在無法接受。有些人為此解釋說，如果是倫敦有個主廚推出「解放威爾斯派」或「解放北愛餅乾」，難保英國人不反彈。甚至還有人說，如果推出「解放魁北克糖漿」、「德州一夫多妻牛

排」、「北方侵占戰爭蛋糕」，看你們氣不氣！

在眾多回覆當中，有一派論點也很激烈，有好幾百個人都主張這是言論自由的議題。主廚想要怎麼幫甜點取名，是他的自由。於是，爭論主軸轉為一家企業內部是否真能達到言論自由，更讓人關切的是，Google是否顧及到每個人的信念與價值觀。

還有一群人討論那名主廚應否受到懲處。事件剛爆發時，他的主管眼見情況失控，將他停職三天，但很多人認為這樣似乎有失公平，會不會因此造成寒蟬效應。他們的看法是，如果這種事會受到停職懲處，大家討論事情時還能暢所欲言嗎？莫非Google已經變成「大企業」，有些事已經不能說、不能想嗎？

另外還有許多人覺得整件事根本是鬧劇。不過就是一個甜派，值得這樣大驚小怪嗎？大家的唇槍舌戰，不只是挑戰言論自由的底線，也是對Google人自己的考驗，遇到極度個人而容易挑起情緒的議題，我們該如何應對。瀏覽著這成千上百封信件，我的感想是公說公有理、婆說婆有理，各有事實為後盾。我也發現，幾乎沒有人有辦法說服對方改變看法。一開始就堅持西藏是中國領土的人，辯完了立場還是沒變，反之亦然。不管是覺得這個議題屬於言論自由權議題，還是不得體的舉動，兩派陣營到最後仍然各持己見。爭論到最後，回覆速度漸漸減緩，討論無疾而終，問題還是沒有答案。

我知道，Google企業文化既然強調透明度與發聲權，難免會有這類勞師動眾、又得不出所以然的激烈論戰。並非每個問題靠鑽研數據就有解答。同樣的事實擺在眼前，就算大家都是明理人，也可能意見相左，講到價值觀的時候更是如此。但懲罰主廚會不會造成寒蟬效應，倒是個值得深入探討的問題。把格局拉大來看，甜點怎麼取名並不重要，但如果Google人覺得小事會被

懲處，又如何敢向執行長大膽直言，問營運是否忠於企業使命、是否以使用者為重這樣的重大問題呢？大家知道可以自由發表意見，所以才有那次的甜派事件，類似的爭論，你一來我一往，大家都不好過，卻顯示我們對員工發聲權的堅持已經開花結果。

有件事倒是有好結果。我出面駁回那名主廚的停職懲處，讓他隔天就回來上班。他的本意為善，也沒造成什麼傷害，只是主管反應過度罷了。但看到幾百封批評信件，會這麼反應也情有可原。我在討論串最後宣布這個決定，收到二十幾封回覆，謝謝我、也謝謝管理階層做出正確決定。這場論戰很重要，意外引發論戰並沒有罪。

放手一搏

人類是複雜難解又毛病一堆的動物，但正多虧了這些無法量化的特質，生命才能處處綻放神奇。本章希望讓各位看到，Google在成功背後也吃過自己政策的悶虧。我在書中盡可能分享Google哪些做法有用，哪些做法沒效，但我傾向介紹前者，這樣對大家比較有參考價值。

Google經營至今，每一個營運決定無不希望做到追求使命、透明管理、賦予發聲權的原則，但偶爾會有阻力、有挫折、有失敗。崇高使命與日常現實總會有落差；營運做到百分之百公開透明，是不可能的任務；沒有Google人能有「我說了算」的發聲權，就連佩吉與布林也不能一聲令下，決定公司的每個營運環節。要是有人有這等能耐，其他人早就辭光光了。但Google跟其他企業環境不同的是，我們自知追求的是永遠遙不可及的願景。因此，每季OKR能達70%就是不錯的成績，也因此，佩吉對「登月計畫」有信心，就算失敗了，收穫也比達成普普通通的

目標還多。

本書分享的諸多經驗，每個都讓我們更加堅強，價值觀更加純粹，即使仍有進步空間，但起碼我們對自主開放的堅持絕非兒戲。

團隊或企業若希望落實書中的概念，過程難免有顛簸，正如Google的經歷一樣。走個幾步，就會遇到「甜派事件」，大家或情緒激動、或亂出餿主意、或濫用公司資源。人非聖賢，難免會犯錯，有時造成負面影響。

遇到這樣的危機，正是決定企業未來的關鍵時刻。

有些企業會舉白旗投降，有一丁點的退步，就直說員工果然不值得信任，要人規範監督，才能強迫他們做事。這些企業會說：「我們試過了，結果落到這樣的下場，員工抓狂、錢白花了，還浪費我的時間。」

但有些企業卻能拿出膽識，擇善固執。恐懼與失敗當前之際，各位如果能忠於原則不放棄，抵擋外來與內在的阻力，一言一行都能刻畫出企業的靈魂，自然能吸引人才加入。

犯錯的價值 @Google

- 承認錯誤。跟大家說清楚講明白，廣納改善建議。
- 哪裡有錯，就從哪裡補救。
- 記取教訓，教大家如何不重蹈覆轍。

第14章

行動，就從明天開始！

做好10件事，翻轉工作團隊與工作環境。

　　我心目中第一名的電玩遊戲是「異域鎮魂曲」（Planescape: Torment）。這款遊戲於1999年發行，遊戲一開始，玩家扮演的角色從停屍間醒來，生前記憶全失。玩家在宇宙之間遊蕩，經歷各式各樣的人事物，最後卻發現，（有雷慎入！）你在前世行過大善大惡，每次起死回生後又歸零開始，得以選擇如何過這一生。玩到遊戲的關鍵時刻，你會面臨到一個問題：「什麼因素能夠改變人性？」你的答案和後續行動會決定故事發展。[lxix]

　　幸或不幸，Google經常是眾所矚目的焦點，因此促成我想寫這本書的念頭。2007年，我有次跟布林特（Larry Brilliant）博士聊天，他的一句話讓我印象深刻。布林特當時擔任Google慈善機構Google.org的負責人，但之前服務於世界衛生組織（World Health Organization），致力於根除印度的天花傳染病問題。他

---

lxix　大家應該不會以為是要打殭屍吧？

跟我講到比爾‧蓋茲說過的一句話,具體內容我已經記不太清楚,但大意是這樣:蓋茲基金會就算捐了一億美元協助治療瘧疾,也沒人聞問,但 Google 一推出追蹤流感的產品,全球媒體就一窩蜂報導,實在不公平。

Google 的規模不算大,但各界基於各式各樣理由,對 Google 的一舉一動總是關注有加。受到愈高的矚目,責任愈重大。我們的失敗,都攤在大家眼前,Google 的領導者不是聖賢,當然也會犯錯。有錯我們一定道歉,力求改進。我們的心得,也攤在大家眼前,每個新發現都是與大家分享心得的機會。但是得到這麼多的關注,我們或許當之有愧。更重要的是,即使我們說的話並非擲地有聲,也常常受到注意。

在 Google 服務這些年與寫書過程中,我注意到一件事,我們已經落實的許多重大概念都不能算先例。但儘管如此,這些觀念仍舊值得大家關切。

企業如果不願相信員工人性本善,那就採取不信任制度。如果願意信任員工,不管是創業家、團隊成員、團隊主管、經理人還是企業執行長,就應該說到做到。

信任員工,就該給他們自由。

工作之所以沒了意義,少了樂趣,常是因為當家的人雖然出發點是好的,但下意識還是不信任員工。為了監控員工,企業建立起疊床架屋的官僚體制,表明員工不可信。說得好聽一點,官僚的存在是以為人性可以引導,需要某個先覺指點迷津,才能向上提升;換言之,人性本惡,必須透過規範與獎懲來導正。

一七三〇年代,美洲興起基督教「大覺醒」(Great Awakening)復興運動,傳道家艾德華茲(Jonathan Edwards)是其中的重要人物,他的一篇佈道文便彰顯了「人性本惡」的理

念。在高中文學課第一次讀到時，把我嚇得汗毛直立。

　　上帝之手握住人類，下方即是地獄火坑；他們罪有應得，注定落入熊熊火光。他們心中的惡火難以釋放……孤立無援，處境岌岌可危。[255]

　　教眾聽完這段話後心驚膽戰，正是艾德華茲希望得到的效果。套句政府講的話，「任務完成」。以高中生的理解力，要談宗教意涵，實在不夠格，但撇開教義不談，艾德華茲的根本假設是人性本惡，需要外力干預，才能避免惡果。

　　科普作家平克（Steven Pinker）在著作《人性中的善良天使》（*The Better Angels of Our Nature*）指出，回顧歷史，世界愈來愈美好，最起碼暴力事件減少許多。在還沒有國家制度的狩獵採集時代，有15%的人死於暴力；到了古羅馬帝國、大英帝國、伊斯蘭帝國，暴力死亡率降到3%；時間快轉到二十世紀初，歐洲國家的他殺率又減少10倍；而今天的暴力死亡率又更低。平克解釋說，「人性總是在兩股力量中消長，一是暴力傾向，一是由自律、同理心、公平、理智等特質所形成的反暴力傾向。暴力事件減少，是因為歷史環境的演變，愈來愈有利於彰顯人性的良善。」[256]國家的地盤不斷擴張而鞏固，減緩了部落爭端與地域衝突的風險。貿易讓人類彼此締結關係，戰爭因此更成了不理性的行為。在讀寫力、流動性、教育、科技、歷史、新聞報導、大眾媒體等眾多因素作用下，人類走出各自為政的小世界，形成世界主義（cosmopolitanism）……開始以他人的角度看事物，放大憐憫之心，接受對方。」

　　從艾德華茲到平克的年代，世界早已截然不同，彼此相連又

互相依存。然而，企業的管理卻仍陷在艾德華茲的心態，尚未擺脫科學管理之父泰勒（Frederick Winslow Taylor）的遺毒。泰勒曾於1912年在國會表示，工人的心智薄弱，無法自行思考，必須受管理階層嚴格控制：

> 本人毫不懷疑，生鐵鑄造是一門大學問。若有人……體力足以操作生鐵，心智卻渾沌曖昧，即使選擇這行當職業，也絕少能夠理解生鐵鑄造的學問。[257]

有太多的企業與主管自以為是，覺得少了在上位者下達聖旨，愚昧無知如員工，無法做出正確決定，想出新意。

我們該問的，不是「需要哪一種管理制度來改變人性」，而是「要如何改變工作的本質」。

前言曾經提到，企業的管理模式有兩種極端，而本書就是希望表達，要走哪一條路，操在各位手上，我也提出一些做法。「低自由度」的企業，主管一個口令，員工一個動作；員工受到嚴格管理，拚命工作，最後被丟在一旁。「高自由度」的企業講究自主，員工有尊嚴，對於公司的營運有發聲權。

這兩種管理模式都可能獲利豐厚，但本書的假設是，這世界上的人才菁英無不想要投靠自由開放的企業。而這些企業受惠於員工的專業與熱誠，更能展現生命力，成功也能更長青不衰。前言提到華格曼超市與布朗迪絲集團以員工為重，業務依舊長紅。放諸科技業，要是問網路鞋店Zappos的執行長謝家華、Netflix執行長哈士廷斯（Reed Hastings）、賽仕電腦軟體（SAS Institute）執行長古奈特（Jim Goodnight）等人，他們一定會說，給員工自主權對業績是一大助力。[258]這些科技公司的業績年年成長；華格

曼超市在景氣低迷時照樣逆勢成長，持續在最佳工作環境榜上有名。善待員工，是手段，也是目的。

好消息是，有些開放自由的管理原則，Google已經親身實踐，證實有效，任何團隊或企業都可拿來加以應用。

我在每章都簡短提出幾條Google的工作守則，各位想聚焦某個環節就可參考。但如果想要打造高自由度的企業環境，以下提出10步驟，確實做到，定能翻轉工作團隊與工作環境。

1. 找到工作的意義。
2. 信任員工。
3. 只網羅比你自己厲害的人。
4. 把員工發展跟績效管理分開進行。
5. 聚焦頂尖員工與墊底員工。
6. 該省則省，該花就花。
7. 給予不公平薪酬待遇。
8. 善用暗示塑造好行為。
9. 預防「福利當權利」的心態。
10. 樂在其中，再來一次！

找到工作的意義

工作占人生至少三分之一的時間，我們除了睡覺之外，有一半時間都在工作，若只求餬口，豈不可惜。非營利組織以服務社會為訴求，向來以人生意義為訴求，吸引人才，激勵員工。以協助難民的非營利組織「庇護管道」（Asylum Access）為例，創辦人芙南德茲（Emily Arnold-Fernández）建立起世界頂尖的國際團隊，大家理念一致，志在協助難民找到工作，在其他國家重新

站起來，讓他們的兒童也能接受學校教育。

對於太多人而言，工作的目的不過就是賺錢罷了。但跟格蘭特的著作所說，我們工作歸工作，但如果能親自接觸到受惠者，即使只是短暫片刻，不但能提高生產力，心情也更加快樂。有誰不希望從事有意義的工作呢？

追求工作真諦時，不妨拉大格局，放眼更高深的理念或價值觀，要能跳脫日常工作框架，又要能誠實反映出工作的本質。Google 統整全世界的資訊，讓資訊更普及、更有用。在 Google，不管工作多麼微不足道，每個人都擁抱這個使命。它吸引人才前來，讓員工願意留下來效命，敢於冒險，拿出最好的表現。

如果你是魚販，大家因為你而有東西吃；如果你是水管工人，大家因為你而生活品質改善，居家乾淨健康；如果你是生產線工人，有人會因你手中完成的產品而受惠。無論你從事什麼工作，總是會有人因此受益，也值得你用心經營。如果你是主管，你的責任就是幫助大家找到工作的意義。

信任員工

如果你相信人性本善，就表現出來，營運公開透明，對員工開誠布公，讓他們對公司的營運有發聲權。

如果一開始只能小試，也沒關係。企業之前對員工的信任感愈低，小小舉動就愈能創造愈大的意義。如果企業的管理作風長年封閉，設立建議箱制度，讓員工知道公司在乎他們的心聲，他們會覺得這是天大的轉變。開放員工問問題，說明你為什麼會做出上次那些決策。如果你是小店面的老闆，不妨定期問員工會怎麼改善營運，如果他們是老闆，又會怎麼做。

因為，員工主動任事，不正是每個老闆或主管的夢想嗎？

要做到這點只有一途，那就是放棄一點點你自己的權責，給予員工作主空間。這聽起來好像挑戰性很高，但其實風險不大。管理階層隨時能撤掉建議箱，說不再採納員工的點子，甚至要開除人也可以。如果擔心拿回掌控權會給人出爾反爾的印象，可以告訴員工，每個變動會試行幾個月，有效就繼續執行，無效就停止。就算只是嘗試，員工也會感謝這份心意。如果你是員工，不妨懇請老闆給你一次機會，請他說明營運目標，授權讓你想辦法達到目標。

一步一腳印，終會愈走愈順利，凝聚員工當家的氛圍。

只網羅比你自己厲害的人

企業常常有職缺就忙著補人，彷彿沒找到最厲害的人才也沒關係。曾經有業務跟我說：「有口臭勝過連一口氣也沒有。」意思是說，他們寧可有個資質中等的業務，就算業績額度只達到七成，至少還是有進帳，總比沒人賺錢好。

但人才的召募萬萬不該妥協。找到不適合的員工，不但害他們交不出好看的成績單，也會拖累其他人的表現，打擊士氣和活力。如果大家怕不趕快找到人會增加工作量，可以提醒大家以前與豬頭同事共事的經驗。

徵聘過程藉助眾人之力；事前設定客觀標準；絕不妥協；定期檢查新人的表現是否比舊人好。

如果十個新人有九個人比你厲害，就表示召募得很成功。

如果不是如此，應該寧缺勿濫，務必找到更好的人才。短期雖然進展緩慢，但最後的團隊陣容會堅強許多。

把員工發展跟績效管理分開進行

哈佛商學院榮譽教授阿吉瑞斯的研究讓我們看到，即使是菁英中的菁英，也會不肯從錯誤中學習。如果他們都不肯學習，平凡如我們不就沒希望了嗎？面對自己的缺點實在不簡單，企業一旦跟員工說他哪裡做不好，所以有什麼下場，員工會覺得只要稍有閃失，工作或薪酬就會遭殃，因此只會設法爭辯，打消學習成長的開放心態。

時時與員工討論哪裡可以再進步，他們不但能更坦然接受，效果也更好。當初我的主管每次帶我開完會，都會事後檢討，就是這個原因。務必抱持「我可以怎麼幫你做到更好」的態度，否則對方一旦有防衛心，就很難學習了。

跟員工討論如何再精進，應該是持續不斷的工夫，但跟員工討論是否達成目標，則應該另外處理，兩者不能混為一談。每個績效週期結束後，與員工坦誠溝通，說明他達到哪些預定目標，個人績效又與薪酬獎勵如何連動。但溝通時必須聚焦在結果，而非過程。業績只有未達標、達標和超標這三種情況，各有不同的獎勵或鼓勵。

這點如果做得好，績效討論的內容絕對不會讓員工大感意外，因為雙方一直都在溝通，對方也會覺得時時有人為他打氣。

想了解員工的實際表現，不該只交由主管全權負責。為了讓員工持續進步，可以請他的同儕給意見，即使是簡單的口頭詢問或問卷調查也好。進行績效考核時，要求主管一起開會，校準各自的評估結果，這樣才能做到公平。

聚焦頂尖員工與墊底員工

把最佳員工放在顯微鏡下檢視。這些人憑藉著專長與意志力，再加上天時地利人和，摸索出成功之道。除了找出哪些人是全方位高手，也要知道某個領域的菁英員工有誰。與其找出最厲害的業務，不如目標更精準一點，找出誰最善於經營某個規模的新客戶群。也就是說，你要找出在雨夜裡練習打高爾夫球的那個人。專長分解得愈具體，就愈能仔細研究菁英員工，找出他們為何比別人還成功的原因。有了答案後，以他們的成功法則訂出行動檢查表，讓其他人效法，也請他們親自傳授。學習要有效率，最好是親自教。請明星員工親自指導，哪怕只是半小時的輕鬆分享，也能促使他們統整做事方法，用言語精準表達。這個過程對他們個人成長也有幫助。如果各位身邊有這樣的同事，務必密切觀察他們的作為，隨時問他們問題，想盡辦法從他們身上挖寶。

對於表現最差的員工，應該以同理心相待。召募工作如果做得好，這些員工表現不佳多半是因為被放錯位置，並非沒有能力。請協助他們改善，或為他們找到適合職位。若成效依舊不彰，請立即讓他們辭職。再留下來對他們並沒有好處，換到別的環境不必當墊底員工，他們反而更快活。

該省則省，該花就花

Google的員工福利大多不需經費。可以請廠商進駐公司服務，或跟在地三明治店洽談，請他們提供午餐外送服務。只要一個房間、一支麥克風，就能辦全員大會或請人來演講，不花太多資源，卻能收集思廣益之效，大家常常能意外發想出新的服務項目或有趣的討論話題。

把大錢留在員工最需要的地方，無論是緊急就醫的煎熬，或是家有新生兒誕生的喜悅，企業這時不吝付出，實質幫助最大。把資源集中在這些人性最脆弱、最光輝的時刻，讓大家看到企業對每個員工的重視。其他員工也能無後顧之憂，知道以後換成他們有需要時，公司也會義不容辭協助。

這個道理放在再小的公司也成立。家父曾經成立一家工程公司，經營三十多年。他很關心每個員工，除了付薪資，更常常鼓勵大家，給予建議與指導。員工工作滿五年時，他會找對方來聊一聊，說公司有退休金計畫，除了員工自己提撥的金額外，公司也幫大家給付一定的退休金，員工只要工作滿五年，就有權利領到全額。有些人高聲歡呼、有些人感動落淚、有些人直說謝謝。他不事先跟員工說，是不希望大家為了錢而留下來，而是因為喜歡工程工作，熱愛跟團隊共事。他在最重要的事上展現慷慨，員工的觀感自然不同。

給予不公平薪酬待遇

別管人資部門怎麼說，多數工作的表現其實呈現冪次分布。團隊的生產力起碼有九成來自於一成的員工，因此，頂尖員工的價值遠遠超過中等員工，他們的薪酬可能應該是中等員工的1.5倍，甚至可能是50倍，但絕對值得。務必讓他們對自己的價值「有感」。就算沒有財力提供高額薪酬，只要拉大薪酬差距，也能達到類似效果。B咖員工看到薪酬獎勵差人一截，可能會心有不平，這時可坦白跟他們說明為何薪酬不一樣，又可如何改進。

除了金錢獎勵，也不要吝於公開讚賞員工。團隊做出一番成就時，請掌聲鼓勵。就算失敗，能從中學到教訓，也要為他們加油打氣。

善用暗示塑造好行為

本書講了許多概念，但最能明顯改進各位生活的是提高儲蓄比率。

比較過去三十年薪資水平相當的族群，他們累積下來的財富可能相差三十倍，原因幾乎只有一個：儲蓄多寡。存錢從來就不是一件容易的事。除非你是超級富翁，不然每存一塊錢，腦中只會想到少花一塊錢。該買名牌，還是夜市貨？吃三美元的甜點，還是克制口腹之慾？花錢換車，還是再開一年舊車？這些選擇經常環繞不去。大學畢業頭一年，我兼差演員和餐廳服務生，三不五時就光顧二手商店，買快過期的麵包與糕點一飽口福，每星期也能多存點錢。Google人把儲蓄率上調不到3%，退休金就多加碼26萬2千美元。

說了各位可能不信，我認識有些人每逢暑假必定到漢普頓（Hamptons）度假，花十萬美元租別墅。有些銀行業的朋友在2008年丟了飯碗，還是非得去海灘度假不可。

這個例子舉得稍微極端，我只是希望說明一般人通常不願意提高儲蓄率。建議各位計算自己目前的儲蓄占所得比，再把比例稍微調高一點。很難沒錯，但絕對值得。

這個無關工作，但對人生很有幫助。

請看看四周，分析一下大家是否不知不覺受到辦公室環境的影響。空間設計方便大家溝通交流嗎？冰箱裡的垃圾零食放在明顯就能看到的高度嗎？寫電子郵件或簡訊給同事和朋友時，通常是分享好消息，還是抱怨連連？我們無時無刻受到環境的潛移默化，也常常以暗示的方法影響他人。善用這個現象，讓自己、讓團隊工作起來更快樂、更有成效。

必要時，重新安排辦公室空間，讓員工達到你希望看到的效果。如果希望員工彼此合作，卻又無法更動辦公室隔間，不妨把隔板拆掉。發訊息給團隊時，花點心思想想怎麼寫才有效果。分享有意義的數據，例如有多少員工在當地慈善機構當志工，藉此鼓勵其他人參與。小小暗示，工作氣氛就能大不同，效果保證讓人驚艷。

預防「福利當權利」的心態

推動人力營運措施偶爾會碰壁，必須先倒退一步。做好偶爾得吃「枸杞甜派」的心理準備。開始測試本書的概念時，不妨先跟大家說明這是在實驗，這樣大家不但不會亂批評，反而會舉手支持，就算成效欠佳，也能認同你的出發點。

樂在其中，再來一次！

打從一開始，佩吉與布林便希望成立自己心中的夢幻企業。各位也做得到！不管你是剛出社會、是菜鳥員工，還是第1,000,006號員工，都能發揮「我也是創辦人」的精神，選擇如何跟其他人互動交流、如何設計工作空間、如何帶頭領導。做到這些，你也能打造出全球人才都想效力的工作環境。

一流的企業文化與工作環境，沒有大功告成的一天，需要持續學習與改進。把本書的一個構想拿去實驗，甚至拿十幾個構想多管齊下也無妨，從實驗中學習，這次如果不行，細部調整後再試一次。

這個方法的好處是，好的環境會不斷自我強化，每個措施相輔相成，營造出一個充滿創意與樂趣、工作力十足的企業環境。

如果你願意信任員工，就該實踐在工作上。

Google榮獲卓越工作場所研究院（Great Place to Work Institute）的最佳工作環境殊榮高達三十幾次，還得過不同機關組織的數百個獎項，有的是來自於維護婦女、非裔美國人、退役軍人等族群權益的組織，有的是來自於政府與民間機關。Google不是第一個最佳工作環境，也不會是最後一個。當前社會可稱為最佳工作環境的企業，也絕不只Google一個。

最佳工作環境的頭銜，不是我們的專利，我們在行的是大規模營運，打造出能夠服務二十億名使用者的系統，用心、可靠，一如服務十名使用者一樣。我們的人力營運措施能展現新意，是許多因素的結合：幾位創辦人有先見之明；大家捍衛企業文化不遺餘力；學術研究提出精闢的相關論點；其他企業與政府採行了創意做法。成千數萬名Google人影響了我們的營運方式，督促我們尋找更有創意、更符合公平原則的人力措施，並要求我們說到做到。Google人力營運部門的同仁個個見解獨到、做事認真、腦筋動得飛快，我都快趕不上了，能與他們共事，我深感自己的渺小，每天都從他們身上學到新東西。

每年參訪Google全球各地園區的人數好幾萬人，大家都問：「為什麼Google的員工這麼快樂？」「Google的祕訣在哪裡？」「我該怎麼加強我公司的創新思維？」

答案，就掌握在各位手中。

翻轉工作十守則 @Google

1. 找到工作的意義。

2. 信任員工。

3. 只網羅比你自己厲害的人。

4. 把員工發展跟績效管理分開進行。

5. 聚焦頂尖員工與墊底員工。

6. 該省則省，該花就花。

7. 給予不公平薪酬待遇。

8. 善用暗示塑造好行為。

9. 預防「福利當權利」的心態。

10. 樂在其中，再來一次！

尾聲

新型人資工作藍圖

寫給人資鬼才：打造全球第一支人力營運團隊。

　　Google的人力策略是怎麼萌芽的，相信有些讀者有興趣，我想藉本書最後介紹一下。雖然人力政策理念源自於創辦人，但達到目標、超越目標是人力團隊的責任。

　　2006年，我應徵的Google職銜是「人力資源部」副總裁，但拿到錄取通知書時，頭銜竟然變成「人力營運部」副總裁。說了各位可能不信，我當初看到這個頭銜，並不開心。我即將舉家從紐約搬到加州，加入奇異執行長口中「小而美」的Google，再加上當高階主管的人，差不多三件事會做錯一件，我擔心冠上「人力營運部」這樣的怪頭銜，要是到時做不好，會更不容易找到其他出路。

　　我打電話給Google業務營運部資深副總布朗〔Shona Brown；前麥肯錫董事，也是羅德學者（Rhodes scholar）〕，問她能不能採用原來的頭銜，不過我沒坦白說明我的顧慮。

　　布朗解釋說，Google不喜歡老派的商業字眼，「人力營運」給人行政安排、官僚氣息濃厚的印象。在工程師的眼中，「人力

營運」反而比較有可信度，感覺做事真材實料。此外，人力營運工作職稱有了「operations」（即「營運」，也是數學運算之意）這個字，顯得我頗有數學頭腦！

我跟布朗達成共識，先別動「人力營運部」的職銜，半年後如果還是覺得不妥，再換回來也可以。就職後我跟Google十二名最高主管會面，一一自我介紹，順便知道他們的業務需求。第4章提到的霍茲勒，當時是技術基礎建設部門的資深副總，也是Google的前十大元老。加入Google前的他是資工教授，創辦Animorphic Systems後成功售出。在Google招手下，他選擇離開教職，為Google設計並打造資料中心——Google必須把網路資料備份好幾次，所以資料中心的工程浩大。

初次見面，霍茲勒跟我握手後，看看我的履歷，說：「這頭銜，讚哦！」

我就再也沒改過了。

從那時起，人力營運部就秉持著四大原則運作：

1. 追求最高境界。
2. 善用數據預測未來、改變未來。
3. 不斷精益求精。
4. 打造非常團隊。

追求最高境界

人資專家看完本書後，可能會覺得Google有很多措施可望而不可及，但我們也是一步一腳印開始的。第一次跟施密特單獨開會時，我滿口偉大的願景，想推動各項計畫，管理員工職涯發展，協助資深主管精益求精。施密特對我的願景不太買單，直言

公司還有更迫切的問題待解決。

2004年，Google約有3,000名員工，2005年幾乎成長一倍為5,700人，施密特覺得再過一年又會加倍成長，逼近10,700人。等於每週召募人數要從50人增加到近100人，同時在人才品質上不能妥協。Google面臨成立以來最大的人事考驗。

我犯了門外漢的錯誤！我對人資縱使有偉大崇高的構想，但是在讓施密特點頭之前，人力營運部必須先解決Google最重要的議題。我從這件事學到，想要執行有趣又前瞻的構想之前，必須先贏得公司的信任。2010年，我們將人資經營理念化為圖表，靈感來自心理學家馬斯洛的需求層次理論[259]。馬斯洛以金字塔區分人類需求，最底層是基本需求，包括空氣、食物、水；接著是安全、歸屬感、愛的需求；最頂端則是自我實現。我們團隊裡頭有些人看到Google的版本，戲稱是「博克版需求層次理論」。

按照這個路徑，Google便能到達人資的最高境界，每個員工

博克版需求層次理論。© Google, Inc.（Credit to Google）

自然而然茁壯發展，表面看似不費吹灰之力，背後則有人力營運團隊落實各項計畫，為每個職缺網羅到人才、創造學習機會、讓大家工作起來更有成效、更健康、更快樂。

金字塔底層是「**人資基本功**」，我選了血球的圖案來代表，強調人資部的措施跟人體血球一樣不可或缺，品質也必須值得依賴。人資的基本環節，我們每次都必須做到毫無瑕疵，例如：錄取通知書、績效獎金不容有錯；升遷流程順暢而公平；員工若有顧慮，立刻處理。唯有在日常事務做到品質高而穩定，我們才能爭取到更多的施展空間。不管各位的願景有多宏偉，務必先做到這點。否則即使偶爾才犯了一次錯，大家對你的信任已經打折，不願讓你嘗試更多新措施。

我們的薪酬團隊向來受到管理階層的高度注目。為了確保每個環節運作正常，比管理階層的預期多做一步，每每完成一個流程（如獎金規劃）後，我們都會舉辦正式的事後檢討，自問：「需要調整做法嗎？學到什麼心得？上級交代的事，我們有哪些故意不執行？」（管理階層的點子不見得每個都高明。當初建議採取八百個職銜等級、每年讓人人升遷四次的，正是一位資深高階主管！）下次再跑同一個流程之前，薪酬團隊會開宗明義跟管理階層說：「我們上次達成這樣的共識，現在的成果是如此如此。你們要我們做到這些事項，我們選擇不做，原因如此如此。報告完畢，請繼續。」薪酬團隊甚至還針對管理階層每個成員，擬出一套應對小抄，記下怎麼跟對方合作最有效果，好讓薪酬團隊的新人立刻上手，與資深高階主管順利共事（我真的很想跟各位分享幾則小抄，但他們顯然也有一套對付我的方法，死也不肯透露）。

大規模客製化是前往人資最高境界的第二步，這點有別於

我們過去的做法。大規模客製化的概念源自於作家戴維斯（Stan Davis），他在1987年的《量子管理》（*Future Perfect*）中勾勒出未來世界的願景：企業以幾近大規模生產的效率提供產品與服務，因應消費者個人需求。這也是Google希望達到的目標。我們以樹林為象徵，每棵樹的大小與形狀各異，但彼此的共通點多於相異點。

Google的人資流程向來秉持共同的信念，但我們會根據不同團隊的需求做細部調整。多年前，我們曾要求所有人資流程必須遵守同一套規範，例如升遷決定等等，甚至連續效評等該不該公布也有規定。我們部門的分析師吳蒂芬（Tiffany Wu，音譯）以前還在牆上貼了查核表，列出每位副總表現加分或扣分的紀錄，追蹤他們是否照實對每名Google人公布績效評等，或是否依規定幅度為員工加薪。隨著公司持續成長，各個團隊的工作本質愈來愈不同，這時如果還用同一套規範管理，顯然不合時宜。頂尖工程師的效能或許是中等工程師的幾百倍，但是召募工作因為性質不同，再頂尖的召募專員，效能恐怕也不會是中等召募專員的幾百倍。因此把同一套獎勵機制放在這兩類員工，並不恰當。

再以工程師升遷流程為例，提名人選會經過層層審核。如果當事人不同意最終決定，可提交到申訴評議委員會。再不滿意，還有更高一級的申訴評議委員會。Google董事、也是創投公司KPCB（Kleiner Perkins Caufield & Byers）常務董事的杜爾（John Doerr），聽我解釋這個制度後說：「就連我這個工程背景出身的人，也覺得你們的制度太複雜了。」但這套查核制度對我們卻很管用，能夠做到工程師特別重視的公正與透明。換成是其他的銷售團隊，主管可能會說：「應該當機立斷，我們說了算。」當事人不得申訴。這樣也沒錯，因為人資團隊在幕後同樣會貫徹統

一標準，確保流程公平。最終的標準不變，體現在外則是Google人看到的種種不同做法。最後，我們秉持透明化精神，將升遷結果與相關數據與所有人分享，並附上歷史數據。

多數企業的人資部門為了做到公平公正，政策傾向一視同仁，但別忘了愛默生說的「為堅持而堅持，是謂小器」，愚蠢的堅時，終究難成大器。以奇異為例，如果我沒記錯，以前發放五千美元以上的特別獎金，必須經執行長伊梅特核准。這項規定用在工業領域部門還說得通，因為紅利獎金只有高階主管才有資格拿，通常不可能發給非高階主管的員工，所以需要企業領導人作主。反觀屬於金融業務端的奇異資本，紅利獎金制度跟業界接軌，因此拿到的機會多得多。把同一套核准制度放在奇異資本，主管難免覺得百般無奈，而且人資部因為執行態度強硬，成了大家眼中的擾民單位。如果你在人資部服務，務必時時自問，某規定是否真的適用於眼前情況，必要時大膽捨棄。

為什麼「**舉一反三**」這層拿薯條當象徵呢？用「舉一反三」這個成語，是我有次看喜劇影集「超級製作人」（*30 Rock*）得到的靈感。影集背景設在NBC電視台位於洛克斐勒中心的總公司，劇情圍繞在一個綜藝節目成員與製作團隊的幕後趣事。綜藝節目的主角為諧星喬丹（Tracy Jordan），由現實生活也是喜劇演員的摩根（Tracy Morgan）飾演。有一集，工作人員照喬丹的要求買了漢堡，卻沒有順便買薯條，把他氣得半死，大罵：「我的薯條呢？沒點不代表你們就可以不買！你們什麼時候才能學會舉一反三啊？」

我看了捧腹大笑，覺得喬丹這角色未免太自以為是了。

後來我才發現，其實他沒錯。他不是神經病，他的想法正是企業高階主管的想法！

員工要什麼，你就給什麼，他們會很開心；員工還沒要，你就主動先給，他們會又驚又喜。這麼做代表你真的重視他們，而不把他們當成幫公司賺錢的人，只顧著要大家提高生產力。

能舉一反三，就能在員工想到有何需求前先行解決。拜「超級製作人」影集之賜，我們將成功預測需求的人資措施稱為「薯條時刻」。

舉個例子，我們發給家有新生兒的員工每人五百美元，讓他們吃飯時能叫外送。把新生兒接回家的前幾天、乃至於前幾週，新手爸媽一定累到慘兮兮，哪裡還會有閒工夫煮飯。雖然大家都負擔得起披薩外送，但如果有五百美元專門叫外食，就不必算東算西。實行以來，新手爸媽都很肯定。

之前說過，我跟施密特第一次開會，就提出想推動Google的第一個高階主管養成計畫，雖然當時看似好高騖遠，卻是標準的薯條時刻。2007年，時為學習團隊成員、現為線上數據儲存公司Box人資資深副總的溫騰博（Evan Wittenberg），時為學習團隊早期領導人、現已退休的羅素（Paul Russell），時任顧問、現為Google員工發展部門的梅凱倫，三人合力創辦Google第一個進階領導力實驗室，當時引來不少爭議，因為Google原本依照工程、業務、財務、法務等職能的分界運作，若無必要，彼此不會有互動。多數主管知道每個職能有哪些關鍵人物，有需要時直接聯絡即可。Google人覺得沒必要從不同團隊找人來參加培訓課程，更沒必要把主管拉到公司以外的場地，訓練三天，害他們無法專心工作。但到了2008年底，Google員工衝破2萬人大關，各主管不可能彼此都認識，所以進階領導力實驗室建立起的人脈更形重要。溫騰博、羅素、梅凱倫事先看到需求，整整比實際需求浮現早兩年推動，因此有足夠時間細部調整。大家看到實效後，

都說這是他們參與過最重要、最有用的領導力養成計畫之一。

　　各位思考著如何創造薯條時刻的同時，請注意到一點：舉一反三而避免掉可能的問題，很少有人會感謝你。政治人物如果說：「要是我沒有推出這個那個政策，經濟衰退會更嚴重！」絕對沒有人會感激涕零。政治如此，人資也是一樣。但你自己和人資團隊都知道，因為你們的付出，企業運作更順暢，大家工作起來更快樂。

　　人資金字塔就好比馬斯洛的需求層次理論，爬到最頂端，就到了人資的**最高境界**。員工覺得一切水到渠成：幾關面試的經驗很好，見到一些厲害人物；錄取後加入公司，受到大家歡迎；上班幾週就有產能，因為大家都很幫忙；這就好像有些故事書可以自己決定探險情節，每翻開一頁，都蘊藏更多選擇，過程中不斷磨練著 Google 人的領導力與創業思維。這就是 Google 人的職場天堂。而背後都有人資團隊在默默耕耘，期許幫大家鉅細靡遺先鋪好這段路程，把絆腳石通通移開，讓大家走得從容自在。

善用數據預測未來、改變未來

　　本書看到這裡，相信各位不用想也知道，Google 人資部的成立與運作少不了數據。但我們一開始的規模非常小。會有分析小組，是因為我找來召募、營運、員工福利三個小組的分析師，請他們三個人集思廣益。他們對彼此的領域沒興趣，一開始不肯，但合作沒過多久，營運分析師教起其他兩個人怎麼寫程式，而召募分析師也教起進階統計分析技術。齊心協力之下，他們為今天的分析團隊打下基礎。

　　賽堤認為分析能力有不同階段，起初看數據說話，分析後得出觀點，最後是預估趨勢。在此以員工流失率為例。

以下幾個問題看似簡單，但大多數企業卻答得支支吾吾，例如：誰已經提出離職但離職日還沒到？公司現有多少員工？員工分布在哪些據點？企業的員工數據分散在多個電腦系統裡，更新速度各有不同，甚至不會彼此分享。薪資系統必須知道員工的工作據點，以利稅務處理作業，但員工不見得會固定在某地工作，例如英國員工可能到紐約出差兩個月。即便是「現任員工」這麼基本的觀念，定義常常也因部門而異。對財務部來說，只要每週工作超過一小時的人，就算現任員工，但員工福利部門的認定是全職才能算，這樣才符合福利資格。召募團隊可能又有不同定義，把接受錄取但還沒上班的人也算進來，這樣更能知道召募目標的進度。

所以我建議各位第一步先找出所有人資數據，統一定義。要跨出這一步並不簡單，但唯有如此，才能精準勾勒出企業的營運樣貌。所謂分析與觀點，是將數據進一步拆解，找出不同點。比方說，分析數據後可看出：年資愈高，員工留任率愈低。這個分析結果很有意思，卻不是什麼驚人發現。員工待久了離職本來就很正常。但如果再比較兩個性質類似的團隊，找出為何留任率會有差別，就能化分析為觀點。以業務新人為例，假設績效、薪酬、職銜等因素維持不變，則造成留任率降低的最大因素是升遷不成。事實上，工作四年後如果還沒升遷，這個員工幾乎篤定會離職。

有了這個寶貴心得，就能開始預測未來趨勢。我們現在知道，如果某員工的升遷速度比同儕慢，他的離職機率比較高。再深入分析還可能發現，他離職的機率比同儕高出多少，而且他最可能第七、第八季後離職。知道這點後，你就能採取行動。

大多數企業除了恭喜成功升遷的員工之外，對與升遷失之

交臂的員工卻一點後續措施也沒有,實在說不過去(幾年前的Google也是)。找出哪些人會因為升遷不成而難過,跟他們討論怎麼再進步,這些只要花一、兩個小時就能做到,所以請不要忽略。這正是「己之所欲,施之於人」的道理,而且更符合程序正義,員工會更覺得升遷過程開放透明。否則員工離職,影響整體績效,而公司必須找人替補,找到人又得訓練一番,實在得不償失。沒能如願升遷的員工,職涯發展正值脆弱時刻,你能適時出手讓他知道不足之處,反而能化挫敗為力量。

要培養出這樣的人資管理能力,需要時間,但起步不難,不管企業規模大小都能做到。剛開始別貪快,不妨網羅剛畢業的組織心理學、心理學或社會學博士,或者找財務部或營運部的員工也可以,看他們能否證明現行的人資措施真的有效,但前提是他們要精通統計,對人資議題有濃厚興趣。

保持開放心態,別怕點子太天馬行空。鼓起勇氣嘗試。Google最充沛的創新活水正是全體員工。Google精神年度問卷蒐集到幾十萬個留言與新構想,大家平時也不吝於發聲。一些重要措施如提供民事伴侶平等福利、成立園區幼兒所、舉辦冥想課程等等,都是Google人的建議。

願意嘗試後,接著就是實驗。拜企業規模之賜,Google有很多場合能測試員工相關資訊。我們員工達五萬人左右,可以輕易指定兩百人、甚至兩千人來測試新措施。第7章提到的績效管理制度,當初要調整做法時,我們第一關測試先找來幾百人,第二關更有五千多人參與,最後才正式推廣到全公司。但就算公司規模不大,找五個、十個人來實驗,總比都不做好。可以單獨找一個團隊測試,也可立即在全公司實驗,但請事先說明測試只會進行一個月,屆時會依據大家的接受程度決定是否落實。Adobe人

資長莫莉絲決定捨棄績效管理制度，暫且不管能不能成功，我覺得光是嘗試的勇氣就值得掌聲鼓勵。

不斷精益求精

過去5年來，人資部的績效連年提升6%（績效以每千位Google人由多少人資專員支援來計算）。幅度看起來不大，但跟五年前相比，我們現在的服務項目更多，品質更高，而且每人成本少了17%（我們整體的投資金額提高，但考量Google現在的規模大很多，人資成本比重遠比以前低）。做過一次以上的流程，我們幾乎都會測量成效，日後慢慢改進。

我們完全不靠外包，也沒有增加顧問或服務供應商，甚至還決定把更多服務轉由公司自行提供。這麼做有兩個好處，首先是通常比較省錢，人才召募與員工培訓等方面尤其如此。第二、自行管理流程，可以從中獲得萬分寶貴的資訊。以人才召募為例，召募專員可透過中央系統記錄與應試者的每次互動，方便重新聯絡到過去可能婉拒Google的人才。我們也能察覺到應試者的作弊行徑，例如，曾有人用了三個名字寄來好幾份履歷，以為這樣能提高獲得面試機會的機率。

跟「人資基本功」的原則一樣，人資團隊對公司必須建立起明確目標、推動員工持續進步、提供可靠的支援與服務，對內管理也應該比照同樣標準，才能建立起公信力。

打造非常團隊

說真的，人資這一行的地位不高。2012年，我在史丹佛大學商學研究所與弗林（Frank Flynn）教授合作教了一堂課，時間不長，期間有個MBA學生希望畢業後投入人資業，說是因為她

「喜歡人」。我們兩人聊著聊著，突然發現她是她那屆MBA幾百個同學當中，唯一以人資為職場目標的人。我開玩笑說，研究所錄取她，可能是想讓班級組成更多元吧！厲害的人資主管或人資團隊當然有，但通常不是大內高手想從事的領域。我們小時候的志向不都是消防隊員、醫生或太空人嗎？從沒有人說長大想當人資專家。

會有這種現象，我覺得或多或少是因為人資業的人才組成比重不對，缺乏菁英中的菁英，但頂尖人才只想跟高手共事，於是完全不考慮人資業，就這樣惡性循環下去。許多企業發現好員工在其他領域沒有亮眼表現，便把他安插在人資部。人資專員絕大部分都是用心、吃苦耐勞的員工，但有些人得過且過，沒被管理階層注意到，卻也是不爭的事實。我舉一個以前在奇異的同事為例，事情發生在電腦早已經普及的2004年，她有次正要準備試算表，要寄給她老闆。我建議她將某人的年資從100,000美元上調到$106,000美元。她先是輸入「100」，再把「106」輸入下方那格，然後拿出計算機，106除以100，看看得出什麼數字，最後把6%填進試算表裡。試算表有計算功能，她完全不知道！所以說，即便是人資業，我們也必須留意員工雙尾現象，協助落後的員工。

從上述例子不難看出，為什麼愈來愈多企業喜歡找非人資背景的人才來當人資部主管。量販店塔吉特（Target）人資長寇姿拉（Jodee Kozlak）原是律師；最近剛卸下優比速（UPS）人資長職位退休的席爾（Allen Hill），亦是律師出身（兩人都是我朋友，工作表現令人激賞）；微軟人資長布朗茉有產品管理背景；而eBay的艾瑟蘿（Beth Axelrod）以前當過顧問；軟體業者Palantir的羅普（Michael Lopp）則曾經是工程師。企業執行長希

望找到又有商業頭腦、又有分析能力的人資長，在正規人資圈裡卻找不到。

Google以「三分法」召募模式，建立與眾不同的人資團隊。具備傳統人資背景的成員不超過三分之一。他們代表核心的人資專業，地位難以取代。此外，他們擅長辨認出員工行為模式（例如，同樣是工作不開心的團隊，他們能知道是因為新主管在導正表現不佳的員工，還是因為新主管是豬頭老闆）；在公司各層級建立密切關係；具備超高EQ。

人資部另外三分之一則是來自於顧問業，尤其是第一流的策略顧問公司，而非人資顧問公司。我偏好找策略顧問，因為他們對企業營運有深入認識，擅長找到切入問題的角度，解決棘手的難題。既然已經有三分之一的人具備人資專業，我們不希望這三分之一的顧問還是同樣領域。此外，顧問常常也是溝通高手，但我們只找高EQ的人。就我以前擔任顧問的經驗，顧問公司求才以IQ為先，EQ次之。[lxx]這無可厚非，但我們人資團隊需要的人才除了要解決問題之外，還必須跟公司各領域的同仁搏感情。高EQ的人往往也較有自覺，所以不會傲慢自大，跨足新領域不會自我設限。

最後三分之一的人資部門員工為分析專才，在組織心理學、物理學等分析領域至少擁有一個碩士學位。這些人讓我們更誠實面對數據，以研究學者的高標準看待人資工作，也讓我們學到傳統人資沒有的專業技能，例如使用SQL或R程式語言，或從員工會談蒐集到的質化資料進行編碼。

lxx　EQ，「情緒商數」（emotional quotient）之意，亦稱「情緒智商」（emotional intelligence）。

人資部裡頭的顧問和分析師也對各個產業熟門熟路，對於許多公司行號與學界都不陌生，為我們的工作打下根基。也就是說，我們沒有請顧問公司的需要，因為人資部就有一個了。

　　我們的人員組成當然也追求多元化。不管專業背景為何，每個人都有機會從事不同職責，工作起來更有挑戰性、職涯發展更加充實，影響所及，團隊實力更堅強，產品品質更優異。出身顧問業的吉波塔（Judy Gilbert）曾負責召募與教育訓練，現為YouTube與Google[x]的人資主管。曾於金融業服務的周珍妮後來轉戰人資業，加入Google後曾擔任併購團隊主管，現為Google所有技術單位的人資負責人。前律師李南西（Nancy Lee）在Google的第一份工作，是與沃絲琪、卡曼加、梅爾、羅森伯等人合作，主導負責支援產品管理部門的團隊，現為Google多元化與教育計畫的負責人。

　　拜人才三分法之賜，人資部門員工各有擅場：因為有人資專才，我們學會辨認員工與各單位的人事趨勢，進而採取行動；因為有顧問專才，我們對於營運有更深一層的認識，也提高了我們解決問題的能力；因為有分析專才，人資部的工作品質能夠全面提升。

　　本書中提到的種種成果，少了這群多元化組成的人才，絕對辦不到。人資業，如果只找人資專才就NG了。

　　雖然說人資團隊成員各懷絕技，但還是有共通之處。每個人都很會解決問題；每個人都懷著謙虛的心追求知識，因此知道自己也可能會錯，不斷督促自己學習；每個人都全心投入工作，把Google人與公司上下的福祉當成己任。

　　大家專業各異，生活背景亦是百花齊放。人資部門團隊的語言總共超過三十五種，有前專業運動員，有奧運選手，有世界紀

錄保持人，也有退役士官兵。我們來自不同國籍、信仰不同宗教、屬於不同性向，有不同的肢體能力。有些人曾經創業、曾服務於「為美國而教」（Teach for America）或「催化劑」（Catalyst；旨在拓展女性工作機會）等非營利機構、有的人來自其他科技公司或其他產業，也有的人只有Google的工作經驗。加入人資團隊前，有人是工程師，有人是業務，有人來自金融或公關業，有人待過Google法務部，甚至還有人從事過人資業哩！我們有人是博士，有人沒讀過大學，有幾十個人是家裡第一個讀大學的。人資部裡臥虎藏龍，讓我深知自己的渺小，能與大家共事，我感到很榮幸。

但別忘了，我們一開始只有幾個人。過去九年來堅持最高標準，再加上採用專才三分法，慢慢建立起這個獨一無二的團隊。Google可以，各位也做得到。先客觀評估旗下團隊的專長組成，找出優勢與可進步的地方，決定出下個新人應具備何種能力。

人力營運 vs 人力資源

布朗當初把人力資源部稱為人力營運部，實在是神來之筆。Google採用「人資營運部」的名稱之後，在其他企業也開始流行起來。Dropbox、臉書、LinkedIn、Square、Zynga等二十多家企業也這麼稱呼人資團隊。

我最近遇到另一家科技公司的人資長，問他是什麼原因想採用這個名稱，他回說：「我們還是人資部啊，只是這樣比較好聽。」

我聽了心情頓時涼了一半。

想怎麼叫人資團隊，當然是每個人的權利，但只在名稱上玩花樣，明明有可能打造一支與眾不同、甚至更卓越的團隊，卻這

樣平白錯失機會。

　　Google 人資團隊最有志一同的理念是：工作，不必是苦差事。工作可以有使命、可以有活力，也可以熱血。這就是我們的動力。

　　但這不是說我們所向無敵，所有的問題都找到了答案。我們的疑問永遠比答案多更多。但我們希望為公司注入更多觀點、創意、期待，讓 Google 人有不一樣的工作體驗。能夠受到這麼多國家與社群的肯定，讚譽 Google 是最佳工作場所，我們欣喜之餘，也虛心接受。我們也樂見 Google 人另謀發展，將在這裡學到的專業發揚光大，打造出他們心目中的一流工作環境，這些人包括：Jawbone 人資長納弗立、Pinterest 人資長迪安傑羅（Michael DeAngelo）、Uber 人資長艾特伍（Renee Atwood）、特斯拉人資長紀書里（Arnnon Geshuri）、安霍創投（Andreessen Horowitz）合夥人虹恩（Caroline Horn）。

　　曾經有個 Google 人問我：「我們把人力營運的祕密都公諸於世，難道不怕別人抄襲嗎？這樣一來，我們不就失去優勢了？」我說分享祕訣不會傷害 Google，「比方說，企業的召募品質有進步，並不代表就會搶走更多人才，而是更懂得判斷哪些人適不適合自己的公司。Google 希望網羅到的，是最能在這個舞台發光發熱的人才。」

　　其他企業從 Google 得到人資靈感後，如果能讓工作不再只是單純養家餬口的工具，而是快樂與成就感的泉源，那怎麼辦？如果大家能從工作找到衝勁、對於自己的成就感到驕傲，那怎麼辦？

　　那也沒有關係。

致謝

　　沒有佩吉與布林對Google的願景與企圖心，就沒有這本書的誕生，謝謝他們兩人的支持，能與他們共事，向他們學習，是我的榮幸。感謝他們願意讓我跟全世界分享Google的心得。每次參加施密特的員工會議，我都從他身上收穫良多。在走廊跟他聊個五分鐘，就好比跟大師學了一堂領導力的課。Jonathan Rosenberg、David Drummond、Shona Brown在我剛加入Google時，協助我上手，督促我與人資團隊往最高標準看齊，當時雖然看似遙不可及，卻正是Google需要的目標。Alan Eustace、Bill Coughran、Jeff Huber、Urs Hölzl總是願意撥出時間，不吝給我指教，提供獨到見解。Patrick Pichette是我集思廣益的好夥伴，需要搭便車時找他也準沒錯。感謝Susan Wojcicki、Salar Kamangar、Stacy Sullivan、Marissa Mayer、Omid Kordestani一點一滴把Google建立起來，捍衛我們的企業文化。沒有良師Bill Campbell與Kent Walker的真知灼見，我這麼多年來可能還找不到方向。

　　有三名Google人不知是否發神經，竟願意在這本書投入時

間。她們是對語言和研究特別敏銳的 Annie Robinson，分析能力一流的 Kathryn Dekas，擅長設計與行文清晰明快的 Jen Lin。Hannah Cha 盡全力支援我與人資團隊，如果把我對她的謝意化成文字，可能又得寫另一本書了。沒有她，我的工作和生活會一片大亂。感謝 Anna Fraser、Tessa Pompa、Craig Rubens、Prasad Setty、Sunil Chandra、Marc Ellenbogen、Scott Rubin、Amy Lambert、Andy Hinton、Rachel Whetstone、Lorraine Twohil 的支持與意見。

經過作家 Ken Dychtwald 的建議，我才有勇氣找到 Amanda Urban，妳是全世界最厲害的作家經紀人，妳的支持、構想、勇氣無人能敵。謝謝妳。（也謝謝 Ken Auletta 介紹我們兩人認識！）

Courtney Hodell 飛快寫出來的電子郵件，比我花幾個小時辛苦寫的文字還精鍊，是個不可多得的編輯，永遠不吝於給我鼓勵。如果各位覺得這本書很好看，要謝謝她；但如果各位覺得不好看，就怪我沒聽她的意見！

感謝 Twelve 出版社的 Sean Desmond 與 Deb Futter，願意對我這位新手作家賭上一把。希望不會辜負兩位的好意！《紐約客》雜誌（The New Yorker）的文章風格精湛，我每天早上寫書前都會拜讀暖身。這本高品質的雜誌值得每個人細細品嚐，而且要讀紙本！

有幾個朋友被我的初稿茶毒，感謝你們。Craig Bida、Joel Aufrecht、Adam Grant 寫下的回饋，可能還比這本書還多；Cade Massey 與 Amy Wrzesniewski 也提供寶貴建議。

感謝 Gus Mattammal 協助我從雜亂無章的構想理出脈絡，每週一、三、五都幫我出主意、琢磨想法。Jason Corley，我從來沒

想到一起寫辯論詞的那些年，現在會派上用場！你們兩人再加上John Busenberg、Craig，真是我拜把的好兄弟。

老爸老媽，你們為了讓小孩過自由的生活，拋下一切冒險來到美國。我若是有一點成就，都是你們那時鼓起勇氣選擇離開羅馬尼亞，一直以來為家庭付出，支持我們。Steve，感謝你從一開始就陪在我身邊，你是我永遠的靠山。我愛你們每個人。

人生在世，我們都有兩個家庭，一個是父母與兄弟姊妹，一個是我們長大後結婚成家的家庭。Gerri Ann，妳選擇當我的另一半，讓我變成全世界幸運的男人。我發現自從認識妳之後，我的人生一天比一天更好。也就是說，妳每天看到我，正好是我人生最美好的一天。謝謝妳跟女兒讓我晚上和週末撥出時間寫書，我好愛好愛妳們。下個週末一定很好玩！

最後，我想謝謝我每天有幸共事的Google人，以及宇宙無敵厲害的人資團隊。感謝的話我以前已經說過，但請容我再說一遍：我萬分榮幸能與你們並肩作戰，向你們學習，跟你們一起激盪創意火花。這樣的團隊只應天上有，我身為一員，何其幸運。

本書注釋

1. US Bureau of Labor Statistics, "Charts from the American Time Use Survey," last modified October 23, 2013, http://www.bls.gov/tus/charts/.

2. John A. Byrne, "How Jack Welch Runs GE," *BusinessWeek*, June 8, 1998, http://www.businessweek.com/1998/23/b3581001.htm.

3. (Name protected), confidential communications to author, 2006–2007.

4. 《石板》（Slate）雜誌資深科技專欄作家歐洛姆斯（Will Oremus）這麼形容Gmail的顛覆力量：「Google推出Gmail這十年，競爭對手無不卯足全力模仿，現在大家已很難想像過去電子郵件有多難用，頁面笨重、網頁載入慢、搜尋功能糟糕，垃圾郵件一大堆、使用者無法以會話群組整理信件。此外，傳統帳號的儲存空間有限，如果空間不夠用，還得費時刪除舊信，或向供應商購買更多空間。Gmail不採傳統的HTML，改以Ajax技術設計，為大家上了一課，原來網路應用程式的運作流暢度不輸桌面程式，而且雲端儲存的威力無窮。」April 1, 2014, http://www.slate.com/blogs/future_tense/2014/04/01/gmail_s_10th_birthday_the_google_april_fool_s_joke_that_changed_tech_history.html.

5. James Raybould, "Unveiling LinkedIn's 100 Most InDemand Employers of 2013," *LinkedIn* (official blog), October 16, 2013, http://blog.linkedin.com/2013/10/16/unveiling-linkedins-100-most-indemand-employers-of-2013/.

6. Google實際招聘人數每年各異。

7. "Harvard Admitted Students Profile," Harvard University, accessed January 23, 2014, https://college.harvard.edu/admissions/admissions-statistics.

8. "Yale Facts and Statistics," Yale University, accessed January 23, 2014, http://oir.yale.edu/sites/default/files/FACTSHEET(2012-13)_3.pdf.

9. "Admission Statistics," Princeton University Undergraduate Admission, accessed January 23, 2014, http://www.princeton.edu/admission/applyingfor admission/ admission_statistics/.

10. Souce: Google, Inc.

11. "Fortune's 100 Best Companies to Work For.," Great Place to Work Institute, accessed January 23, 2014, http://www.greatplacetowork. net/best-companies/north-america/united-states/fortunes-100-best-companies-to-work-forr/441-2005.

12. "Wegmans Announces Record Number of Employee Scholarship Recipients in 2012," Wegmans, June 7, 2012, https://www.wegmans.com/webapp/wcs/stores/ servlet/PressReleaseDetailView?productId=742304&storeId=10052 &catalogId=10002&langId=-1.

13. Sarah Butler and Saad Hammadi, "Rana Plaza factory disaster: Victims still waiting for compensation," theguardian.com, October 23, 2013, http://www.the guardian.com/world/2013/oct/23/rana-plaza-factory-disaster-compensation-bangladesh.

14. *Office Space*, directed by Mike Judge (1999; 20th Century Fox).

15. Richard Locke, Thomas Kochan, Monica Romis, and Fei Qin, "Beyond Corporate Codes of Conduct: Work Organization and Labour Standards at Nike's Suppliers," *International Labour Review* 146, no. 1–2 (2007): 21–40.

16. Kamal Birdi, Chris Clegg, Malcolm Patterson, Andrew Robinson, Chris B. Stride, Toby D. Wall, and Stephen J. Wood, "The Impact of Human Resource and Operational Management Practices on Company Productivity: A Longitudinal Study," *Personnel Psychology* 61 (2008): 467–501.

17. The four were Francis Upton, Charles Batcheldor, Ludwig Boehm, and John Kruesi. See "Six teams that changed the world," *Fortune*, May 31, 2006, http://money.cnn.com/2006/05/31/magazines/fortune/sixteams_greatteams_fortune 061206/.

18. Nicole Mowbray, "Oprah's path to power," *The Observer*, March 2, 2003, http://www.theguardian.com/media/2003/mar/02/pressandpublishing.usnews1.

19. Adam Lashinsky, "Larry Page: Google should be like a family," *Fortune*, January 19, 2012, http://fortune.com/2012/01/19/larry-page-google-

should-be-like-a-family/.

20. Larry Page's University of Michigan Commencement Address, http://googlepress.blogspot.com/2009/05/larry-pages-university-of-michigan.html.

21. Mark Malseed, "The Story of Sergey Brin," *Moment*, February–March 2007, http://www.momentmag.com/the-story-of-sergey-brin/.

22. Steven Levy, *In the Plex: How Google Thinks, Works, and Shapes Our Lives* (New York: Simon & Schuster, 2011).

23. John Battelle, "The Birth of Google," *Wired*, August 2005, http://www.wired.com/wired/archive/13.08/battelle.html. "Our History in Depth," Google, http://www.google.com/about/company/history/.

24. 兩人的投資報酬最終超過十億美元。貝托罕與齊立坦並非Google最原始的投資人。美國國家科學基金會（National Science Foundation）其實更早之前便出資贊助，不過是間接透過「數位圖書館先導研究計劃」（Digital Libraries Initiative）補助。1994年9月1日，莫利納（Hector Garcia-Molina）與魏納格（Terry Winograd）教授榮獲該計畫獎金，成立史丹佛整合數位圖書館專案（Stanford Integrated Digital Library Project）。專案旨在「開發能推動性技術，促成一個整合而『全面』的圖書館，讓使用者能統一取得提供大量的新興網路資訊來源與資料庫……可以是個人資訊庫，可以是傳統圖書館的資訊庫，也可以是科學家共享的大型數據庫。專案研發的技術未來將扮演『橋樑』的角色，使得這個全球資料庫人人可用，規模可以擴大，亦有經濟效益。」
佩吉正是拿到這個補助金而完成畢業研究報告，Google初期工作亦從中受惠。布林的研究亦獲得國家科學基金會研究所研究學人獎助學金（Graduate Research Fellowship）。請參考：“On the Origins of Google,” National Science Foundation, http://www.nsf.gov/discoveries/disc_summ.jsp?cntn_id=100660.

25. "Code of Conduct," Google, http://investor.google.com/corporate/code-of-conduct.html#II.

26. Henry Ford, *My Life and Work* (Garden City, NY: Doubleday, Page, 1922).

27. Hardy Green, *The Company Town: The Industrial Edens and Satanic Mills That Shaped the American Economy* (New York: Basic Books, 2010).

28. "About Hershey: Our Proud History," Hershey Entertainment & Resorts, http://www.hersheypa.com/about_hershey/our_proud_history/about_milton_hershey.php.

29. American Experience: "Henry Ford," WGBH Educational Foundation, firstbroadcast March 2013. Written, produced, and directed by Sarah Colt. See

also:Albert Lee, Henry Ford and the Jews (New York: Stein and Day, 1980). 福特亦經營週報《德寶獨立報》（Dearborn Independent），定期刊載反猶太人文章與社論，其中有些署名福特，更集結成四冊文集，名稱為《國際猶太勢力：世界的主要問題》（The International Jew: the World's Problem）（1920–1922）

30. Michael D. Antonio, Hershey: Milton S. Hershey's Extraordinary Life ofWealth, Empire, and Utopian Dreams (New York: Simon & Schuster, 2007). 賀喜小鎮報紙初次發行時，鎮民只有250人，報紙有個專欄偶爾會出現歧視意見，例如：「種族自殺（即跨種族婚姻）是今日社會的極惡行為。」專欄還曾經說過：「海力克女士生下新英格蘭第一個『優生』寶寶」（Hershey's Weekly, December 26, 1912）。此外，米爾頓賀喜中學（Milton Hershey School）當初亦是專為「家境貧窮、身體健康的白人男性孤兒」而設立。（Milton Hershey School Deed of Trust, November 15, 1909）。

31. Jon Gertner, "True Innovation," New York Times, February 25, 2012, http://www.nytimes.com/2012/02/26/opinion/sunday/innovation-and-the-bell-labs-miracle.html?pagewanted=all&_r=0.

32. Jon Gertner, The Idea Factory: Bell Labs and the Great Age of American Innovation, reprint edition (New York: Penguin, 2013).

33. John R. Pierce, "Mervin Joe Kelly, 1894–1971" (Washington, DC: National Academy of Sciences, 1975), http://www.nasonline.org/publications/biographical-memoirs/memoir-pdfs/kelly-mervin.pdf.

34. "Google Search Now Supports Cherokee," Google (official blog), March 25, 2011, http://googleblog.blogspot.com/2011/03/google-search-now-supports-cherokee.html.

35. "Some Weekend Work That Will (Hopefully) Enable More Egyptians to Be Heard," Google (official blog), January 31, 2011, http://googleblog.blogspot.com/2011/01/some-weekend-work-that-will-hopefully.html.

36. Lashinsky, "Larry Page: Google should be like a family."

37. Edgar H. Schein, Organizational Culture and Leadership (San Francisco: Jossey-Bass, 2010).

38. Googlegeist (our annual employee survey), 2013.

39. 根據The RescueTime部落格預估，當天來到Google網頁的人，共花了535萬小時用萊斯・保羅的吉他製作音樂（每段達26秒）。 "GoogleDoodle Strikes Again! 5.35 Million Hours Strummed," RescueTime (blog), June 9,2011, http://blog.rescuetime.com/2011/06/09/google-doodle-strikes-again/.

40. 跟注24史丹佛整合數位圖書館專案的使命是不是很像？

41. "IBM Mission Statement," http://www.slideshare.net/waqarasif67/ibm-mission-statement.

42. "Mission & Values," McDonald's, http://www.aboutmcdonalds.com/mcd/our_company/mission_and_values.html.

43. "The Power of Purpose," Proctor & Gamble, http://www.pg.com/en_US/company/purpose_people/index.shtml.

44. *Wikipedia*, "Timeline of Google Street View," last modified May 19, 2014, http://en.wikipedia.org/wiki/Timeline_of_Google_Street_View.

45. South Base Camp, Mt. Everest, https://www.google.com/maps/@28.00 7168,86.86105,3a,75y,92.93h,87.22t/data=!3m5!1e1!3m3!1sUdU6omw_CrN8sm7NWUnpcw!2e0!3e2.

46. Heron Island, https://www.google.com/maps/views/streetview/oceans?gl=us.

47. Philip Salesses, Katja Schechtner, and C.sar A. Hidalgo, "The Collaborative Image of the City: Mapping the Inequality of Urban Perception," *PLOS ONE*, July 24, 2013, http://www.plosone.org/article/info%3Adoi%2F10.1371%2Fjournal.pone.0068400.

48. 充分揭露：Google資本是Uber投資人之一。本書動筆之際，Google也收購了Waze。

49. "Google Developers," Google, May 15, 2013, https://plus.sandbox.google.com/+GoogleDevelopers/posts/NrPMMwZtY8m.

50. Adam Grant, *Give and Take: A Revolutionary Approach to Success* (New York: Viking, 2013).

51. Adam M. Grant, Elizabeth M. Campbell, Grace Chen, Keenan Cottone, David Lapedis, and Karen Lee, "Impact and the Art of Motivation Maintenance: The Effects of Contact with Beneficiaries on Persistence Behavior," *Organizational Behavior and Human Decision Processes* 103, no. 1 (2007): 53–67.

52. Corey Kilgannon, "The Lox Sherpa of Russ & Daughters," *New York Times*, November 2, 2012, http://www.nytimes.com/2012/11/04/nyregion/the-lox-sherpa-of-russ-daughters.html?_r=0, 11/2/12.

53. A. Wrzesniewski, C. McCauley, R. Rozin, and B. Schwarz, "Jobs, Careers, and Callings: People's Relation to Their Work," *Journal of Research in Personality* 31 (1997): 21–33.

54. Roger More, "How General Motors Lost its Focus—and its Way," *Ivey Business Journal*, May–June 2009, http://iveybusinessjournal.com/topics/

strategy/how-general-motors-lost-its-focus-and-its-way#.UobINPlwp8E.

55. Marty Makary, MD, *Unaccountable: What Hospitals Won't Tell You and How Transparency Can Revolutionize Health* Care (New York: Bloomsbury Press, 2012).

56. Daniel Gross, "Bridgewater May Be the Hottest Hedge Fund for Harvard Grads, but It's Also the Weirdest," *Daily Beast*, March 7, 2013, http://www. thedailybeast.com/articles/2013/03/07/bridgewater-may-be-the-hottest-hedge-fund-for-harvard-grads-but-it-s-also-the-weirdest.html.

57. "Radical Transparency," *LEADERS*, July–September 2010, http://www. leadersmag.com/issues/2010.3_Jul/Shaping%20The%20Future/Ray-Dalio-Bridgewater-Associates-Interview-Principles.html.

58. Tara Siegel Bernard, "Google to Add Pay to Cover a Tax for Same-Sex Benefits," *New York Times*, June 30, 2010, http://www.nytimes. com/2010/07/01/your-money/01benefits.html?_r=2&.

59. Ethan R. Burris, "The Risks and Rewards of Speaking Up: Managerial Responses to Employee Voice," *Academy of Management Journal* 55, no. 4 (2012): 851–875. Robert S. Dooley and Gerald E. Fryxell, "Attaining Decision Quality and Commitment from Dissent: The Moderating Effects of Loyalty and Competence in Strategic Decision-Making Teams," *Academy of Management Journal* 42, no. 4 (1999): 389–402. Charlan Jeanne Nemeth, "Managing Innovation: When Less Is More," *California Management Review* 40, no. 1 (1997): 59–74. Linda Argote and Paul Ingram, "Knowledge Transfer: A Basis for Competitive Advantage in Firms," *Organizational Behavior and Human Decision Processes* 82, no. 1 (2000): 150–169.

60. "China Blocking Google," BBC News World Edition, September 2, 2002, http://news.bbc.co.uk/2/hi/technology/2231101.stm.

61. Laszlo Bock, "Passion, Not Perks," Google, September 2011, http://www. thinkwithgoogle.com/articles/passion-not-perks.html.

62. 根據杜拉克研究院（Drucker Institute）檔案管理員Bridget Lawlor指出：「這句話……大家常認為是杜拉克說的，但院方並沒有確切來源證據。他確實有可能在演講或上課時提到，但我們沒有講稿紀錄。」

63. 蘇莉文的構想跟學界研究不謀而合。香港大學教授林誠光與密西根州立大學教授John Schaubroeck發現，如果選出第一線「意見領袖」來落實改變、統合出共同標準，影響力會比找主管或隨機找員工大出許多。兩位教授研究3家推出新服務培訓課程的銀行分行。在服務訓練內容不變的情況下，若選「意見領袖」擔任「服務品

質領導人」，則客戶、主管、櫃員的服務品質均大幅提升。"A Field Experiment Testing Frontline Opinion Leaders as Change Agents," Journal of Applied Psychology 85, no. 6 (2000): 987–995.

64. Pre-2013 salary data from http://www.stevetheump.com/Payrolls.htm and http://www.baseballprospectus.com/compensation/cots/. Salary data for 2013 from *USA Today*, accessed December 15, 2013, http://www.usatoday.com/sports/fantasy/baseball/salaries/2013/all/team/all/. Winner data from http://espn.go.com/ mlb/worldseries/history/winners.

65. David Waldstein, "Penny-Pinching in Pinstripes? Yes, the Yanks Are Reining in Pay," *New York Times*, March 11, 2013, http://www.nytimes.com/ 2013/03/12/sports/baseball/yankees-baseballs-big-spenders-are-reining-it-in.html?pagewanted=all&_r=0.

66. "Milestones in Mayer's Tenure as Yahoo's Chief," *New York Times*, January 16, 2014, http://www.nytimes.com/interactive/2014/01/16/technology/marissa-mayer-yahoo-timeline.html?_r=0#/#time303_8405.

67. Brian Stelter, "He Has Millions and a New Job at Yahoo. Soon, He'll Be 18," *New York Times*, March 25, 2013, http://www.nytimes.com/2013/03/26/business/media/nick-daloisio-17-sells-summly-app-to-yahoo.html?hp&_r=0. Kevin Roose, "Yahoo's Summly Acquisition Is About PR and Hiring, Not a 17-Year-Old's App," *New York*, March 26, 2013, http://nymag.com/daily/intelligencer/2013/03/yahoos-summly-acquisition-is-about-image.html.

68. "Yahoo Acquires Xobni App," Zacks Equity Research, July 5, 2013, http://finance.yahoo.com/news/yahoo-acquires-xobni-app-154002114.html.

69. Professor Freek Vermeulen, "Most Acquisitions Fail—Really," *Freeky Business* (blog), January 3, 2008, http://freekvermeulen.blogspot.com/2007/11/random-rantings-2.html.

70. Nalini Ambady 與 Robert Rosenthal 的「薄片擷取」研究等等。更詳盡的引述請見下章（注80開始）。有些研究人員甚至發現，短短10秒就能決定一個人的印象。

71. Caroline Wyatt, "Bush and Putin: Best of Friends," BBC News, June 16, 2001, http://news.bbc.co.uk/2/hi/1392791.stm.

72. 專家對於訓練能有多少效果雖然各執己見，卻幾乎一致認為效果並不大。John Newstrom（1985）調查美國訓練與發展協會（American Society of Trainers and Developers）會員，這些訓練專家預估，受訓內容事後立即應用的比率約4成，但過了一年，應用比率只有15%。我想特別指出，訓練專家自己預估當然會很樂觀，可見實際情況會更低。Newstrom 與 Mary Broad（1992）再次調查，發現約兩成的學

習者學以致用，但Broad後來進一步澄清，多數培訓課程的實際效果只有10%。Tim Baldwin與Kevin Ford（1988）亦有類似結論：「美國產業每年斥資高達千億美元於員工培訓與發展課程，但投資報酬率不到一成。」Scott Tannenbaum與Gary Yukl（1992）更悲觀，預估只有5%的學習者會學以致用。

Eduardo Salas、Tannenbaum、Kurt Kraiger、and Kimberly Smith-Jentsch（2012）最近的研究稍微為幫訓練的效果扳回一城。他們認為，訓練還是可以很有效果，但必須具備一些前提，例如：工作環境配合；正式與非正式地加強習得技能；工作自主權；機構組織堅持品質；給予員工在工作中嘗試習得技能的彈性空間。簡單說，如何打造這樣的工作環境正是本書的討論重點。

73. "Einstein at the Patent Office," Swiss Federal Institute of Intellectual Property, last modified April 21, 2011, https://www.ige.ch/en/about-us/einstein/einstein-at-the-patent-office.html.

74. Corporate Executive Board, Corporate Leadership Council, HR Budget and Efficiency Benchmarking Database, Arlington VA, 2012.

75. Pui-Wing Tam and Kevin Delaney, "Google's Growth Helps Ignite Silicon Valley Hiring Frenzy," *Wall Street Journal*, November 23, 2005, http://online.wsj.com/article/SB113271436430704916.html, and personal conversations.

76. Malcolm Gladwell, "The Talent Myth: Are Smart People Overrated?," *The New Yorker*, July 22, 2002, http://www.newyorker.com/archive/2002/07/22/020722 fa_fact?currentPage=all.

77. "Warning: We Brake for Number Theory," *Google* (official blog), July 12, 2004, http://googleblog.blogspot.com/2004/07/warning-we-brake-for-number-theory.html.

78. "Google Hiring Experience," *Oliver Twist* (blog), last modified January 17, 2006, http://google-hiring-experience.blogspot.com/.

79. "How Tough Is Google's Interview Process," *Jason Salas' WebLog* (blog), September 5, 2005, http://weblogs.asp.net/jasonsalas/archive/2005/09/04/424378 .aspx.

80. 最早的相關研究源自曼尼托巴大學（University of Manitoba）的B. M. Springbett，公布時間為1958年。雖然他只調查了極少數的面試官，卻發現，面試官在面試的前4分鐘便已形成定見。後續研究包括：Nalini Ambady and Robert Rosenthal, "Thin Slices of Expressive Behavior as Predictors of Interpersonal Consequences: A Meta-Analysis," Psychological Bulletin 111, no. 2 (1992): 256– 274; M. R. Barrick, B. W. Swider, and G. L. Stewart, "Initial Evaluations in the Interview: Relationships

with Subsequent Interviewer Evaluations and Employment Offers," Journal of Applied Psychology 95, no. 6 (2010): 1163– 1172; M. R. Barrick, S. L. Dustin, T. L. Giluk, G. L. Stewart, J. A. Shaffer, and B. W. Swider, "Candidate Characteristics Driving Initial Impressions During Rapport Building: Implications for Employment Interview Validity," Journal of Occupational and Organizational Psychology 85, no. 2 (2012): 330– 352.

81.　J. T. Prickett, N. Gada-Jain, and F. J. Bernieri, "The Importance of First Impressions in a Job Interview," paper presented at the annual meeting of the Midwestern Psychological Association, Chicago, IL, May 2000.

82.　*Wikipedia*, "Confirmation bias," http://en.wikipedia.org/wiki/ Confirmation_bias#CITEREFPlous1993, citing Scott, Plous, *The Psychology of Judgment and Decision Making*, (New York: McGraw-Hill, 1993), 233.

83.　Gladwell, "The New-Boy Network, *The New Yorker*, May 29, 2000: 68–86.

84.　N. Munk and S. Oliver, "Think Fast!" *Forbes*, 159, no. 6 (1997): 146–150. K. J. Gilhooly and P. Murphy, "Differentiating Insight from Non-Insight Problems," *Thinking & Reasoning* 11, no. 3 (2005): 279–302.

85.　Frank L. Schmidt and John E. Hunter, "The Validity and Utility of Selection Methods in Personnel Psychology: Practical and Theoretical Implications of 85 Years of Research Findings," Psychological Bulletin 124, no. 2 (1998): 262– 274. 本章的 r^2 值乃根據校正相關係數（ r ）計算得出。

86.　Phyllis Rosser, *The SAT Gender Gap: Identifying the Causes* (Washington, DC: Center for Women Policy Studies, 1989).

87.　後續相關研究證實，SAT 測驗確實存在性別與種族的偏差。相關研究：Christianne Corbett, Catherine Hill, and Andresse St. Rose, "Where the Girls Are: The Facts About Gender Equity in Education," American Association of University Women (2008)；Maria Veronica Santelices and Mark Wilson, "Unfair Treatment? The Case of Freedle, the SAT, and the Standardization Approach to Differential Item Functioning, Harvard Educational Review 80, no. 1 (2010): 106–134.

88.　Alec Long, "Survey Affirms Pitzer Policy Not to Require Standardized Tests," *The Student Life*, February 28, 2014.

89.　Michael A. McDaniel, Deborah L. Whetzel, Frank L. Schmidt, and Steven D. Maurer, "The Validity of Employment Interviews: A Comprehensive Review and Meta-Analysis," *Journal of Applied Psychology* 79, no. 4 (1994): 599–616. Willi H. Wiesner and Steven F. Cronshaw, "A Meta-Analytic Investigation of the Impact of Interview Format and Degree of Structure on the Validity of the Employment Interview," *Journal of Occupational Psychology* 61, no. 4 (1988): 275–290.

90. 做事認真負責固然是好事,但太過火反成缺點,抹煞了縝密規劃、目標設定、堅忍不拔等等美意,取而代之的是不知靈活應變、近似偏執的完美主義。Google至今還沒出現這個問題,但我們計畫日後要進一步研究。

91. Personal correspondence, October 7, 2014.

92. Abraham H. Maslow, *The Psychology of Science: A Reconnaissance* (New York: Joanna Cotler Books, 1966), 15.

93. 每位應試者的得分由0.0到0.4不等,再算出所有面試官的給分平均。名義上,得到3.0的應試者就應該錄取,但實務上,幾乎最終錄取的應試者得分在3.2在3.6之間。從來沒有人的平均分數超過4.0。

94. David Smith, "Desmond Tutu Attacks South African Government over Dalai Lama Visit," *Guardian*, October 4, 2011, http://www.theguardian.com/world/2011/oct/04/tutu-attacks-anc-dalai-lama-visa.

95. The moving video is here: http://www.youtube.com/watch?v=97bZu-tXLq4.

96. John Emerich Edward Dalberg, Lord Acton, Letter to Bishop Mandell Creighton, April 5, 1887, in *Historical Essays and Studies*, eds. John Neville Figgis and Reginald Vere Laurence (London: Macmillan, 1907), 504.

97. Discovering Psychology with Philip Zimbardo, PhD, updated edition, "Power of the Situation," reference starts at 10 minutes 59 seconds into video, http://www.learner.org/series/discoveringpsychology/19/e19expand.html.

98. 米爾格倫的研究後續受到學界廣大關注,有人深入分析,有人進行相關研究,也有人極力批判。請見昆士蘭大學(University of Queensland)教授Alex Haslam與聖安德魯斯大學(University of St. Andrews)教授Stephen ReicheReicher的研究。

99. Richard Norton Smith, "Ron Nessen," Gerald R. Ford Oral History Project, http://geraldrfordfoundation.org/centennial/oralhistory/ron-nessen/.

100. "SciTech Tuesday: Abraham Wald, Seeing the Unseen," post by Annie Tete, STEM Education Coordinator at the National World War II Museum, *See & Hear* (museum blog), November 13, 2012, http://www.nww2m.com/2012/11/scitech-tuesday-abraham-wald-seeing-the-unseen/. A reprint of Wald's work can be found here: http://cna.org/sites/default/files/research/0204320000.pdf.

101. 我們把法務部吃苦耐勞的同仁取了個「律師貓」的暱稱。公司內部信件討論到遊走法律邊緣的內容時,常會附上一隻貓的照片(黑西

裝、白襯衫、領帶樣樣都不少）。

102. "Our New Search Index: Caffeine," *Google* (official blog), June 8, 2010, http://googleblog.blogspot.com/2010/06/our-new-search-index-caffeine. html.

103. "Time to Think," 3M, http://solutions.3m.com/innovation/en_US/sto ries/ time-to-think.

104. Ryan Tate, "Google Couldn't Kill 20 Percent Time Even If It Wanted To," *Wired*, August 21, 2013, http://www.wired.com/business/2013/08/20-percent-time-will-never-die/.

105. Linda Babcock, Sara Laschever, Michele Gelfand, and Deborah Small, "Nice Girls Don't Ask," *Harvard Business Review*, October 2003, http:// hbr.org/2003/10/nice-girls-dont-ask/. Linda Babcock and Sara Laschever, *Women Don't Ask: Negotiation and the Gender Divide* (Princeton, NJ: Princeton University Press, 2003).

106. "Employee Engagement: What's Your Engagement Ratio?" Gallup Consulting, Employment Engagement Overview Brochure, downloaded 11/17/13.

107. William H. Macey and Benjamin Schneider, "The Meaning of Employee Engagement," *Industrial and Organizational Psychology* 1, no. 1 (2008): 3–30.

108. Olivier Serrat, "The Travails of Micromanagement" (Washington, DC: Asian Development Bank, 2011), http://digitalcommons.ilr.cornell.edu/cgi/view content.cgi?article=1208&context=intl.

109. Richard Bach, *Illusions: The Adventures of a Reluctant Messiah* (New York: Delacorte, 1977).

110. Elaine D. Pulakos and Ryan S. O'Leary, "Why Is Performance Management Broken?" *Industrial and Organizational Psychology* 4, no. 2 (2011): 146–164.

111. "Results of the 2010 Study on the State of Performance Management," Sibson Consulting, 2010, http://www.sibson.com/publications/ surveysandstudies/2010SPM.pdf.

112. Julie Cook Ramirez, "Rethinking the Review," *Human Resource Executive HREOnline*, July 24, 2013, http://www.hreonline.com/HRE/view/story. jhtml?id=534355695.

113. Edwin A. Locke and Gary P. Latham, *A Theory of Goal Setting & Task Performance* (Upper Saddle River, NJ: Prentice Hall, 1990).

114. Xander M. Bezuijen, Karen van Dam, Peter T. van den Berg, and Henk Thierry, "How Leaders Stimulate Employee Learning: A Leader-Member Exchange Approach," *Journal of Occupational and Organizational*

Psychology 83, no. 3 (2010): 673–693. Benjamin Blatt, Sharon Confessore, Gene Kallenberg, and Larrie Greenberg, "Verbal Interaction Analysis: Viewing Feedback Through a Different Lens," *Teaching and Learning in Medicine* 20, no. 4 (2008): 329–333.

115. Elaine D. Pulakos and Ryan S. O'Leary, "Why Is Performance Management Broken?" *Industrial and Organizational Psychology* 4, no. 2 (2011): 146–164.

116. 如果你是Google人，使用本圖已取得Paul Cowan與Colin McMillen的同意，並經GCPA核准。本圖在Memegen網站製作，別盜用喔！

117. Susan J. Ashford, "Feedback-Seeking in Individual Adaptation: A Resource Perspective," *Academy of Management Journal* 29, no. 3 (1986): 465–487. Leanne E. Atwater, Joan F. Brett, and Atira Cherise Charles, "Multisource Feedback: Lessons Learned and Implications for Practice," *Human Resource Management* 46, no. 2 (2007): 285–307. Roger Azevedo and Robert M. Bernard, "A Meta-Analysis of the Effects of Feedback in Computer-Based Instruction," *Journal of Educational Computing Research* 13, no. 2 (1995): 111–127. Robert A. Baron, "Criticism (Informal Negative Feedback) As a Source of Perceived Unfairness in Organizations: Effects, Mechanisms, and Countermeasures," in *Justice in the Workplace: Approaching Fairness in Human Resource Management* (Applied Psychology Series), ed. Russell Cropanzano (Hillsdale, NJ: Lawrence Erlbaum Associates, Inc., 1993), 155–170. Donald B. Fedor, Walter D. Davis, John M. Maslyn, and Kieran Mathieson, "Performance Improvement Efforts in Response to Negative Feedback: The Roles of Source Power and Recipient Self-Esteem," *Journal of Management* 27, no. 1 (2001): 79–97. Gary E. Bolton, Elena Katok, and Axel Ockenfels, "How Effective Are Electronic Reputation Mechanisms? An Experimental Investigation," *Management Science* 50, no. 11 (2004): 1587–1602. Chrysanthos Dellarocas, "The Digitization of Word of Mouth: Promise and Challenges of Online Feedback Mechanisms," *Management Science* 49, no. 10 (2003): 1407–1424.

118. Edward L. Deci, "Effects of Externally Mediated Rewards on Intrinsic Motivation," *Journal of Personality and Social Psychology* 18, no. 1 (1971): 105–115.

119. Edward L. Deci and Richard M. Ryan, *Intrinsic Motivation and Self-Determination in Human Behavior* (New York: Plenum, 1985). E. L. Deci, R. Koestner, and R. M. Ryan, "A Meta-Analytic Review of Experiments Examining the Effects of Extrinsic Rewards on Intrinsic Motivation," *Psychological Bulletin* 125, no. 6 (1999): 627–668. R. M. Ryan and E. L. Deci,

"Self-Determination Theory and the Facilitation of Intrinsic Motivation, Social Development, and Well-Being," *American Psychologist* 55, no. 1 (2000): 68–78.

120. Maura A. Belliveau, "Engendering Inequity? How Social Accounts Create vs. Merely Explain Unfavorable Pay Outcomes for Women," *Organization Science* 23, no. 4 (2012): 1154–1174, published online September 28, 2011, http://pubsonline.informs.org/doi/abs/10.1287/orsc.1110.0691.

121. Personal conversation.

122. Atwater, Brett, and Charles, "Multisource Feedback." Blatt, Confessore, Kallenberg, and Greenberg, "Verbal Interaction Analysis." Joan F. Brett and Leanne E. Atwater, "360Åã Feedback: Accuracy, Reactions, and Perceptions of Usefulness," *Journal of Applied Psychology* 86, no. 5 (2001): 930–942.

123. 工程師在設計這套系統的前身時,決定把字數限制在512個。他們原本希望能容納256字,因為一個位元組(二進位元的集合)可用來表示256個符號,但後來發現只寫256個字可能不夠,所以加倍。($256 = 2^8$,$512 = 2^9$)

124. Drew H. Bailey, Andrew Littlefield, and David C. Geary, "The Codevelopment of Skill at and Preference for Use of Retrieval-Based Processes for Solving Addition Problems: Individual and Sex Differences from First to Sixth Grades," *Journal of Experimental Child Psychology* 113, no. 1 (2012): 78–92.

125. Albert F. Blakeslee, "Corn and Men," *Journal of Heredity* 5, no. 11 (1914): 511–518. See Mark F. Schilling, Ann E. Watkins, and William Watkins, "Is Human Height Bimodal?" *The American Statistician* 56, no. 3 (2002): 223–229, http://faculty.washington.edu/tamre/IsHumanHeightBimodal.pdf.

126.

(Credit to Tessa Pompa)

127. Carl Friedrich Gauss, *Theory of the Motion of the Heavenly Bodies Moving about the Sun in Conic Sections: A Translation of Gauss's "Theoria Motus,"*

trans. Charles Henry Davis (1809; repr., Boston: Little, Brown & Co., 1857).

128. Margaret A. McDowell, Cheryl D. Fryar, Cynthia L. Ogden, and Katherine M. Flegal, "Anthropometric Reference Data for Children and Adults: United States, 2003–2006," *National Health Statistics Reports* 10 (Hyattsville, MD: National Center for Health Statistics, 2008), http://www.cdc.gov/nchs/data/nhsr/nhsr010.pdf.

129. Aaron Clauset, Cosma Rohilla Shalizi, and M. E. J. Newman, "Power-Law Distributions in Empirical Data," *SIAM Review* 51, no. 4 (2009): 661–703.

130. Herman Aguinis and Ernest O'Boyle Jr., "Star Performers in Twenty-First Century Organizations," *Personnel Psychology* 67, no. 2 (2014): 313–350.

131. Boris Groysberg, Harvard Business School, http://www.hbs.edu/faculty/Pages/profile.aspx?facId=10650.

132. 請注意,績效進步到「平均」水準未必等於排名第50名(績效排名中位數),但相差不遠,還是可用於說明。

133. Jack and Suzy Welch, "The Case for 20-70-10," *Bloomberg Businessweek*, October 1, 2006, http://www.businessweek.com/stories/2006-10-01/the-case-for-20-70-10.

134. Ibid.

135. Kurt Eichenwald, "Microsoft's Lost Decade," *Vanity Fair*, August 2012, http://www.vanityfair.com/business/2012/08/microsoft-lost-mojo-steve-ballmer.

136. Tom Warren, "Microsoft Axes Its Controversial Employee-Ranking System," *The Verge*, November 12, 2013, http://www.theverge.com/2013/11/12/5094864/microsoft-kills-stack-ranking-internal-structure.

137. David A. Garvin, Alison Berkley Wagonfeld, and Liz Kind, "Google's Project Oxygen: Do Managers Matter?" Harvard Business School Case 313-110, April 2013 (revised July 2013).

138. 這個問題一直到2008年才又出現,因為研究與系統基礎建設部門資深副總的科朗(2011年卸任)旗下員工激增,直屬員工共達180人。

139. Atul Gawande, "The Checklist," *The New Yorker*, December 10, 2007, http://www.newyorker.com/reporting/2007/12/10/071210fa_fact_gawande.

140. From internal interviews.

141. ASTD Staff, "$156 Billion Spent on Training and Development," *ASTD* (blog), American Society for Training and Development (now the Association for Talent Development), December 6, 2012, http://www.astd.org/Publications/Blogs/ASTD-Blog/2012/12/156-Billion-Spent-on-Training-

and-Development.

142. "Fast Facts," National Center for Education Statistics, http://nces.ed.gov/fastfacts/display.asp?id=66.

143. Damon Dunn, story told at the celebration of the naming of the William V. Campbell Trophy, Stanford University, Palo Alto, September 8, 2009; http://en.wikipedia.org/wiki/Damon_Dunn.

144. K. Anders Ericsson, "Deliberate Practice and the Acquisition and Maintenance of Expert Performance in Medicine and Related Domains," *Academic Medicine* 79, no. 10 (2004): S70-S81, http://journals.lww.com/academicmedicine/Fulltext/2004/10001/Deliberate_Practice_and_the_Acquisition_and.22.aspx/.

145. Angela Lee Duckworth, Teri A. Kirby, Eli Tsukayama, Heather Berstein, and K. Anders Ericsson, "Deliberate Practice Spells Success: Why Grittier Competitors Triumph at the National Spelling Bee," *Social Psychological and Personality Science* 2, no. 2 (2011): 174–181, http://spp.sagepub.com/content/2/2/174.short.

146. Andrew S. Grove, *High Output Management* (New York: Random House, 1983), 223.

147. Chade-Meng Tan, *Meng's Little Space* (blog), http://chademeng.com/.

148. Jon Kabat-Zinn, *Wherever You Go, There You Are: Mindfulness Meditation in Everyday Life* (New York: Hyperion, 1994), 4.

149. Lucy Kellaway, "The Wise Fool of Google," *Financial Times*, June 7, 2012, http://www.ft.com/intl/cms/s/0/e5ca761c-af34-11e1-a4e0-00144feabdc0.html#axzz2dmOsqhuM.

150. Personal conversation.

151. "Teaching Awareness at Google: Breathe Easy and Come into Focus," *Google* (official blog), June 4, 2013, http://googleblog.blogspot.com/search/label/g2g.

152. Michael M. Lombardo and Robert W. Eichinger, *The Career Architect Development Planner* (Minneapolis: Lominger, 1996), iv. Allen Tough, *The Adult's Learning Projects: A Fresh Approach to Theory and Practice in Adult Learning* (Toronto: OISE, 1979).

153. "Social & Environmental Responsibility Report 2011–2012," Gap Inc., http://www.gapinc.com/content/csr/html/employees/career-development.html.

154. "U.S. Corporate Responsibility Report 2013," PricewaterhouseCoopers, http://www.pwc.com/us/en/about-us/corporate-responsibility/corporate-

responsibility-report-2011/people/learning-and-development.jhtml.

155. "Learning at Dell," Dell Inc., http://www.dell.com/learn/au/en/aucorp1/learning-at-dell.

156. D. Scott DeRue and Christopher G. Myers, "Leadership Development: A Review and Agenda for Future Research," in *The Oxford Handbook of Leadership and Organizations*, ed. David V. Day (New York: Oxford University Press, 2014), http://www-personal.umich.edu/~cgmyers/deruemyersoxfordhandbookcha.pdf.

157. "Kirkpatrick Hierarchy for Assessment of Research Papers," Division of Education, American College of Surgeons, http://www.facs.org/education/technicalskills/kirkpatrick/kirkpatrick.html.

158. Yevgeniy Dodis, "Some of My Favorite Sayings," Department of Computer *Science*, New York University, cs.nyu.edu/~dodis/quotes.html.

159. David Streitfeld, "Silicon Valley's Favorite Stories," *Bits* (blog), *New York Times*, February 5, 2013, http://bits.blogs.nytimes.com/2013/02/05/silicon-valleys-favorite-stories/?_r=0.

160. "William Shockley Founds Shockley Semiconductor," Fairchild Semiconductor Corporation, http://www.fairchildsemi.com/about-fairchild/history/#.

161. Tom Wolfe, "The Tinkerings of Robert Noyce: How the Sun Rose on the Silicon Valley," *Esquire*, December 1983.

162. Nick Bilton, "Why San Francisco Is Not New York," *Bits* (blog), *New York Times*, March 20, 2014, http://bits.blogs.nytimes.com/2014/03/20/why-san-francisco-isnt-the-new-new-york/.

163. 雪梨分公司的會議間為何取名North Haverbrook，請參考「辛普森家庭」「美枝槓上單軌車廂」（Marge vs. the Monorail）那集。

164. All images from the Internet Archive, http://archive.org/web/web.php.

165. Comments made during March 2012 interview with *Bloomberg Businessweek* editor Josh Tyrangiel at the 92nd Street Y in Manhattan. See Bianca Bosker, "Google Design: Why Google.com Homepage Looks So Simple," *Huffington Post*, March 27, 2012, http://www.huffingtonpost.com/2012/03/27/google-design-sergey-brin_n_1384074.html.

166. Bosker, "Google Design."

167. Silicon Valley Index, http://www.siliconvalleyindex.org/index.php/economy/income.

168. Wayne F. Cascio, "The High Cost of Low Wages," *Harvard Business Review*, December 2006, http://hbr.org/2006/12/the-high-cost-of-low-wages/ar/1.

169. Edward P. Lazear, "Why Is There Mandatory Retirement?" *Journal of Political Economy* 87, no. 6 (1979): 1261–1284.

170. Frank L. Schmidt, John E. Hunter, Robert C. McKenzie, and Tressie W. Muldrow, "Impact of Valid Selection Procedures on Work-Force Productivity," *Journal of Applied Psychology* 64, no. 6 (1979): 609–626.

171. Ernest O'Boyle Jr. and Herman Aguinis, "The Best and the Rest: Revisiting the Norm of Normality of Individual Performance," *Personnel Psychology* 65, no. 1 (2012): 79–119.

172. Nassim Nicholas Taleb, *The Black Swan* (New York: Random House, 2007).

173. Storyboard, "Walt Disney's Oscars," The Walt Disney Family Museum, February 22, 2013, http://www.waltdisney.org/storyboard/walt-disneys-oscars% C2%AE.

174. *Wikipedia*, "List of Best-Selling Fiction Authors," last modified April 19, 2014, http://en.wikipedia.org/wiki/List_of_best-selling_fiction_authors.

175. Correspondence with the Recording Academy.

176. Bill Russell page, *NBA Encyclopedia: Playoff Edition*, National Basketball Association, http://www.nba.com/history/players/russell_bio.html.

177. http://www.golf.com/tour-and-news/tiger-woods-vs-jack-nicklaus-major-championship-records.

178. "Billie Jean King," International Tennis Hall of Fame and Museum, http://www.tennisfame.com/hall-of-famers/billie-jean-king.

179. "Inflation Calculator," *Davemanuel.com*, http://www.davemanuel.com/inflation-calculator.php.

180. 我曾經跟一個業務主管共事過，他愛誇說公司錢賺這麼多（幾十億美元），他應該拿佣金才對。他是業務高手沒錯，但別忘了，公司品牌的光環幫他打開機會跟建立可信度，公司的AAA信評使得借貸成本降低，公司也提供硬體建設支援。如果沒有這些後盾，他的業績可能會大幅縮小。他的業績不光是個人努力而已。執行「超高額薪酬」時，務必辨別頂尖表現有多少是個人因素，有多少又是受惠於其他因素。

181. Katie Hafner, "New Incentive for Google Employees: Awards Worth Millions," *New York Times*, February 1, 2005, http://www.nytimes.com/2005/02/01/technology/01google.html?_r=0, http://investor.google.com/corporate/2004/founders-letter.html.

182. "2004 Founders' Letter," Google: Investor Relations, December 31, 2004, http://investor.google.com/corporate/2004/founders-letter.html.

183. "2005 Founders' Letter," Google: Investor Relations, December 31, 2005,

http://investor.google.com/corporate/2005/founders-letter.html.
184. "The Hollywood Money Machine," Fun Industries Inc., http://www.fun industries.com/hollywood-money-blower.htm.
185. John W. Thibaut and Laurens Walker, *Procedural Justice: A Psychological Analysis* (Mahwah, NJ: Lawrence Erlbaum Associates, 1975), http://books. google.com/books?id=2l5_QgAACAAJ&dq=thibaut+and+walker+1975+P rocedural+justice:+A+psychological+analysis.
186. Scott A. Jeffrey, "The Benefits of Tangible Non-Monetary Incentives" (unpublished manuscript, University of Chicago Graduate School of Business, 2003), http://theirf.org/direct/user/site/0/files/the%20 benefits%20of%20tangible%20non%20monetary%20incentives.pdf. Scott A. Jeffrey and Victoria Shaffer, "The Motivational Properties of Tangible Incentives," *Compensation & Benefits Review* 39, no. 3 (2007): 44–50. Erica Mina Okada, "Justification Effects on Consumer Choice of Hedonic and Utilitarian Goods," *Journal of Marketing Research* 42, no. 1 (2005): 43–53. Richard H. Thaler, "Mental Accounting Matters," *Journal of Behavioral Decision Making* 12, no. 3 (1999): 183–206.
187. 這項發現吻合學術研究的結論：如果花錢買經驗（旅遊、上餐廳吃飯），會比花錢買東西（衣服、3C產品）更快樂。Travis J. Carter and Thomas Gilovich, "The Relative Relativity of Material and Experiential Purchases," Journal of Personality and Social Psychology 98, no. 1 (2010): 146– 159.
188. Adam Bryant, "Honeywell's David Cote, on Decisiveness as a 2-Edged Sword," *New York Times*, November 2, 2013, http://www.nytimes. com/2013/11/03/business/honeywells-david-cote-on-decisiveness-as-a-2-ed ged-sword.html.
189. Ben Parr, "Google Wave: A Complete Guide," *Mashable*, May 28, 2009, last updated January 29, 2010, http://mashable.com/2009/05/28/google-wave-guide/.
190. "Introducing Apache Wave," Google, *Google Wave Developer Blog*, December 6, 2010, http://googlewavedev.blogspot.com/2010/12/ introducing-apache-wave.html.
191. Chris Argyris, "Double Loop Learning in Organizations," *Harvard Business Review*, September 1977, http://hbr.org/1977/09/double-loop-learning-in-organizations/ar/1.
192. Chris Argyris, "Teaching Smart People How to Learn," *Harvard Business Review*, May 1991, http://hbr.org/1991/05/teaching-smart-people-

how-to-learn/.

193. 據說IBM創辦人湯瑪士・華生（Thomas J. Watson Sr.）曾說過：「最近有人問我，有個員工犯了錯，害公司損失60萬美元，我會不會把他開除呢？我回說不會，我才花了60萬美元訓練他，何苦再找其他人來學他的教訓？」

194. "California Middle School Rankings," SchoolDigger.com, http://www.schooldigger.com/go/CA/schoolrank.aspx?level=2. SchoolDigger.com 網站計算出各州標準化測驗英數平均分數的總和，將各學校排名。

195. Dave Eggers, *The Circle* (New York: Knopf, 2013).

196. Ronald S. Burt, "Structural Holes and Good Ideas," *American Journal of Sociology* 110, no. 2 (2004): 349–399.

197. 他們兩個誰有空我就請誰剪……不必兩個人一起來！

198. Nicholas Carlson, "Marissa Mayer Sent a Late Night Email Promising to Make Yahoo 'the Absolute Best Place to Work' (YHOO)," SFGate, August 27, 2012, http://www.sfgate.com/technology/businessinsider/article/Marissa-Mayer-Sent-A-Late-Night-Email-Promising-3817913.php.

199. Jillian Berman, "Bring Your Parents to Work Day Is a Thing. We Were There," *Huffington Post*, November 11, 2013, http://www.huffingtonpost.com/2013/11/11/take-parents-to-work_n_4235803.html.

200. Meghan Casserly, "Here's What Happens to Google Employees When They Die," Forbes, August 8, 2012, http://www.forbes.com/sites/meghancasserly/2012/08/08/heres-what-happens-to-google-employees-when-they-die/. 凱薩莉對相關議題的了解鞭辟入裡，讓我印象深刻，於是找到機會就鼓勵人資團隊延攬她，最後如願網羅到她這位人才。

201. Private conversation.

202. 康納曼以他與塔伏斯基的研究成果而榮獲諾貝爾獎，但塔伏斯基在得獎前幾年已逝世，無緣拿獎（諾貝爾獎無法死後追贈）。康納曼的領獎感言一開始說：「能得到這份殊榮……是對本人與塔伏斯基的肯定，這是我們兩人長期密切合作的成果，他今天應該也站在這個台上才對。」康納曼得獎感言：Daniel Kahneman, Stockholm University, December 8, 2002, http://www.nobelprize.org/mediaplayer/?id=531.

203. "Inflation Calculator."

204. Amos Tversky and Daniel Kahneman, "The Framing of Decisions and the Psychology of Choice," *Science* 211, no. 4481 (January 30, 1981): 453–458, http://psych.hanover.edu/classes/cognition/papers/tversky81.pdf.

205. Stephen Macknik and Susana Martinez-Conde, *Sleights of Mind: What the*

Neuroscience of Magic Reveals About Our Everyday Deceptions (New York: Henry Holt, 2010), 76–77.

206. Julie L. Belcove, "Steamy Wait Before a Walk in a Museum's Rain," *New York Times*, July 17, 2013, http://www.nytimes.com/2013/07/18/arts/steamy-wait-before-a-walk-in-a-museums-rain.html.

207. Michael Barbaro, "The Bullpen Bloomberg Built: Candidates Debate Its Future," *New York Times*, March 22, 2013, http://www.nytimes.com/2013/03/23/nyregion/bloombergs-bullpen-candidates-debate-its-future.html.

208. Chris Smith, "Open City," *New York*, September 26, 2010, http://nymag.com/news/features/establishments/68511/.

209. Richard H. Thaler and Cass R. Sunstein, *Nudge* (New Haven, CT: Yale University Press, 2008), 15.

210. 暗示與績效獎金有個顯著差別：暗示常常不會向員工公布，獎金制度則是經過特別設計，目的是公開鼓勵某些行為。然而，如果各位願意接納「企業能合理影響員工行為」的論點，接下來還有個更難回答的問題：「善意提醒」跟「管太多」的界線到底在哪裡？我的看法是，這條界線決定在公司對於暗示管理法有多公開透明。

211. 大家的確會覺得不自在。《科學人》（Scientific American）2009年8月17日那期，雜誌編輯George Musser撰文指出，企業在1950年代之前常採開放空間設計，但後來為了給予員工更多個人隱私，才開始建置隔間。George Musser, "The Origin of Cubicles and the Open-Plan Office," Scientific American, August 17, 2009, http://www.scientificamerican.com/article .cfm?id=the-origin-of-cubicles-an/.

212. Bradley Johnson, "Big U.S. Advertisers Boost 2012 Spending by Slim 2.8% with a Lift from Tech," *Advertising Age*, June 23, 2013, http://adage.com/article/news/big-u-s-advertisers-boost-2012-spending-slim-2-8/242761/.

213. Special Issue: U.S. Beverage Results for 2012, *Beverage Digest*, March 25, 2013, http://www.beverage-digest.com/pdf/top-10_2013.pdf.

214. Samuel M. McClure, Jian Li, Damon Tomlin, Kim S. Cypert, Latan. M. Montague, and P. Read Montague, "Neural Correlates of Behavioral Preference for Culturally Familiar Drinks," *Neuron* 44, no. 2 (2004): 379–387.

215. Nyla R. Branscombe, Naomi Ellemers, Russell Spears, and Bertjan Doosje, "The Context and Content of Social Identity Threat," in *Social Identity: Context, Commitment, Content*, eds. Naomi Ellemers, Russell Spears, and Bertjan Doosje (Oxford, UK: Wiley-Blackwell, 1999), 35–58.

216. Robert B. Cialdini, "Harnessing the *Science* of Persuasion," *Harvard Business*

Review 79, no. 9 (2001): 72–81, http://lookstein.org/leadership/case-study/harnessing.pdf.

217. Bradford D. Smart, *Topgrading: How Leading Companies Win by Hiring, Coaching, and Keeping the Best People* (Upper Saddle River, NJ: Prentice Hall, 1999).

218. Autumn D. Krauss, "Onboarding the Hourly Workforce." Poster presented at the Society for *Industrial and Organizational Psychology* (SIOP), Atlanta, GA, 2010.

219. "Surgical Safety Checklist (First Edition)," World Health Organization, http://www.who.int/patientsafety/safesurgery/tools_resources/SSSL_Checklist_finalJun08.pdf.

220. Alex B. Haynes et al., "A Surgical Safety Checklist to Reduce Morbidity and Mortality in a Global Population," *New England Journal of Medicine* 360 (2009): 491–499, http://www.nejm.org/doi/full/10.1056/NEJMsa0810119.

221. Michael Lewis, "Obama's Way," *Vanity Fair*, October 2012, http://www.vanityfair.com/politics/2012/10/michael-lewis-profile-barack-obama.

222. Talya N. Bauer, "Onboarding New Employees: Maximizing Success," SHRM Foundation's Effective Practice Guidelines (Alexandria, VA: SHRM Foundation, 2010), https://docs.google.com/a/pdx.edu/file/d/0B-bOAWJk yKwUMzg2YjE3MjctZjk0OC00ZmFiLWFiMmMtYjFiMDdkZGE4MTY3/edit?hl=en_US&pli=1.

223. Susan J. Ashford and J. Stewart Black, "Proactivity During Organizational Entry: The Role of Desire for Control," *Journal of Applied Psychology* 81, no. 2 (1996): 199–214.

224. 有眾多研究證實，無論是哪個產業，員工積極主動都會有更好的表現。B. Fuller Jr. and L. E. Marler, "Change Driven by Nature: A Meta-Analytic Review of the Proactive Personality," Journal of Vocational Behavior 75, no. 3 (2009): 329–345.（A 針對107項研究報告後設分析）Jeffrey P. Thomas, Daniel S. Whitman, and Chockalingam Viswesvaran, "Employee Proactivity in Organizations: A Comparative Meta-Analysis of Emergent Proactive Constructs," Journal of Occupational and Organizational Psychology 83, no. 2 (2010): 275–300.（針對103個樣本進行後設分析）。

225. *Wikipedia*, "Poka-yoke," last modified May 11, 2014, http://en.wikipedia.org/wiki/Poka-yoke.

226. Steven F. Venti and David A. Wise, "Choice, Chance, and Wealth Dispersion at Retirement," in *Aging Issues in the United States and Japan*, eds. Seiritsu Ogura, Toshiaki Tachibanaki, and David A. Wise (Chicago: University of

Chicago Press, 2001), 25–64.

227. *Wikipedia*, "Household Income in the United States," http://en.wikipedia. org/wiki/Household_income_in_the_United_States. Carmen DeNavas-Walt, Bernadette D. Proctor, and Jessica C. Smith, "Income, Poverty, and Health Insurance Coverage in the United States: 2011," US Census Bureau (Washington, DC: US Government Printing Office, 2012). "Supplemental Nutrition Assistance Program (SNAP)," United States Department of Agriculture, http://www .fns.usda.gov/pd/snapsummary.htm. J. N. Kish, "U.S. Population 1776 to Present," https://www .google.com/fusiontables/ DataSource?dsrcid=225439.

228. Chart from Venti and Wise, "Choice, Chance, and Wealth."

229. Ibid., 25.

230. B. Douglas Bernheim, Jonathan Skinner, and Steven Weinberg, "What Accounts for the Variation in Retirement Wealth among U.S. Households?" *American Economic Review* 91, no. 4 (2001): 832–857, http://www.econ. wisc.edu/~scholz/ Teaching_742/Bernheim_Skinner_Weinberg.pdf.

231. James J. Choi, Emily Haisley, Jennifer Kurkoski, and Cade Massey, "Small Cues Change Savings Choices," National Bureau of Economic Research Working Paper 17843, revised June 29, 2012, http://www.nber.org/papers/ w17843.

232. Richard H. Thaler and Shlomo Benartzi, "Save More Tomorrow: Using Behavioral Economics to Increase Employee Savings," *Journal of Political Economy* 112, no. 1 (2004): S164–S187, http://faculty.chicagobooth.edu/ Richard .Thaler/research/pdf/SMarTJPE.pdf.

233. 「明天多儲蓄」已是註冊商標。

234. 卡萊爾絕對不可能知道，我們幾個月後會成立Calico公司，由基因科技（Genentech）前執行長李文森（Art Levinson）領軍，研究生物科技，旨在解決伴隨老化而來的重病症。

235. "Obesity and Overweight," National Center for Health Statistics, Centers for Disease Control and Prevention, last updated May 14, 2014, http://www.cdc. gov/nchs/fastats/overwt.htm.

236. "Overweight and Obesity: Adult Obesity Facts," Centers for Disease Control and Prevention, last updated March 28, 2014, http://www.cdc.gov/obe sity/ data/adult.html.

237. M. Muraven and R. F. Baumeister, "Self-Regulation and Depletion of Limited Resources: Does Self-Control Resemble a Muscle?" *Psychological Bulletin* 126, no. 2 (2000): 247–259.

238. D. Hammond, G. T. Fong, P. W. McDonald, K. S. Brown, and R. Cameron, "Graphic Canadian Cigarette Warning Labels and Adverse Outcomes: Evidence from Canadian Smokers," *American Journal of Public Health* 94, no. 8 (2004): 1442–1445.

239. Julie S. Downs, Jessica Wisdom, Brian Wansink, and George Loewenstein, "Supplementing Menu Labeling with Calorie Recommendations to Test for Facilitation Effects," *American Journal of Public Health* 103, no. 9 (2013): 1604–1609.

240. "McDonald's USA Nutrition Facts for Popular Menu Items," McDonalds .com, effective May 27, 2014, http://nutrition.mcdonalds.com/getnu trition/ nutritionfacts.pdf.

241. David Laibson, "A Cue-Theory of Consumption," *Quarterly Journal of Economics* 116, no. 1 (2001): 81–119.

242. Colleen Giblin, "The Perils of Large Plates: Waist, Waste, and Wallet," review of "The Visual Illusions of Food: Why Plates, Bowls, and Spoons Can Bias Consumption Volume," by Brian Wansink and Koert van Ittersum (*FASEB Journal* 20, no. 4 [2006]: A618), Cornell University Food and Brand Lab, 2011, http://foodpsychology.cornell.edu/outreach/large-plates.html.

243. Wansink and Ittersum, "Visual Illusions of Food."

244. Leo Benedictus, "The *Nudge* Unit—Has It Worked So Far?" *Guardian*, May 1, 2013, http://www.theguardian.com/politics/2013/may/02/nudge-unit-has-it-worked.

245. Britton Brewer, "Adherence to Sport Injury Rehabilitation Regimens," in *Adherence Issues in Sport and Exercise*, ed. Stephen Bull (New York: Wiley, 1999), 145–168.

246. Richard H. Thaler, "Opting In vs. Opting Out," *New York Times*, September 26, 2009, http://www.nytimes.com/2009/09/27/business/economy/27view. html.

247. Eric J. Johnson and Daniel Goldstein, "Do Defaults Save Lives?," *Science* 302, no. 5649 (2003): 1338–1339.

248. Zechariah Chafee Jr., "Freedom of Speech in War Time," *Harvard Law Review* 32, no. 8 (1919): 932–973, http://www.jstor.org/stable/1327107?seq=26&.

249. "Our Work: What We Believe," McKinsey & Company, http://www.mckinsey.com.br/our_work_belive.asp.

250. Andrew Hill, "Inside McKinsey," *FT Magazine*, November 25, 2011, http://www.ft.com/cms/s/2/0d506e0e-1583-11e1-b9b8-00144feabdc0.

html#axzz2iCZ5ks73.

251. Ralph Waldo Emerson, "Self-Reliance," *Essays* (1841), republished as *Essays: First Series* (Boston: James Munroe and Co., 1847).

252. http://googleblog.blogspot.com/2011/07/more-wood-behind-fewer-arrows. html.

253. 這邊除了花園的比喻外，特別又插入了鐘擺的比喻，是因為我覺得企業管理絕少是二分法，例如，企業不會說「做什麼事絕對要創新」，也不會說「絕對不要創新」。管理措施總是會漸漸累積動能，直到變得僵固難行，失去效果，才又往回走。企業分出業務區域後，發現無法用同一套產品策略放在每個地區，支援成本也太高，因此調整產品陣容。但後來又出現產品不符合在地需求的問題，所以又再調整策略。知道何時把鐘擺盪回來，是高階主管必學的一門藝術。

254. *Wikipedia*, "Goji," http://en.wikipedia.org/wiki/Goji.

255. Jonathan Edwards, "Sinners in the Hands of an Angry God. A Sermon Preached at Enfield, July 8th, 1741," ed. Reiner Smolinski, Electronic Texts in American Studies Paper 54, Libraries at University of Nebraska–Lincoln, http://digitalcommons.unl.edu/cgi/viewcontent. cgi?article=1053&context=etas.

256. Steven Pinker, "Violence Vanquished," *Wall Street Journal*, September 24, 2011, http://online.wsj.com/news/articles/SB10001424053111904106704576583203589408180.

257. United States Congress House Special Committee to Investigate the Taylor and Other Systems of Shop Management, *The Taylor and Other Systems of Shop Management: Hearings before Special Committee of the House of Representatives to Investigate the Taylor and Other Systems of Shop Management* (Washington, DC: US Government Printing Office, 1912), 3: 1397, http://books.google.com/books ?id=eyrbAAAAMAAJ&pg=PA1397&lpg=PA1397&dq=physically+able+to+handle+pig-iron.

258. 謝家華：「我倒沒把自己當成是領導人，反而更像是企業環境的建築師，讓員工能自由發想，凝聚成企業文化，長期不斷進步。」(Adam Bryant, "On a Scale of 1 to 10, How Weird Are You? ,"New York Times, January 9, 2010.)
哈士廷斯：「有責任感的人愈自由愈能成長茁壯，因此更值得給予他們自由空間。我們的做法是，隨著營運規模的成長，我們給員工更多自主權，而不是加以限制，這樣才能持續吸引、滋養有創新思維的人才，在市場才更有機會維持不敗之地。」("Netflix Culture:

Freedom and Responsibility," August 1, 2009, http://www. slideshare. net/
reed2001/culture-1798664.)

2008年美國經濟走入衰退，賽仕電腦軟體執行長古奈特請員工伸出
援手，想辦法帶領公司從低迷景氣站起來。「我跟大家說，公司這
一年不會裁員，但我需要各位的協助，降低支出。另外也請暫緩招
募，必要時全面中斷。每個人確實都做到了，結果2009年業績逆勢
成長……成了我們獲利排名前3名的年度。("SAS Institute CEO Jim
Goodnight on Building Strong Companies— and a More Competitive U.S.
Workforce," Knowledge@Wharton, Wharton School of the University of
Pennsylvania, January 5, 2011, http://bit.ly/1dyJMoJ.)

259. Abraham H. Maslow, "A Theory of Human Motivation," *Psychological
Review* 50, no. 4 (July 1943): 370–396. Maslow's hierarchy, though well
known, ultimately failed to be supported by data. Others have worked to
refine Maslow's work, including Douglas T. Kenrick, Vladas Griskevicius,
Steven L. Neuberg, and Mark Schaller, who offered an updated framework
in 2010 ("Renovating the Pyramid of Needs," *Perspectives on Psychological
Science* 5, no. 3 [2010]: 292–314, http://pps.sagepub .com/content/5/3/292.
short).

財經企管 BCB555

Google 超級用人學
讓人才創意不絕、企業不斷成長的創新工作守則

Work Rules!:
Insights from Inside Google That Will Transform How You
Live and Lead

作者 —— 拉茲洛・博克（Laszlo Bock）
譯者 —— 連育德
事業群發行人／CEO／總編輯 —— 王力行
副總編輯 —— 王譓茹
責任編輯 —— 周宜芳
封面設計 —— 張議文
內頁設計 —— 江儀玲

出版者 —— 遠見天下文化出版股份有限公司
創辦人 —— 高希均、王力行
遠見・天下文化・事業群 董事長 —— 高希均
事業群發行人／CEO —— 王力行
出版事業部副社長／總經理 —— 林天來
版權部協理 —— 張紫蘭
法律顧問 —— 理律法律事務所陳長文律師
著作權顧問 —— 魏啟翔律師
社址 —— 台北市 104 松江路 93 巷 1 號 2 樓
讀者服務專線 —— （02）2662-0012
傳　真 —— （02）2662-0007；2662-0009
電子信箱 —— cwpc@cwgv.com.tw
直接郵撥帳號 —— 1326703-6 號　遠見天下文化出版股份有限公司

電腦排版／製版廠 —— 立全電腦印前排版有限公司
印刷廠 —— 祥峰印刷事業有限公司
裝訂廠 —— 明和裝訂有限公司
登記證 —— 局版台業字第 2517 號
總經銷 —— 大和書報圖書股份有限公司　電話／(02)8990-2588
出版日期 —— 2015 年 7 月 29 日 第一版
　　　　　　 2015 年 9 月 5 日 第一版第 3 次印行

國家圖書館出版品預行編目(CIP)資料

Google超級用人學：讓人才創意不絕、企業不斷
成長的創新工作守則 / 拉茲洛.博克(Laszlo Bock)
著; 連育德譯. -- 第一版. -- 臺北市：遠見天下文化,
2015.07
　　面；　公分.-- (財經企管；BCB555)
譯自：Work rules! : insights from inside Google that
will transform how you live and lead
ISBN 978-986-320-773-3(平裝)

1.企業領導 2.組織管理

494.2　　　　　　　　　　　104010739

定價 —— 420 元
ISBN —— 978-986-320-773-3
書號 —— BCB555
天下文化書坊 —— www.bookzone.com.tw
本書如有缺頁、破損、裝訂錯誤，請寄回本公司調換。
本書僅代表作者言論，不代表本社立場。

Believing in Reading

相信閱讀